DIE GRUNDLEHREN DER

MATHEMATISCHEN WISSENSCHAFTEN

IN EINZELDARSTELLUNGEN MIT BESONDERER
BERÜCKSICHTIGUNG DER ANWENDUNGSGEBIETE

HERAUSGEGEBEN VON

R. GRAMMEL · E. HOPF · H. HOPF · F. K. SCHMIDT
B. L. VAN DER WAERDEN

BAND LXXXV

VORLESUNGEN ÜBER HIMMELSMECHANIK

VON

CARL LUDWIG SIEGEL

SPRINGER-VERLAG
BERLIN · GÖTTINGEN · HEIDELBERG
1956

VORLESUNGEN ÜBER HIMMELSMECHANIK

VON

DR. CARL LUDWIG SIEGEL

O. PROFESSOR DER MATHEMATIK AN DER UNIVERSITÄT GÖTTINGEN

SPRINGER-VERLAG

BERLIN · GÖTTINGEN · HEIDELBERG

1956

DRUCK DER UNIVERSITÄTSDRUCKEREI H. STÜRTZ AG., WÜRZBURG

ZUM GEDENKEN AN

FRANZ RELLICH,

DER MICH ERMUTIGTE, DIESES BUCH ZU SCHREIBEN

Vorwort.

Über die im folgenden behandelten Fragen der Himmelsmechanik habe ich in Frankfurt am Main und Baltimore sowie wiederholt in Göttingen und Princeton gelesen, am ausführlichsten in einem vierstündigen Göttinger Kolleg des Wintersemesters 1951/52. Herr Dr. J. MOSER, jetzt in New York, hat damals eine sorgfältige Nachschrift angefertigt, welche dieser Veröffentlichung zugrunde liegt.

Ich bin kein Astronom von Fach und habe deshalb auch keinen Versuch gemacht, die üblichen Methoden zur praktischen Bahnbestimmung erneut darzustellen, über die es bekanntlich gute Lehrbücher gibt. Es wird sich vielmehr vorwiegend darum handeln, einige Ideen und Resultate zu entwickeln, welche im Laufe der letzten 70 Jahre über das Verhalten der Lösungen von Differentialgleichungen im großen entstanden sind, wobei allerdings die Anwendungen auf HAMILTONsche Systeme und insbesondere die Bewegungsgleichungen des Dreikörperproblems einen wichtigen Platz einnehmen. Auch hier habe ich keine Vollständigkeit angestrebt, sondern die Auswahl so getroffen, wie sie durch persönliches Interesse und die Hoffnung auf Anregung der Hörer im Rahmen einer Vorlesung geboten wurde.

Nach einleitenden Betrachtungen zur Transformationstheorie der Differentialgleichungen ist das Ziel des ersten Kapitels eine Darstellung der wichtigen Ergebnisse von K. F. SUNDMAN zum Dreikörperproblem. Obwohl die SUNDMANschen Sätze bald 50 Jahre alt sind, so sind sie nur in kleinem Kreise bekannt geworden und haben auf die spätere Entwicklung kaum gewirkt. Nächst POINCARÉs Leistungen zur Theorie der Differentialgleichungen gehören SUNDMANs Arbeiten trotz ihres speziellen Charakters vielleicht zu den bedeutendsten neueren Ergebnissen auf diesem Gebiet.

Aber auch die noch älteren ,,Méthodes nouvelles de la mécanique céleste" von POINCARÉ haben bei weitem nicht die befruchtende Wirkung auf die größere mathematische Welt ausgeübt, wie sie durch den Gedankenreichtum des Werkes hätte erzielt werden können. Aus der nachfolgenden Generation ist wohl BIRKHOFF am tiefsten in diese Methoden eingedrungen und hat neben vereinfachter Darstellung und sorgfältigeren Beweisen auch interessante neue Sätze hinzugefügt. Sein Buch ,,Dynamical systems" hat mir manche Anregung gegeben. Es steht in enger Beziehung zu einem Teil der Probleme, denen im folgenden die beiden anderen Kapitel gewidmet sind. Im zweiten Kapitel werden die verschiedenen Methoden zur Auffindung geschlossener Lösungen bei Systemen von Differentialgleichungen behandelt, wobei auch die Fixpunktmethode und die anschließenden Arbeiten BIRKHOFFs ausführlich besprochen werden. Ich habe dabei meistens die Voraussetzung gemacht, daß es sich um analytische Differentialgleichungen handelt, und die Resultate durch geeignete Umformung von Potenzreihen abgeleitet, wobei algebraische Schlüsse nach Möglichkeit von den analytischen getrennt werden. Es bedarf einer Rechtfertigung, weshalb die Untersuchung nur für solche Differentialgleichungen durchgeführt werden, welche die unabhängige Variable t nicht explizit enthalten, während doch auch der Fall von besonderer Bedeutung ist, daß sie noch periodisch von t abhängen. Die Methoden in diesem allgemeineren Fall sind aber prinzipiell nicht von denen des weiterhin betrachteten verschieden, und dieser zeigt bereits alle wesentlichen Schwierigkeiten.

Das dritte Kapitel befaßt sich mit dem Stabilitätsproblem und enthält neben dem klassischen Resultat LJAPUNOVs vor allem eine Diskussion der Konvergenzfragen, die mit der Normalform analytischer Differentialgleichungen in der Nähe einer Gleichgewichtslage und der Entwicklung der allgemeinen Lösung in trigonometrische Reihen zusammenhängen. Es wäre erwünscht gewesen, bei dieser Gelegenheit auch den oft zitierten POINCARÉschen Satz über die Divergenz dieser Reihen in der Himmelsmechanik vollständig zu beweisen; doch ist mir dies nicht gelungen. Der am Ende behandelte Wiederkehrsatz paßt nicht ganz in den Rahmen des Buches, macht aber nach den vorhergehenden Enttäuschungen einen versöhnlichen Abschluß.

Betreffs ausführlicher Literaturangaben sei auf WINTNERs „Analytical foundations of celestial mechanics" verwiesen. Entsprechend dem Charakter des vorliegenden Buches ist auch das zum Schluß angefügte Verzeichnis von Literatur durchaus unvollständig; es dient allein dem Zweck, dem Leser einige Ergänzungen zum Text zu nennen. Die Formeln sind nur für die einzelnen Paragraphen fortlaufend numeriert. Im Text wird unter (a; b) die Formel (b) aus § a verstanden, während das Zeichen [c] auf die betreffende Stelle im Literaturverzeichnis hinweist.

Göttingen, im Oktober 1955   CARL L. SIEGEL

Inhaltsverzeichnis.

VORLESUNGEN ÜBER HIMMELSMECHANIK

Erstes Kapitel.

Das Dreikörperproblem.

§ 1. Kovarianz der LAGRANGEschen Ableitungen.

Nach LEIBNIZ ist unsere Welt die bestmögliche aller Welten, und daher lassen sich die Naturgesetze durch Extremalprinzipien beschreiben. Ihrer Herkunft aus Variationsaufgaben entsprechend, haben dann die Differentialgleichungen der Mechanik Invarianzeigenschaften gegenüber gewissen Gruppen von Transformationen der Koordinaten. Da dies auch insbesondere in der Himmelsmechanik von Bedeutung ist, so wollen wir in den einleitenden Paragraphen die Transformationstheorie der EULER-LAGRANGEschen und HAMILTONschen Gleichungen soweit entwickeln, als es für unsere Zwecke erwünscht ist.

Es sei n eine natürliche Zahl und $f = f(x, \dot{x}, t)$ eine reelle Funktion der $2n + 1$ unabhängigen reellen Variabeln $x_k, \dot{x}_k, t$, wobei k die ganzen Zahlen $1, \ldots, n$ durchläuft und $x, \dot{x}$ die Vektoren mit den Komponenten $x_k, \dot{x}_k$ bedeuten. Wir beschränken t auf ein abgeschlossenes Intervall $t_1 \le t \le t_2$ und die übrigen Veränderlichen $x, \dot{x}$ auf eine offene Menge G im Raume von $2n$ Dimensionen. Für die entsprechenden Werte der $x, \dot{x}, t$ sei f definiert und besitze stetige partielle Ableitungen zweiter Ordnung. Wir betrachten nun folgende Aufgabe der Variationsrechnung: Man bestimme zweimal stetig differentiierbare Funktionen $x_k = x_k(t)$ $(k = 1, \ldots, n)$ der Variabeln t im Intervall $t_1 \le t \le t_2$ mit vorgeschriebenen Randwerten $x_k(t_1) = a_k$, $x_k(t_2) = b_k$, so daß das Integral

$$I = \int_{t_1}^{t_2} f(x, \dot{x}, t)\, dt$$

zum Extremum wird; dabei soll $\dot{x}_k = \dfrac{d\,x_k(t)}{d\,t}$ sein und $x, \dot{x}$ in G liegen.

Es werde angenommen, diese Aufgabe habe eine Lösung. Dann betten wir sie ein in eine Schar von zulässigen Vergleichsfunktionen $x_k = x_k(\alpha; t)$ $(k = 1, \ldots, n)$, die samt ihren Ableitungen nach t von dem Parameter α im Intervall $-1 < \alpha < 1$ stetig differentiierbar abhängen, und es sei $x_k(0; t) = x_k(t)$ die vorgelegte Lösung des Extremalproblems. Bildet man nun mit diesen Vergleichsfunktionen das Integral

$$I(\alpha) = \int_{t_1}^{t_2} f\big(x(\alpha; t), \dot{x}(\alpha; t), t\big)\, dt \qquad (-1 < \alpha < 1),$$

so hat $I(\alpha)$ bei $\alpha = 0$ das Extremum I, und daher verschwindet die Ableitung $\dfrac{dI(\alpha)}{d\alpha}$ bei $\alpha = 0$.

Um den Wert der Ableitung bequem ausdrücken zu können, verabreden wir folgende Abkürzungen: Es bedeuten $f_{x_k}, f_{\dot{x}_k}$ die partiellen Ableitungen von f nach $x_k, \dot{x}_k$ als Funktion der $2n+1$ unabhängigen Variabeln $x_l, \dot{x}_l, t$; ferner werde die Ableitung nach dem Parameter α durch einen Strich bezeichnet. Dann gilt

$$(1) \qquad I'(\alpha) = \int\limits_{t_1}^{t_2} \sum_{k=1}^{n} \left(f_{x_k} x_k'(\alpha; t) + f_{\dot{x}_k} \dot{x}_k'(\alpha; t) \right) dt.$$

Andererseits verschwindet der Ausdruck

$$s = s(\alpha; t) = \sum_{k=1}^{n} f_{\dot{x}_k} x_k'(\alpha; t)$$

wegen $x_k(\alpha; t_1) = a_k$, $x_k(\alpha; t_2) = b_k$ an den Randpunkten $t = t_1, t_2$, so daß also

$$(2) \qquad 0 = \int\limits_{t_1}^{t_2} \frac{ds}{dt}\, dt = \int\limits_{t_1}^{t_2} \sum_{k=1}^{n} \left(\frac{d f_{\dot{x}_k}}{dt} x_k'(\alpha; t) + f_{\dot{x}_k} \dot{x}_k'(\alpha; t) \right) dt$$

wird. Bei Einführung der LAGRANGEschen Ableitungen

$$L_{x_k} f = f_{x_k} - \frac{d f_{\dot{x}_k}}{dt}$$

ergibt Subtraktion von (1) und (2) die Formel

$$I'(\alpha) = \int\limits_{t_1}^{t_2} \sum_{k=1}^{n} x_k'\, L_{x_k} f\, dt,$$

wobei also $x_k = x_k(\alpha; t)$, $\dot{x}_k = \dfrac{d x_k}{dt}$ einzusetzen ist. Wegen der Willkür in der Wahl von $x_k'(0; t)$ und der Stetigkeit von $L_{x_k} f$ erhält man dann aus der Bedingung $I'(0) = 0$ für die Lösung $x_k = x_k(0; t) = x_k(t)$ $(k = 1, \ldots, n)$ des Variationsproblems die Differentialgleichungen von EULER und LAGRANGE, nämlich

$$L_{x_k} f = 0 \qquad (k = 1, \ldots, n).$$

Wir untersuchen nun das Verhalten der LAGRANGEschen Ableitungen bei Transformationen der Koordinaten. An Stelle von $x_1, \ldots, x_n$ werden neue Koordinaten $\xi_1, \ldots, \xi_n$ durch eine Substitution

$$(3) \qquad x_k = x_k(\xi, t) \qquad (k = 1, \ldots, n)$$

eingeführt. Dabei sind die $x_k(\xi, t)$ zweimal stetig differentiierbare Funktionen der $n+1$ unabhängigen Variabeln $\xi_1, \ldots, \xi_n, t$, und es sei in den zu betrachtenden Bereichen die n-reihige Funktionaldeterminante

$$\left|\frac{\partial x_k}{\partial \xi_l}\right| \neq 0,$$

so daß also die Transformation von ξ in x eindeutig umkehrbar ist. Die Variable t selbst wird nicht transformiert, und es haben jetzt die Funktionen $x_k(\xi, t)$ mit den oben eingeführten $x_k(\alpha; t)$ nichts zu tun. Wählt man insbesondere $x_k = x_k(\alpha; t)$, so werden auch die $\xi_k = \xi_k(\alpha; t)$ Funktionen von α, t, und zufolge (3) wird

$$(4) \qquad \dot{x}_k = x_{kt} + \sum_{l=1}^{n} x_{k\xi_l}\dot{\xi}_l,$$

wobei x_{kt}, $x_{k\xi_l}$ partielle Ableitungen von $x_k(\xi, t)$ bedeuten. Vermöge der Substitutionen (3), (4) wird $f(x, \dot{x}, t)$ eine Funktion von $\xi, \dot{\xi}, t$ und

$$I'(\alpha) = \int_{t_1}^{t_2} \sum_{k=1}^{n} \xi_k' L_{\xi_k} f \, dt,$$

woraus sich unter Benutzung der Stetigkeit die Invarianz des Ausdrucks

$$A = \sum_{k=1}^{n} x_k' L_{x_k} f$$

bei der Transformation (3), (4) ergibt.

Auf algebraischem Wege erhält man diese Invarianz folgendermaßen. Nach (3), (4) ist

$$x_{k\xi_l} = 0, \qquad \dot{x}_{k\dot{\xi}_l} = x_{k\xi_l}, \qquad x_k' = \sum_{l=1}^{n} x_{k\xi_l}\xi_l',$$

also

$$f_{\dot{\xi}_l} = \sum_{k=1}^{n} \left(f_{x_k} x_{k\dot{\xi}_l} + f_{\dot{x}_k}\dot{x}_{k\dot{\xi}_l}\right) = \sum_{k=1}^{n} f_{\dot{x}_k} x_{k\xi_l}$$

$$\sum_{l=1}^{n} f_{\dot{\xi}_l}\xi_l' = \sum_{k,l=1}^{n} f_{\dot{x}_k} x_{k\xi_l}\xi_l' = \sum_{k=1}^{n} f_{\dot{x}_k} x_k' = s.$$

Daher ist s invariant und demnach auch

$$\frac{ds}{dt} = \sum_{k=1}^{n} \left(\frac{df_{\dot{x}_k}}{dt} x_k' + f_{\dot{x}_k}\dot{x}_k'\right).$$

Dasselbe gilt von

$$f' = \sum_{k=1}^{n} \left(f_{x_k} x_k' + f_{\dot{x}_k}\dot{x}_k'\right),$$

also auch von

$$f' - \frac{ds}{dt} = A.$$

Bei keinem der beiden Beweise wurde die Annahme benötigt, daß $x_k = x_k(t)$ eine Lösung des Extremalproblems ist.

Wegen der Willkür der x_k' folgt nun

$$\sum_{k=1}^{n} x_{k\,\xi_l} L_{x_k} f = L_{\xi_l} f \qquad (l = 1, \ldots, n),$$

und dies gilt insbesondere für $\alpha = 0$, also für $x_k = x_k(t)$. Damit ist das Verhalten der LAGRANGEschen Ableitungen bei Transformation der Koordinaten ermittelt, und speziell folgt die Invarianz der Differentialgleichungen von EULER und LAGRANGE. Bedeutet

$$x_\xi = \left(x_{k\,\xi_l}\right) = \mathfrak{M}$$

die Funktionalmatrix der Substitution (3) und $L_x = L_x f$ die aus den $L_{x_k} f$ gebildete Zeile, so ist

$$L_x \mathfrak{M} = L_\xi.$$

Um noch die Invarianzeigenschaft von A ohne Einführung des Parameters α zu formulieren, verwenden wir eine neue Bezeichnung: Ist φ eine Funktion von einigen unabhängigen Veränderlichen, unter denen auch t vorkommt, so werde unter $\delta \varphi$ das Differential von φ bei konstantem t verstanden, also unter der Bedingung $dt = 0$. Für die aus den x_k gebildete Spalte x gilt dann zufolge (3) die Formel

$$\delta x = \mathfrak{M} \, \delta \xi,$$

so daß also die L_{x_k} sich kontragredient zu den δx_k transformieren und der bilineare Ausdruck $L_x \, \delta x$ invariant ist.

Wir wollen nun die Frage untersuchen, inwieweit die Funktion f durch ihre n LAGRANGEschen Ableitungen $L_{x_k} f$ festgelegt ist. In expliziter Gestalt ist

$$(5) \qquad L_{x_k} f = f_{x_k} - \sum_{l=1}^{n} \left(f_{\dot{x}_k x_l} \dot{x}_l + f_{\dot{x}_k \dot{x}_l} \ddot{x}_l \right) - f_{\dot{x}_k t},$$

und hierin werde die rechte Seite als Funktion der $3n+1$ unabhängigen Variablen $x_l, \dot{x}_l, \ddot{x}_l, t$ angesehen. Stimmen für zwei Funktionen $g(x, \dot{x}, t)$, $h(x, \dot{x}, t)$ die n LAGRANGEschen Ableitungen $L_{x_k} g$, $L_{x_k} h$ als Funktionen jener $3n+1$ Variabeln paarweise überein, so gelten für ihre Differenz $f = h - g$ die Gleichungen $L_{x_k} f = 0$ identisch in $x, \dot{x}, \ddot{x}, t$. Da dann insbesondere der Koeffizient von $\ddot{x}_l$ in (5) verschwindet, also $f_{\dot{x}_k \dot{x}_l} = 0$ ist, so hat f die Form

$$f(x, \dot{x}, t) = f_0(x, t) + \sum_{k=1}^{n} f_k(x, t) \, \dot{x}_k.$$

Trägt man diese in (5) ein, so folgt weiter durch Koeffizientenvergleich

$$f_{0\,x_k} = f_{k\,t}, \qquad f_{l\,x_k} = f_{k\,x_l} \qquad (k, l = 1, \ldots, n).$$

Das sind aber die notwendigen und hinreichenden Bedingungen für die Existenz einer Funktion $v(x, t)$, deren totales Differential

$$dv = f_0 \, dt + \sum_{k=1}^{n} f_k \, d x_k$$

wird. Es folgt also

$$f = \frac{dv}{dt},$$

$$h(x, \dot{x}, t) = g(x, \dot{x}, t) + \frac{dv(x, t)}{dt},$$

wo bei der totalen Differentiation nach t die x_k als Funktionen von t anzusehen sind. Durch Vorgabe der LAGRANGESchen Ableitungen als Funktionen von $x, \dot{x}, \ddot{x}, t$ ist daher die Funktion $f(x, \dot{x}, t)$ festgelegt bis auf eine willkürliche additive Funktion, welche die totale Ableitung einer von $\dot{x}$ freien Funktion $v(x, t)$ nach t ist. Durch Hinzufügen einer solchen Funktion ändert sich dann übrigens das Integral I nur um einen Wert, der wegen der Randbedingungen von der Wahl der $x_k(t)$ unabhängig ist.

§ 2. Kanonische Transformation.

Die LAGRANGESchen Ableitungen enthalten zufolge (1; 5) im allgemeinen die zweiten Ableitungen der Funktionen $x_k(t)$, und das entsprechende System der n EULER-LAGRANGESchen Differentialgleichungen ist dann von zweiter Ordnung. Dies läßt sich in ein System von $2n$ Differentialgleichungen erster Ordnung umschreiben. Dazu führt der Ansatz

(1) $$y_k = f_{\dot{x}_k}(x, \dot{x}, t) \qquad (k = 1, \ldots, n),$$

indem wir hieraus die $\dot{x}_k$ als Funktionen von $x_1, \ldots, x_n, t$ und den neuen unabhängigen Variabeln $y_1, \ldots, y_n$ berechnet denken. Damit dies möglich wird, setzen wir voraus, daß die n-reihige Determinante

(2) $$|f_{\dot{x}_k \dot{x}_l}| \neq 0$$

ist. Es wird jetzt

(3) $$L_{x_k} f = f_{x_k}(x, \dot{x}, t) - \dot{y}_k,$$

wobei der Punkt über y_k die totale Ableitung nach t bedeutet, und die Differentialgleichungen von EULER und LAGRANGE besagen

(4) $$\dot{y}_k = f_{x_k}(x, \dot{x}, t) \qquad (k = 1, \ldots, n),$$

so daß man in (1), (4) ein System von $2n$ Differentialgleichungen erster Ordnung für die $2n$ unbekannten Funktionen $x_k(t), y_k(t)$ hat. Um die

Asymmetrie dieses Systems zu beseitigen, führen wir die Funktion

$$(5) \qquad E = \sum_{k=1}^{n} \dot{x}_k y_k - f(x, \dot{x}, t)$$

ein, in der wir zunächst die $3n+1$ Variabeln $x_k, y_k, \dot{x}_k, t$ als unabhängig auffassen. Es ist dann

$$(6) \qquad dE = \sum_{k=1}^{n} (\dot{x}_k \, dy_k + y_k \, d\dot{x}_k - f_{x_k} \, dx_k - f_{\dot{x}_k} \, d\dot{x}_k) - f_t \, dt.$$

Wird nunmehr $\dot{x}$ vermöge (1) als Funktion von x, y, t festgelegt, so ist auch $E = E(x, y, t)$ ebenfalls eine Funktion von x, y, t allein. Nach (1) heben sich aber in (6) die Koeffizienten von $d\dot{x}_k$ gegenseitig auf, und wir erhalten in

$$dE = \sum_{k=1}^{n} (\dot{x}_k \, dy_k - f_{x_k} \, dx_k) - f_t \, dt$$

das totale Differential von $E(x, y, t)$. Für die partiellen Ableitungen von E als Funktion von x, y, t ergeben sich daher die Werte

$$(7) \qquad E_{x_k} = -f_{x_k}, \quad E_{y_k} = \dot{x}_k \qquad (k = 1, \ldots, n),$$

und (3) geht über in

$$(8) \qquad L_{x_k} f = -E_{x_k} - \dot{y}_k.$$

Aus (1), (5) und den EULER-LAGRANGEschen Differentialgleichungen folgt also

$$\dot{x}_k = E_{y_k}, \quad \dot{y}_k = -E_{x_k} \qquad (k = 1, \ldots, n),$$

und dies sind die HAMILTONschen Differentialgleichungen.

Aus der Voraussetzung (2) folgt, daß die Funktionaldeterminante $|y_{k \dot{x}_l}|$ der y_k als Funktionen der $\dot{x}_l$ und die dazu reziproke Funktionaldeterminante $|\dot{x}_{k y_l}|$ von 0 verschieden sind, also nach (7) auch die Determinante $|E_{y_k y_l}|$. Nun sei umgekehrt eine Funktion $E(x, y, t)$ gegeben und die Determinante

$$(9) \qquad |E_{y_k y_l}| \neq 0.$$

Analog zu (5) definieren wir dann

$$(10) \qquad f = \sum_{k=1}^{n} \dot{x}_k y_k - E(x, y, t)$$

und fassen wieder die $3n+1$ Variabeln $x_k, y_k, \dot{x}_k, t$ als unabhängig auf, woraus

$$df = \sum_{k=1}^{n} (\dot{x}_k \, dy_k + y_k \, d\dot{x}_k - E_{x_k} \, dx_k - E_{y_k} \, dy_k) - E_t \, dt$$

folgt. Nunmehr lege man y als Funktion von $x, \dot{x}, t$ durch die Gleichungen

$$\dot{x}_k = E_{y_k} \qquad (k = 1, \ldots, n)$$

fest, was wegen der Voraussetzung (9) zulässig ist. Dadurch wird f eine Funktion von $x, \dot{x}, t$ allein, und es folgt

$$df = \sum_{k=1}^{n} \left(y_k \, d\dot{x}_k - E_{x_k} \, d x_k \right) - E_t \, dt,$$

also

$$(11) \qquad f_{x_k} = - E_{x_k}, \qquad f_{\dot{x}_k} = y_k \qquad (k = 1, \ldots, n),$$

woraus sich wieder die Gültigkeit von (8) ergibt. Endlich zeigt (9), daß die Funktionaldeterminante $|\dot{x}_{k\,y_l}|$ der $\dot{x}_k$ als Funktionen der y_l und die dazu reziproke Funktionaldeterminante $|y_{k\,\dot{x}_l}|$ von 0 verschieden sind, also nach (11) auch die Determinante $|f_{\dot{x}_k\,\dot{x}_l}|$. Aus (9) und den HAMILTONschen Gleichungen sind damit umgekehrt wieder (1), (2) und die EULER-LAGRANGEschen Gleichungen hergeleitet.

Von den $2n$ HAMILTONschen Gleichungen ergibt sich die eine Hälfte, nämlich $\dot{y}_k = - E_{x_k}$, unmittelbar aus den EULER-LAGRANGEschen Gleichungen, während die andere Hälfte durch die Substitution (1), (5) bedingt war. Es ist nun bemerkenswert, daß man auch sämtliche $2n$ HAMILTONschen Gleichungen als EULER-LAGRANGEsche Gleichungen interpretieren kann. Zu diesem Zwecke nehmen wir jetzt an Stelle der bisherigen Variabeln x aus § 1 die Variabeln x, y und betrachten in der durch (10) definierten Funktion f die $4n + 1$ Veränderlichen $x_k, y_k, \dot{x}_k, \dot{y}_k, t$ als unabhängig, wobei allerdings die $\dot{y}_k$ gar nicht auftreten. Zufolge der Definition der LAGRANGEschen Ableitungen wird nunmehr

$$(12) \qquad L_{x_k} f = f_{x_k} - \frac{d f_{\dot{x}_k}}{dt} = - E_{x_k} - \dot{y}_k, \qquad L_{y_k} f = f_{y_k} - \frac{d f_{\dot{y}_k}}{dt} = \dot{x}_k - E_{y_k},$$

und durch Nullsetzen der rechten Seiten entstehen tatsächlich die HAMILTONschen Gleichungen.

Diese Umformung hat den Vorteil, daß wir unsere Resultate für die Transformation der LAGRANGEschen Ableitungen anwenden können. Wir untersuchen jetzt Substitutionen der Gestalt

$$(13) \qquad x_k = x_k(\xi, \eta, t), \qquad y_k = y_k(\xi, \eta, t) \qquad (k = 1, \ldots, n),$$

wobei also $\xi_1, \ldots, \xi_n, \eta_1, \ldots, \eta_n$ neue Variable sind und t ungeändert bleibt. Zur Abkürzung werden wir die $2n$ Größen $x_1, \ldots, x_n, y_1, \ldots, y_n$ auch durchlaufend mit $z_1, \ldots, z_{2n}$ bezeichnen und entsprechend $\zeta_1, \ldots, \zeta_{2n}$ erklären; dann können wir statt (13) kürzer

$$z_k = z_k(\zeta, t) \qquad (k = 1, \ldots, 2n)$$

schreiben. Mit den n-reihigen Funktionalmatrizen

$$(14) \quad \mathfrak{A} = x_\xi = (x_{k\,\xi_l}), \quad \mathfrak{B} = x_\eta = (x_{k\,\eta_l}), \quad \mathfrak{C} = y_\xi = (y_{k\,\xi_l}), \quad \mathfrak{D} = y_\eta = (y_{k\,\eta_l})$$

und

$$\mathfrak{M} = z_\zeta = (z_{k\,\zeta_l})$$

gilt dann

$$(15) \qquad \mathfrak{M} = \begin{pmatrix} \mathfrak{A} & \mathfrak{B} \\ \mathfrak{C} & \mathfrak{D} \end{pmatrix},$$

und wir setzen $|\mathfrak{M}| \neq 0$ voraus. Wir wollen nun feststellen, unter welchen Voraussetzungen für die Substitution (13) die LAGRANGEschen Ableitungen in den neuen Variabeln wieder die spezielle Gestalt (12) annehmen, mit einer noch zu bestimmenden Funktion $\mathsf{E}(\xi, \eta, t)$ an Stelle von $E(x, y, t)$. Es soll also gelten

$$(16) \qquad L_{\xi_k} f = -\mathsf{E}_{\xi_k} - \dot\eta_k, \qquad L_{\eta_k} f = \dot\xi_k - \mathsf{E}_{\eta_k} \qquad (k = 1, \ldots, n),$$

und zwar identisch in $\zeta, \dot\zeta, t$, wobei die Funktion f vermöge (10) fest gegeben sei. Unter dieser Voraussetzung soll die Transformation (13) kanonisch heißen.

Setzt man

$$(17) \qquad \varphi(\zeta, \dot\zeta, t) = \sum_{k=1}^{n} \dot\xi_k \eta_k - \mathsf{E}(\zeta, t),$$

so sind die LAGRANGEschen Ableitungen von φ gerade die rechten Seiten von (16). Nach dem Ergebnis aus § 1 ist also

$$f = \varphi + \frac{dv(\zeta, t)}{dt}$$

identisch in $\zeta, \dot\zeta, t$, falls f durch diese Variabeln ausgedrückt wird. Nach (10), (17) bedeutet dies

$$(18) \quad \begin{cases} \dfrac{dv(\zeta, t)}{dt} = \mathsf{E} - E + \displaystyle\sum_{r=1}^{n} \dot x_r y_r - \sum_{l=1}^{n} \dot\xi_l \eta_l \\[2mm] = \mathsf{E} - E + \displaystyle\sum_{l=1}^{n} \left(\sum_{r=1}^{n} x_{r\,\xi_l} y_r - \eta_l \right) \dot\xi_l + \sum_{l=1}^{n} \left(\sum_{r=1}^{n} x_{r\,\eta_l} y_r \right) \dot\eta_l + \sum_{k=1}^{n} x_{k\,t} y_k, \end{cases}$$

also

$$v_{\xi_l} = \sum_{r=1}^{n} x_{r\,\xi_l} y_r - \eta_l, \qquad v_{\eta_l} = \sum_{r=1}^{n} x_{r\,\eta_l} y_r, \qquad v_t = \mathsf{E} - E + \sum_{k=1}^{n} x_{k\,t} y_k.$$

Hiernach sind die sämtlichen $2n + 1$ partiellen Ableitungen erster Ordnung von $v(\zeta, t)$ vorgeschrieben. Aus der letzten dieser Gleichungen denke man sich die unbekannte Funktion E berechnet. Die übrigen führen wegen $v_{\zeta_k \zeta_l} = v_{\zeta_l \zeta_k}$ zu den notwendigen und hinreichenden Integrabilitätsbedingungen

$$\sum_{r=1}^{n} \left(x_{r\,\xi_l\,\xi_k}\, y_r + x_{r\,\xi_l}\, y_{r\,\xi_k} \right) = \sum_{r=1}^{n} \left(x_{r\,\xi_k\,\xi_l}\, y_r + x_{r\,\xi_k}\, y_{r\,\xi_l} \right) \left.\right)$$

$$\sum_{r=1}^{n} \left(x_{r\,\xi_l\,\eta_k}\, y_r + x_{r\,\xi_l}\, y_{r\,\eta_k} \right) - e_{kl} = \sum_{r=1}^{n} \left(x_{r\,\eta_k\,\xi_l}\, y_r + x_{r\,\eta_k}\, y_{r\,\xi_l} \right) \left.\right\} (k, l = 1, \ldots, n);$$

$$\sum_{r=1}^{n} \left(x_{r\,\eta_l\,\eta_k}\, y_r + x_{r\,\eta_l}\, y_{r\,\eta_k} \right) = \sum_{r=1}^{n} \left(x_{r\,\eta_k\,\eta_l}\, y_r + x_{r\,\eta_k}\, y_{r\,\eta_l} \right) \left.\right)$$

dabei ist $e_{kl} = 1$ für $k = l$ und sonst 0. Unter Benutzung der in (14) definierten Matrizen lassen sich diese Bedingungen in der Form

(19) $$\mathfrak{C}'\mathfrak{A} = \mathfrak{A}'\mathfrak{C}, \quad \mathfrak{D}'\mathfrak{A} - \mathfrak{C} = \mathfrak{B}'\mathfrak{C}, \quad \mathfrak{D}'\mathfrak{B} = \mathfrak{B}'\mathfrak{D}$$

schreiben, wobei $\mathfrak{E}$ die n-reihige Einheitsmatrix bedeutet. Setzt man noch

$$\mathfrak{J} = \begin{pmatrix} 0 & \mathfrak{E} \\ -\mathfrak{E} & 0 \end{pmatrix},$$

so kann man mit (15) die Gleichungen (19) zu

(20) $$\mathfrak{M}'\mathfrak{J}\mathfrak{M} = \mathfrak{J}$$

zusammenfassen. In dieser Formel hat man also die notwendige und hinreichende Bedingung dafür, daß die Transformation (13) die HAMIL-TONsche Form (12) der LAGRANGEschen Ableitungen ungeändert läßt, und zwar ist offenbar die gefundene Bedingung für eine solche kanonische Transformation unabhängig von der Funktion $E(z, t)$. Da bei der Berechnung von $v(\zeta, t)$ aus den $2n$ partiellen Ableitungen v_{ξ_l}, v_{η_l} allein noch eine additive Funktion von t willkürlich bleibt, so geht ein solches additives Glied auch in v_t und damit in E ein; bei der Bildung der Ableitungen E_{ξ_k}, E_{η_k} fällt es aber wieder heraus, so daß die rechten Seiten von (16) vollkommen bestimmt sind.

Eine Matrix $\mathfrak{M}$, welche der Gleichung (20) genügt, heißt symplektisch. Durch Bildung der Determinante folgt $|\mathfrak{M}|^2 |\mathfrak{J}| = |\mathfrak{J}| = 1$, also $|\mathfrak{M}|^2 = 1$. Übrigens läßt sich genauer noch $|\mathfrak{M}| = 1$ zeigen, was jedoch weiterhin nicht gebraucht wird. Jedenfalls ist für symplektisches $\mathfrak{M}$ die Determinante $|\mathfrak{M}| \neq 0$ und $\mathfrak{M}^{-1}$ vorhanden. Aus (20) folgt dann

$$(\mathfrak{M}^{-1})'\,\mathfrak{J}\,\mathfrak{M}^{-1} = (\mathfrak{M}^{-1})'\,(\mathfrak{M}'\,\mathfrak{J}\,\mathfrak{M})\,\mathfrak{M}^{-1} = \mathfrak{J},$$

so daß auch $\mathfrak{M}^{-1}$ symplektisch ist. Entsprechend zeigt man, daß mit $\mathfrak{M}_1$ und $\mathfrak{M}_2$ auch $\mathfrak{M}_1 \mathfrak{M}_2$ symplektisch ist. Folglich bilden die symplektischen Matrizen bei Multiplikation eine Gruppe, die symplektische Gruppe. Nach unserem Resultat ist aber eine Transformation $z = z(\zeta, t)$ dann und nur dann kanonisch, wenn die Funktionalmatrix $z_\zeta = \mathfrak{M}$ identisch in ζ und t symplektisch ist. Folglich ist die inverse Transformation ebenfalls kanonisch, und allgemeiner bilden die kanonischen Transformationen bei geeigneten Voraussetzungen über die Bereiche der Variabeln eine Gruppe.

Die kanonischen Transformationen führen insbesondere jedes HAMILTONsche System von Differentialgleichungen wieder in ein solches über. Man kann nun allgemeiner die Aufgabe stellen, alle umkehrbaren Transformationen dieser Art aufzustellen. Dabei betrachten wir lieber statt der Differentialgleichungen die entsprechenden HAMILTONschen Ausdrücke $\dot{x}_k - E_{y_k}$, $\dot{y}_k + E_{x_k}$, die wir zu der Spalte $\dot{z} - \Im E_z$ zusammenfassen können, wenn wir unter E_z die Spalte der E_{x_k}, E_{y_k} verstehen. Für die Substitution $z = z(\zeta, t)$ mit der Funktionalmatrix $z_\zeta = \mathfrak{M}$ gilt

$$E_{\zeta_k} = \sum_{l=1}^{2n} E_{z_l} z_{l\zeta_k}, \qquad E_\zeta = \mathfrak{M}' E_z,$$

(21)
$$\dot{z} = \mathfrak{M}\dot{\zeta} + z_t,$$

also

$$\mathfrak{M}^{-1}(\dot{z} - \Im E_z) = \dot{\zeta} + \mathfrak{M}^{-1} z_t - \mathfrak{M}^{-1}\Im\,\mathfrak{M}'^{-1} E_\zeta.$$

Soll die rechte Seite der letzten Gleichung wieder die HAMILTONsche Form $\dot{\zeta} - \Im E_\zeta$ bei geeigneter Wahl von $E(\zeta, t)$ haben, so muß diese Funktion der Bedingung

$$E_\zeta = \Im^{-1}\mathfrak{M}^{-1}\Im\,\mathfrak{M}'^{-1} E_\zeta - \Im^{-1}\mathfrak{M}^{-1} z_t$$

genügen. Setzt man noch

$$\Im^{-1}\mathfrak{M}^{-1}\Im\,\mathfrak{M}'^{-1} = \mathfrak{P} = (p_{kl}), \qquad -\Im^{-1}\mathfrak{M}^{-1} = \mathfrak{Q} = (q_{kl}),$$

so lauten die Integrabilitätsbedingungen

$$\sum_{r=1}^{2n} (p_{kr} E_{\zeta_r} + q_{kr} z_{rt})_{\zeta_l} = \sum_{r=1}^{2n} (p_{lr} E_{\zeta_r} + q_{lr} z_{rt})_{\zeta_k} \qquad (k, l = 1, \dots, 2n).$$

Sind diese nun für jede Wahl der Funktion $E(z, t)$ erfüllt, so folgt zunächst

$$\sum_{r=1}^{2n} p_{kr} E_{\zeta_r \zeta_l} = \sum_{r=1}^{2n} p_{lr} E_{\zeta_r \zeta_k}, \qquad \sum_{r=1}^{2n} p_{kr\zeta_l} E_{\zeta_r} = \sum_{r=1}^{2n} p_{lr\zeta_k} E_{\zeta_r},$$

also

$$p_{kl} = 0, \qquad p_{kk} = p_{ll} \qquad (k \neq l), \qquad p_{kr\zeta_l} = p_{lr\zeta_k} \qquad (k, l, r = 1, \dots, 2n),$$

und daher unterscheidet sich $\mathfrak{P}$ von der Einheitsmatrix nur durch einen skalaren Faktor, der nicht von ζ abhängt.

Jetzt sind noch die restlichen Bedingungen

(22)
$$\sum_{r=1}^{2n} (q_{kr} z_{rt})_{\zeta_l} = \sum_{r=1}^{2n} (q_{lr} z_{rt})_{\zeta_k}$$

zu erfüllen. Setzt man zur Abkürzung $\mathfrak{J}z_t = u$, so geht wegen

$$\mathfrak{P}^{-1}\mathfrak{Q} = -\mathfrak{M}'\mathfrak{J}^{-1} = (z_{l\zeta_k})\mathfrak{J}$$

die Gleichung (22) über in

$$\sum_{r=1}^{2n}(z_{r\zeta_k\zeta_l}u_r + z_{r\zeta_k}u_{r\zeta_l}) = \sum_{r=1}^{2n}(z_{r\zeta_l\zeta_k}u_r + z_{r\zeta_l}u_{r\zeta_k}),$$

also in Matrizenform

$$\mathfrak{M}'\mathfrak{J}\mathfrak{M}_t = (\mathfrak{M}'\mathfrak{J}\mathfrak{M}_t)',$$

woraus wegen $\mathfrak{J}' = -\mathfrak{J}$ die Formel

$$\mathfrak{M}'\mathfrak{J}\mathfrak{M}_t + \mathfrak{M}_t'\mathfrak{J}\mathfrak{M} = 0$$

folgt. Daher ist die Matrix $\mathfrak{M}'\mathfrak{J}\mathfrak{M}$ von t unabhängig, und dasselbe gilt dann von $\mathfrak{P}$. Als notwendige und hinreichende Bedingung für die gesuchten Transformationen ergibt sich demnach

(23) $$\mathfrak{M}'\mathfrak{J}\mathfrak{M} = \lambda\mathfrak{J}$$

mit konstantem skalaren $\lambda \neq 0$. Durch das Auftreten dieses willkürlichen Faktors λ bekommt man eine Verallgemeinerung der kanonischen Substitutionen und der symplektischen Gruppe; doch da die spezielle Substitution $x = \xi$, $y = \lambda\eta$ die Bedingung (23) erfüllt, so erhält man alle gesuchten Substitutionen bereits durch Zusammensetzung der kanonischen mit jener trivialen. Deswegen wollen wir uns weiterhin auf die Betrachtung kanonischer Substitutionen beschränken.

§ 3. Die partielle Differentialgleichung von HAMILTON und JACOBI.

Wir behandeln nun die Aufgabe, sämtliche kanonischen Substitutionen in Parameterform anzugeben, und wollen zunächst den Fall

(1) $$|\mathfrak{B}| = |x_{k\eta_l}| \neq 0$$

betrachten. Dann sind durch die n Gleichungen $x_k = x_k(\xi, \eta, t)$ die η_l als Funktionen von x, ξ, t bestimmt und die entsprechend gebildete Funktionaldeterminante $|\eta_{k x_l}|$ ist ebenfalls von 0 verschieden. Wir benutzen nun die Gleichung (2; 18), welche die notwendige und hinreichende Bedingung für eine kanonische Substitution angibt, und drücken darin $v(\zeta, t)$ als Funktion von x, ξ, t aus. Setzt man

$$v = v(\zeta, t) = w(x, \xi, t),$$

so wird

$$\frac{dv}{dt} = w_t + \sum_{k=1}^{n}(w_{x_k}\dot{x}_k + w_{\xi_k}\dot{\xi}_k),$$

und (2; 18) ergibt durch Koeffizientenvergleich die Beziehungen

(2) $\qquad y_k = w_{x_k}, \quad \eta_k = -w_{\xi_k} \quad (k = 1, \ldots, n), \qquad \mathsf{E} = E + w_t.$

Wegen $|\eta_{k\,x_l}| \neq 0$ folgt noch

(3) $\qquad\qquad\qquad\qquad\qquad |w_{\xi_k\,x_l}| \neq 0.$

Ist umgekehrt w eine Funktion von x, ξ, t, welche der Bedingung (3) genügt, so ergibt die zweite Gleichung (2) durch Auflösen x als Funktion von ξ, η, t und die erste Gleichung (2) sodann durch Einsetzen auch y als Funktion von ξ, η, t. Hierbei wird außerdem (1) erfüllt. Wegen (3) kann man übrigens umgekehrt aus der ersten Gleichung (2) durch Auflösen ξ als Funktion von x, y, t und dann aus der zweiten Gleichung durch Einsetzen auch η als Funktion von x, y, t erhalten. Definiert man noch E durch die dritte Gleichung (2), so ist (2; 18) erfüllt. Also ist die gewonnene Transformation kanonisch und genügt der Bedingung $|\mathfrak{B}| \neq 0$. Daher ergibt (2) sämtliche kanonischen Transformationen, für die $|\mathfrak{B}| \neq 0$ ist, wobei durch die dritte Gleichung auch E bestimmt wird.

Als Beispiel wähle man

$$w = \sum_{k=1}^{n} x_k \xi_k;$$

dann ist die Bedingung (3) erfüllt, und die kanonische Transformation wird $x_k = -\eta_k, \ y_k = \xi_k \ (k = 1, \ldots, n)$ mit der Funktionalmatrix $\mathfrak{M} = -\mathfrak{J} = \mathfrak{J}^{-1}$. Natürlich gibt es auch kanonische Transformationen mit $|\mathfrak{B}| = 0$, wie z. B. die identische Transformation $z = \zeta$, für welche $\mathfrak{M}$ die Einheitsmatrix wird. Man kann nun unter der Annahme

$$|\mathfrak{A}| = |x_{k\,\xi_l}| \neq 0$$

eine analoge Betrachtung durchführen wie oben für $|\mathfrak{B}| \neq 0$; doch ist es kürzer, diesen Fall auf den früheren zurückzuführen, indem man noch $\xi = -\eta^*, \ \eta = \xi^*$ substituiert. Die Funktionalmatrix von z als Funktion von ζ^* wird dann

$$\mathfrak{M}\,\mathfrak{J}^{-1} = \begin{pmatrix} \mathfrak{B} & -\mathfrak{A} \\ \mathfrak{D} & -\mathfrak{C} \end{pmatrix},$$

so daß also $-\mathfrak{A}$ an die Stelle von $\mathfrak{B}$ tritt und die Formeln (2) mit ξ^*, η^* statt ξ, η gelten. Daraus folgt nun aber

(4) $\qquad y_k = w_{x_k}, \quad \xi_k = w_{\eta_k} \quad (k = 1, \ldots, n), \qquad \mathsf{E} = E + w_t,$

wobei $w = w(x, \eta, t)$ und

$$|w_{\eta_k\,x_l}| \neq 0$$

ist. Dies gibt also sämtliche kanonischen Transformationen mit $|\mathfrak{A}| \neq 0$. Insbesondere liefert

$$w = \sum_{k=1}^{n} x_k \eta_k$$

die identische Transformation $z = \zeta$. Wir wollen nicht den Fall diskutieren, daß $|\mathfrak{A}|$ und $|\mathfrak{B}|$ beide 0 sind; doch sei noch bemerkt, daß man jede kanonische Transformation aus zwei solchen mit $|\mathfrak{A}| \neq 0$ oder $|\mathfrak{B}| \neq 0$ zusammensetzen kann.

Es ist das weitere Ziel, ein vorgelegtes Hamiltonsches System

(5) $$\dot{x}_k = E_{y_k}, \quad \dot{y}_k = -E_{x_k} \qquad (k = 1, \ldots, n)$$

durch eine geeignete kanonische Transformation möglichst zu vereinfachen. Der einfachste Fall für das transformierte System

$$\dot{\xi}_k = \mathsf{E}_{\eta_k}, \quad \dot{\eta}_k = -\mathsf{E}_{\xi_k}$$

wäre $\mathsf{E}(\xi, \eta, t) = 0$. Nehmen wir an, daß dies durch eine Transformation mit $|\mathfrak{A}| \neq 0$ erreicht werden kann, so gilt der Ansatz (4), und man erhält daraus für die erzeugende Funktion $w = w(x, \eta, t)$ die Hamilton-Jacobische partielle Differentialgleichung

(6) $$E(x, w_x, t) + w_t = 0,$$

wobei noch $|w_{x_k \eta_l}| \neq 0$ ist. Falls man nun umgekehrt eine Lösung $w(x, \eta, t)$ von (6) finden kann, welche noch von n Parametern $\eta_1, \ldots, \eta_n$ derart abhängt, daß die Determinante $|w_{x_k \eta_l}|$ von 0 verschieden ist, so wird durch (4) eine kanonische Transformation bestimmt, welche das gegebene Hamiltonsche System (5) in die Form

(7) $$\dot{\xi}_k = 0, \quad \dot{\eta}_k = 0 \qquad (k = 1, \ldots, n)$$

überführt. Die Differentialgleichungen (7) lassen sich sofort integrieren, und die ξ_k, η_k treten also als Integrationskonstanten auf. Damit ist die Lösung der Hamiltonschen gewöhnlichen Differentialgleichungen auf die Lösung der Hamilton-Jacobischen partiellen Differentialgleichung zurückgeführt. Es ist aber dabei zu beachten, daß keineswegs die allgemeine Lösung von (6) benötigt wird, sondern nur eine Lösung mit n Parametern $\eta_1, \ldots, \eta_n$, welche der Bedingung $|w_{x_k \eta_l}| \neq 0$ genügt. Dies ist insofern auch eine Vereinfachung, als die vollständige Lösung der Hamiltonschen Differentialgleichungen (5) zunächst $2n$ Integrationskonstanten erforderte.

Gibt es nun überhaupt immer eine solche kanonische Transformation, die das gegebene System (5) in die Normalform (7) überführt? Diese Frage läßt sich bejahend beantworten, wie wir noch zeigen wollen.

Wir betrachten zunächst allgemein ein System von Differential-gleichungen erster Ordnung

$$\dot{z}_k = g_k(z, t) \qquad (k = 1, \ldots, m)$$

mit m unbekannten Funktionen $z_k = z_k(t)$. Nach den Existenzsätzen gibt es zu vorgegebenen Anfangswerten $t = \tau$, $z = \zeta$ genau eine Lösung $z = z(\zeta, t)$, falls etwa die LIPSCHITZsche Bedingung erfüllt ist und der Bereich der Variabeln geeignet beschränkt wird. Wir halten τ fest und betrachten ζ, t als unabhängige Veränderliche. Zufolge der Differential-gleichungen ist dann

$$(8) \qquad\qquad z_{kt} = g_k(z, t)$$

mit $z = z(\zeta, t)$, also auch

$$z_{kt\zeta_l} = \sum_{r=1}^{m} g_{kz_r} z_{r\zeta_l} \qquad (k, l = 1, \ldots, m).$$

Setzt man noch

$$z_\zeta = (z_{k\zeta_l}) = \mathfrak{M}, \qquad g_z = (g_{kz_l}) = \mathfrak{G},$$

so hat man demnach für die Funktionalmatrix $\mathfrak{M}$ bei festem ζ als Funktion von t die homogene lineare Differentialgleichung erster Ordnung

$$(9) \qquad\qquad \mathfrak{M}_t = \mathfrak{G}\mathfrak{M}.$$

Da $z(\zeta, \tau) = \zeta$ identisch in ζ gilt, so ist $\mathfrak{M} = \mathfrak{E}$ für $t = \tau$.

Bei einem HAMILTONschen System $\dot{z} = \mathfrak{J}E_z$ ist $m = 2n$ und

$$\mathfrak{G} = \mathfrak{J}E_{zz} = \mathfrak{J}(E_{z_k z_l}),$$

also

$$\mathfrak{J}\mathfrak{G} = -E_{zz}$$

symmetrisch. Mittels (9) folgt dann die Symmetrie der Matrix

$$\mathfrak{M}'\mathfrak{J}\mathfrak{G}\mathfrak{M} = \mathfrak{M}'\mathfrak{J}\mathfrak{M}_t$$

und damit die Beziehung

$$\mathfrak{M}'\mathfrak{J}\mathfrak{M}_t = (\mathfrak{M}'\mathfrak{J}\mathfrak{M}_t)' = \mathfrak{M}_t'\mathfrak{J}'\mathfrak{M} = -\mathfrak{M}_t'\mathfrak{J}\mathfrak{M}.$$

Demnach ist $\mathfrak{M}'\mathfrak{J}\mathfrak{M}$ von t unabhängig, und weil $\mathfrak{M} = \mathfrak{E}$ für $t = \tau$ ist, so ergibt sich

$$\mathfrak{M}'\mathfrak{J}\mathfrak{M} = \mathfrak{J}.$$

Also ist die Transformation $z = z(\zeta, t)$ kanonisch. Zufolge (2; 21) und (8) führt sie andererseits das vorgelegte System in $\dot{\zeta} = 0$ über. Wenn t nahe genug an τ bleibt, wird die Determinante $|\mathfrak{A}| = |x_{k\xi_l}|$ nicht ver-schwinden, da sie für $t = \tau$ gleich 1 ist. Die Transformation $z = z(\zeta, t)$ kann daher durch Lösung der HAMILTON-JACOBIschen partiellen Dif-ferentialgleichung (6) zusammen mit (4) gewonnen werden.

Wenn die direkte Auffindung eines Integrals $w(x, \eta, t)$ der Hamilton-Jacobischen Differentialgleichung nicht gelingt, so kommt man bisweilen folgendermaßen zu einer Vereinfachung des Problems. Es sei die Hamiltonsche Funktion $E(x, y, t)$ in zwei Summanden zerlegt,

$$E(x, y, t) = F(x, y, t) + G(x, y, t),$$

und es sei für die dem ersten Summanden entsprechende Hamilton-Jacobische Gleichung

$$F(x, w_x, t) + w_t = 0$$

ein Integral $w(x, \eta, t)$ mit $|w_{x_k \eta_l}| \neq 0$ bekannt. Bei der zugehörigen kanonischen Transformation (4) wird dann

$$\mathsf{E} = E + w_t = F + G + w_t = G,$$

so daß das vorgelegte System (5) in

$$\dot{\xi}_k = G_{\eta_k}, \quad \dot{\eta}_k = - G_{\xi_k} \qquad (k = 1, \ldots, n)$$

übergeht, worin G als Funktion von ξ, η, t anzusehen ist. Unter Umständen läßt sich dieses System direkt lösen; anderenfalls kann man eventuell wiederum die Funktion G in geeigneter Weise zerspalten und denselben Reduktionsprozeß nochmals durchführen. Auf diese Art läßt sich dann vielleicht $E(x, y, t)$ in endlich oder unendlich viele Summanden derart zerspalten, daß die zu den Teilschritten gehörigen Hamilton-Jacobischen Gleichungen jeweils gelöst werden können. Wenn auch bei unendlich vielen Teilschritten dieses Verfahren nicht konvergieren sollte, so kann es doch vorkommen, daß man durch Abbrechen an geeigneter Stelle eine brauchbare Näherungslösung erhält.

Bei den vorangehenden Untersuchungen haben wir wiederholt Existenzsätze für implizite Funktionen benutzt, ohne die entsprechenden Gebiete der Variabeln genauer anzugeben. Es wurde nur die Bedingung des Nichtverschwindens gewisser Funktionaldeterminanten hervorgehoben, und die Ergebnisse haben daher zunächst nur lokalen Charakter. Für das Verhalten im Großen wären in jedem konkret gegebenen Falle noch besondere Überlegungen anzustellen.

§4. Der Existenzsatz von Cauchy.

Wir betrachten ein System von Differentialgleichungen erster Ordnung

$$(1) \qquad \dot{x}_k = f_k \qquad (k = 1, \ldots, m),$$

wobei die m gegebenen Funktionen $f_k = f_k(x)$ von $x_1, \ldots, x_m$ und nicht von t selbst abhängen. Wenn die f_k in einer reellen Umgebung von $x = \xi$ der Lipschitzschen Bedingung genügen, so besitzt bekanntlich das System (1) zu den vorgegebenen Anfangswerten $x(\tau) = \xi$ genau eine

Lösung $x(t)$. Wir wollen nun sogar voraussetzen, daß die f_k in einer komplexen Umgebung von $x = \xi$ reguläre analytische Funktionen der Variabeln $x_1, \ldots, x_m$ sind. Unser Ziel ist der Beweis des folgenden Satzes:

Es seien die Funktionen $f_1, \ldots, f_m$ im Gebiete $|x_k - \xi_k| < r$ $(k = 1, \ldots, m)$ sämtlich regulär und vom absoluten Betrage $\leq M$. Dann ist die durch die Anfangsbedingungen $x_k(\tau) = \xi_k$ $(k = 1, \ldots, m)$ festgelegte Lösung $x_k(t)$ von (1) in der komplexen Umgebung

$$|t - \tau| < \frac{r}{(m + 1)\,M}$$

von τ eine reguläre analytische Funktion von t, und es gilt dort

$$|x_k(t) - \xi_k| < r \qquad (k = 1, \ldots, m).$$

Ersetzt man die Größen x_k, f_k, t durch $\xi_k + r x_k$, $M f_k$, $\tau + M^{-1} r t$, so bleibt das System (1) ungeändert, während die Konstanten ξ_k, r, M, τ durch $0, 1, 1, 0$ ersetzt werden. Also braucht der Satz nur für diese speziellen Werte bewiesen zu werden. Um (1) mit den Anfangsbedingungen $x_k(0) = 0$ zu lösen, machen wir den Ansatz

$$x_k = x_k(t) = \sum_{n=1}^{\infty} \alpha_{k,n} t^n \qquad (k = 1, \ldots, m)$$

mit unbestimmten Koeffizienten und werden dann nach Einsetzen in die Differentialgleichungen die Koeffizienten vergleichen. Zur Abkürzung machen wir dabei von folgender Bezeichnung Gebrauch. Für eine formal gebildete Potenzreihe

$$\varphi = \sum_{k=0}^{\infty} c_k t^k,$$

über deren Konvergenz nichts bekannt zu sein braucht, setze man

$$\varphi_n = \sum_{k=0}^{n} c_k t^k, \qquad (\varphi)_n = c_n \qquad (n = 0, 1, \ldots).$$

Offenbar ist dann $(\varphi)_n = (\varphi_n)_n$ und ferner $(\varphi \psi)_n = (\varphi_n \psi_n)_n$, $(\varphi \pm \psi)_n = (\varphi_n \pm \psi_n)_n$, wenn auch ψ eine formale Potenzreihe in t bedeutet. Setzt man nun

$$f_k = \sum_l a_{k, l_1 \ldots l_m} x_1^{l_1} \ldots x_m^{l_m} \qquad (k = 1, \ldots, m),$$

wobei das Symbol l unter dem Summenzeichen die Summation über alle Systeme nicht-negativer ganzer $l_1, \ldots, l_m$ andeuten soll, so ergibt (1) bei Koeffizientenvergleich

$$(2) \quad \left\{ \begin{aligned} (n + 1)\,\alpha_{k, n+1} &= \sum_l a_{k, l_1 \ldots l_m} (x_1^{l_1} \ldots x_m^{l_m})_n = \sum_l a_{k, l_1 \ldots l_m} (x_{1n}^{l_1} \ldots x_{mn}^{l_m})_n \\ &\qquad\qquad\qquad\qquad\qquad\qquad\qquad (n = 0, 1, \ldots). \end{aligned} \right.$$

Durch vollständige Induktion folgt hieraus, daß die $\alpha_{k,n}$ Polynome der $a_{r,l_1\ldots l_m}$ $(r=1,\ldots,m)$ mit nicht-negativen rationalen Koeffizienten sind.

Für den Konvergenzbeweis wollen wir eine Majorante bilden. Sind

$$f = \sum_l a_{l_1\ldots l_m} x_1^{l_1}\ldots x_m^{l_m}, \qquad g = \sum_l b_{l_1\ldots l_m} x_1^{l_1}\ldots x_m^{l_m},$$

zwei formal gebildete Potenzreihen, die also nicht zu konvergieren brauchen, so heißt g Majorante von f, in Zeichen $f \prec g$, wenn durchweg

$$|a_{l_1\ldots l_m}| \leq b_{l_1\ldots l_m}$$

gilt, so daß also insbesondere die Koeffizienten von g sämtlich reell und nicht-negativ sind. Ist nun $f_k \prec g_k$ $(k=1,\ldots,m)$, so betrachten wir neben (1) das Majorantensystem

$$\text{(3)} \qquad \dot{y}_k = g_k(y) \qquad (k=1,\ldots,m).$$

Dieses System können wir wiederum zu den Anfangswerten $y_k(0)=0$ formal durch einen Potenzreihenansatz

$$y_k = y_k(t) = \sum_{n=1}^{\infty} \beta_{k,n} t^n$$

lösen. Wir behaupten nun, daß dann auch $y_k(t)$ Majorante von $x_k(t)$ ist, und dies bedeutet

$$\text{(4)} \qquad |\alpha_{k,\nu}| \leq \beta_{k,\nu} \qquad (k=1,\ldots,m;\ \nu=1,2,\ldots).$$

Da die Koeffizienten $b_{k,l_1\ldots l_m}$ von g_k nicht-negativ sind, so ergeben sich aus den (2) entsprechenden Rekursionsformeln

$$(n+1)\beta_{k,n+1} = \sum_l b_{k,l_1\ldots l_m} (y_{1n}^{l_1}\ldots y_{mn}^{l_m})_n \qquad (n=0,1,\ldots)$$

die $\beta_{k,\nu}$ sämtlich als reelle nicht-negative Zahlen. Wir beweisen jetzt (4) mittels vollständiger Induktion. Die Behauptung sei richtig für die Indizes $\nu \leq n$, wobei diese Annahme für $n=0$ leer ist. Dann ist also $x_{kn} \prec y_{kn}$, und aus

$$(n+1)|\alpha_{k,n+1}| \leq \sum_l |a_{k,l_1\ldots l_m}| |(x_{1n}^{l_1}\ldots x_{mn}^{l_m})_n| \leq \sum_l b_{k,l_1\ldots l_m} (y_{1n}^{l_1}\ldots y_{mn}^{l_m})_n$$

$$= (n+1)\beta_{k,n+1}$$

folgt (4) für $\nu = n+1$. Damit ist $x_k \prec y_k$ bewiesen.

Es genügt also, eine solche Majorante g_k von f_k zu finden, daß wir das neue System (3) integrieren und für seine Lösung die im Satz behaupteten Abschätzungen beweisen können. Aus der Voraussetzung $|f_k| \leq 1$ für $|x_1| < 1, \ldots, |x_m| < 1$ folgt mittels der Formel von Cauchy wie im Falle einer Variabeln die Ungleichung

$$|a_{k,l_1\ldots l_m}| \leq 1.$$

Daher ist die von k unabhängige spezielle Potenzreihe

$$g(x) = g_k(x) = \sum_l x_1^{l_1} \dots x_m^{l_m} = \prod_{k=1}^{m} (1 - x_k)^{-1}$$

eine Majorante von $f_k(x)$. Da die rechten Seiten der Gleichungen

$$\dot{y}_k = g(y), \quad y_k(0) = 0 \qquad (k = 1, \dots, m)$$

von k unabhängig sind, so sind die Lösungen $y_k(t)$ alle dieselbe Potenzreihe $y = y(t)$, für welche

$$\dot{y} = (1 - y)^{-m}, \quad y(0) = 0$$

gilt. Die direkte Integration ergibt nun

$$1 - (1 - y)^{m+1} = (m + 1)\, t$$

$$y = 1 - \left(1 - (m + 1)\, t\right)^{\frac{1}{m+1}}.$$

Die zugehörige Potenzreihe konvergiert aber für $|t| < (m+1)^{-1}$, und in diesem Kreis gilt

$$|y| \leq 1 - \left(1 - (m + 1)\,|t|\right)^{\frac{1}{m+1}} < 1,$$

also erst recht $|x_k(t)| < 1$. Weil die rekursiv erhaltenen formalen Potenzreihen für die $x_k(t)$ das System (1) formal erfüllen und diese Potenzreihen für $|t| < (m+1)^{-1}$ konvergieren, so sind die durch diese Potenzreihen dort dargestellten Funktionen die Lösungen des gegebenen Systems von Differentialgleichungen. Damit ist der behauptete Satz bewiesen.

Aus den Rekursionsformeln für die Koeffizienten der Entwicklung der Lösungen $x_k(t)$ nach Potenzen von $t - \tau$ ergibt sich noch, daß alle diese Koeffizienten reelle Zahlen sind, falls die Anfangswerte ξ_k ($k = 1, \dots, m$) und die zugehörigen Entwicklungskoeffizienten der Funktionen $f_k(x)$ sämtlich reell sind. Wir machen weiterhin diese Annahme und setzen auch τ reell voraus. Indem wir die gefundene Lösung $x_k(t)$ des Systems (1) für reelle $t \geq \tau$ betrachten, wollen wir annehmen, alle Funktionen $x_k(t)$ ($k = 1, \dots, m$) seien auf dem rechts offenen Intervall $\tau \leq t < t_1$ regulär. Ferner möge die Kurve $x = x(t)$ im Raume von m Dimensionen für $\tau \leq t < t_1$ ganz auf einer beschränkten abgeschlossenen Punktmenge P liegen, auf welcher die m Funktionen $f_k(x)$ der komplexen Variabeln $x_1, \dots, x_m$ durchweg regulär sind. Als Folgerung des Existenzsatzes soll nun gezeigt werden, daß dann die $x_k(t)$ auch noch im Endpunkte $t = t_1$ regulär sind.

Da die $f_k(x)$ auf P regulär sind, so gibt es nach dem Überdeckungssatz eine positive Zahl ϱ, so daß die $f_k(x)$ für alle Punkte ξ von P auch noch in dem komplexen abgeschlossenen Gebiet $|x_l - \xi_l| \leq \varrho$ ($l = 1, \dots, m$) regulär bleiben; dabei hängt also ϱ nicht mehr von ξ ab.

Ferner existiert eine positive Zahl M, die ebenfalls nicht von ξ abhängt, so daß in jenem Gebiet die absoluten Beträge $|f_k(x)| \leq M$ sind. Man wähle nun eine Zahl $t = t_2$ des Intervalls $\tau \leq t < t_1$, die der Bedingung

$$t_1 - t_2 < \frac{\varrho}{(m+1)\,M}$$

genügt, und wende den Existenzsatz auf (1) mit $\xi_k = x_k(t_2)$ $(k = 1, \ldots, m)$ und t_2, ϱ statt τ, r an. Es folgt die Regularität der Lösung $x_k(t)$ im Kreis

$$|t - t_2| < \frac{\varrho}{(m+1)\,M}$$

und speziell im Punkte t_1 dieses Kreises, wie behauptet war.

Für spätere Zwecke wollen wir den gefundenen Ergebnissen im Falle eines Hamiltonschen Systems

$$(5) \qquad \dot{x}_k = E_{y_k}(x, y), \qquad \dot{y}_k = -E_{x_k}(x, y) \qquad (k = 1, \ldots, n)$$

noch eine bequemere Fassung geben, indem wir die benötigte Abschätzung der partiellen Ableitungen von E durch eine Abschätzung von E selber ausdrücken. Hierbei benutzen wir eine Schlußweise der Funktionentheorie. Ist nämlich $g(z)$ eine im Kreise $|z - \zeta| < 2\varrho$ reguläre Funktion der einen komplexen Variabeln z, die dort der Abschätzung $|g(z)| \leq M$ genügt, so gilt nach dem Cauchyschen Integralsatz

$$g'(z) = \frac{1}{2\pi i} \int\limits_C \frac{g(u)\,du}{(u - z)^2},$$

wenn $|z - \zeta| < \varrho$ und als Integrationsweg C in der u-Ebene der Kreis $|u - z| = \varrho$ gewählt wird. Dieser Kreis liegt ganz in $|u - \zeta| < 2\varrho$, und wir erhalten so die Abschätzung

$$|g'(z)| \leq M \varrho^{-1} \qquad (|z - \zeta| < \varrho).$$

Nun werde vorausgesetzt, daß die Hamiltonsche Funktion $E(x, y)$ für $|x_k - \xi_k| < 2\varrho$, $|y_k - \eta_k| < 2\varrho$ $(k = 1, \ldots, n)$ in jeder der $2n$ Variabeln $x_1, \ldots, y_n$ analytisch ist und dort der Abschätzung $|E(x, y)| \leq M$ genügt. Im Gebiet $|x_k - \xi_k| < \varrho$, $|y_k - \eta_k| < \varrho$ $(k = 1, \ldots, n)$ folgen dann die gewünschten Abschätzungen

$$|E_{x_l}| \leq M \varrho^{-1}, \qquad |E_{y_l}| \leq M \varrho^{-1} \qquad (l = 1, \ldots, n).$$

Der Existenzsatz besagt dann, daß die Lösungen $x_k(t)$, $y_k(t)$ des Hamiltonschen Systems (5) mit den Anfangswerten $x_k(\tau) = \xi_k$, $y_k(\tau) = \eta_k$ im Kreise

$$|t - \tau| < \frac{\varrho^2}{(2n+1)\,M}$$

regulär und dort

$$|x_k(t) - \xi_k| < \varrho, \qquad |y_k(t) - \eta_k| < \varrho$$

sind.

Entsprechend nimmt die oben formulierte Aussage über analytische Fortsetzung der Lösungen längs der reellen t-Achse bei HAMILTONSchen Systemen folgende Gestalt an: Es seien die Lösungen $x_k(t)$, $y_k(t)$ ($k = 1, \ldots, n$) von (5) für $\tau \leq t < t_1$ regulär und es möge der entsprechende Bogen der Lösungskurve im $2n$-dimensionalen (x, y)-Raum einer beschränkten abgeschlossenen Punktmenge angehören, auf welcher die HAMILTONSche Funktion $E(x, y)$ regulär ist; dann sind die $x_k(t)$, $y_k(t)$ auch in $t = t_1$ regulär. Diese Tatsache werden wir bei der Behandlung des Dreikörperproblems benutzen.

§ 5. Das n-Körperproblem.

Wir betrachten im dreidimensionalen euklidischen Raum n Massenpunkte P_k ($k = 1, \ldots, n$), wobei $n > 1$ sei. Ihre Koordinaten in einem fest gewählten kartesischen Koordinatensystem seien x_k, y_k, z_k, und die Masse von P_k sei $m_k > 0$. Für den Abstand r_{kl} von P_k und P_l gilt dann

$$(1) \qquad r_{kl}^2 = (x_k - x_l)^2 + (y_k - y_l)^2 + (z_k - z_l)^2 \qquad (k, l = 1, \ldots, n).$$

Zur Vereinfachung setzen wir öfters q_k für eine bestimmte der drei Koordinaten x_k, y_k, z_k und wiederum q für eine dieser $3n$ möglichen Koordinaten q_k ($k = 1, \ldots, n$); ferner bezeichne dann jeweils m die Masse m_k, welche zu dem durch q beschriebenen Punkt gehört. Bei geeigneter Wahl der Masseneinheit ist

$$(2) \qquad U = \sum_{k < l} \frac{m_k m_l}{r_{kl}}$$

die Potentialfunktion für das NEWTONSche Anziehungsgesetz. Die Bewegungsgleichungen des n-Körperproblems lassen sich in der abgekürzten Form

$$(3) \qquad m\ddot{q} = U_q$$

schreiben, wobei U_q die partielle Ableitung von U nach q bedeutet, oder auch

$$(4) \qquad \dot{q} = v, \qquad \dot{v} = m^{-1} U_q,$$

und dies ist ein System von $6n$ Differentialgleichungen erster Ordnung für die $6n$ von t abhängigen Funktionen q, v. Indem wir noch die Anfangswerte zur reellen Zeit $t = \tau$ durch den Index τ bezeichnen, der also keine partielle Ableitung andeuten soll, geben wir die $6n$ reellen Größen $q = q_\tau$, $v = v_\tau$ unter der Bedingung

$$r_{kl\tau} = \varrho_{kl} > 0 \qquad (k \neq l; \ k, l = 1, \ldots, n)$$

beliebig vor. Das n-Körperproblem besteht in der Beschreibung des Gesamtverlaufes aller Lösungen der Bewegungsgleichungen für beliebig vorgegebene Anfangswerte. Trotz der Bemühungen hervorragender

Mathematiker seit 200 Jahren ist dieses Problem für $n > 2$ bis heute ungelöst geblieben.

Im Jahre 1858 äußerte DIRICHLET [1] zu seinem Freunde KRON-ECKER, er habe eine allgemeine Methode zur Behandlung der Probleme der Mechanik gefunden, und zwar gehe diese Methode nicht auf die direkte Integration der Differentialgleichungen der Bewegung aus, sondern bestehe in einer stufenweisen Annäherung an die Lösung des Problems. In einem anderen Gespräch sagte er noch, daß ihm der Beweis für die Stabilität des Planetensystems gelungen sei. Da DIRICH-LET bald darauf starb und keine schriftlichen Aufzeichnungen über diese Entdeckungen hinterließ, so wissen wir nichts weiteres über seine Methode. WEIERSTRASZ vermutete, es handele sich dabei um Entwicklungen in Potenzreihen, und er bemühte sich dann, eine entsprechende Lösung des n-Körperproblems zu finden; auch wies er seine Schüler S. KOVALEVSKI und G. MITTAG-LEFFLER auf diesen Ansatz hin [2]. Auf Anregung von MITTAG-LEFFLER stiftete der damalige König von Schweden und Norwegen sogar einen Preis für die Lösung der Aufgabe, eine für alle Zeiten gültige Reihenentwicklung der Koordinaten der n Körper zu finden. Der Preis wurde 1889 POINCARÉ zuerkannt, obwohl er die gestellte Aufgabe auch nicht gelöst hatte; doch enthält seine Preisschrift [3] eine Fülle von originellen Ideen, die für die weitere Entwicklung der Mechanik von großer Bedeutung waren und auch andere Teile der Mathematik befruchteten. Schließlich wurde 20 Jahre später die Preisaufgabe im Falle $n = 3$ durch SUNDMAN [4] gelöst. Die hauptsächliche Schwierigkeit des Problems rührt davon her, daß es bisher nicht gelang, etwaige Zusammenstöße von zwei Körpern durch geeignete Ungleichheitsbedingungen für die Anfangswerte von vornherein dauernd auszuschließen. SUNDMAN umging diese Schwierigkeit, indem er an Stelle der Zeit t eine neue unabhängige Variable ω derart einführte, daß t und die sämtlichen Koordinaten q als Funktionen von ω auch bei einem Zusammenstoß zweier Körper noch regulär bleiben, und so gewann er Reihenentwicklungen von q und t nach Potenzen von ω, welche den gesamten Bewegungsvorgang darstellen. Dieses wichtige und schöne Ergebnis werden wir jetzt im weiteren Verlauf des ersten Kapitels ausführlich herleiten. Für $n > 3$ ist kein entsprechendes Resultat bekannt.

Zunächst wollen wir noch für beliebiges $n > 1$ die klassischen 10 Integrale des n-Körperproblems aufstellen. Nach (1), (2) ist

$$(5) \qquad U_{q_k} = \sum_{l \neq k} \frac{m_k m_l}{r_{kl}^3} (q_l - q_k) \qquad (k = 1, \ldots, n),$$

also

$$(6) \qquad \sum_{k=1}^{n} U_{q_k} = 0,$$

und die Bewegungsgleichungen (4) ergeben

$$\sum_{k=1}^{n} m_k \dot{v}_k = 0, \qquad v_k = \dot{q}_k,$$

also die sechs Schwerpunktsintegrale

$$(7) \quad \begin{cases} \displaystyle\sum_{k=1}^{n} m_k \dot{x}_k = a, & \displaystyle\sum_{k=1}^{n} m_k \dot{y}_k = b, & \displaystyle\sum_{k=1}^{n} m_k \dot{z}_k = c, \\[2ex] \displaystyle\sum_{k=1}^{n} m_k (x_k - t\,\dot{x}_k) = a^*, & \displaystyle\sum_{k=1}^{n} m_k (y_k - t\,\dot{y}_k) = b^*, & \displaystyle\sum_{k=1}^{n} m_k (z_k - t\,\dot{z}_k) = c^*, \end{cases}$$

oder

$$\sum_{k=1}^{n} m_k x_k = a\,t + a^*, \qquad \sum_{k=1}^{n} m_k y_k = b\,t + b^*, \qquad \sum_{k=1}^{n} m_k z_k = c\,t + c^*$$

mit sechs Integrationskonstanten a, a^*, b, b^*, c, c^*.

Durchläuft auch p_k wie q_k eine der Variabeln x_k, y_k, z_k für $k=1, \ldots, n$, so ergibt (5) weiter

$$U_{q_k} p_k - U_{p_k} q_k = \sum_{l \neq k} \frac{m_k m_l}{r_{kl}^3} (q_l p_k - p_l q_k) \qquad (k = 1, \ldots, n),$$

also

$$\sum_{k=1}^{n} (U_{q_k} p_k - U_{p_k} q_k) = 0,$$

und die Bewegungsgleichungen (4) liefern

$$\sum_{k=1}^{n} m_k (v_k p_k - u_k q_k) = 0, \qquad v_k = \dot{q}_k, \qquad u_k = \dot{p}_k,$$

also die 3 Flächenintegrale

$$(8) \quad \begin{cases} \displaystyle\sum_{k=1}^{n} m_k (y_k \dot{z}_k - z_k \dot{y}_k) = \alpha, & \displaystyle\sum_{k=1}^{n} m_k (z_k \dot{x}_k - x_k \dot{z}_k) = \beta, \\[2ex] & \displaystyle\sum_{k=1}^{n} m_k (x_k \dot{y}_k - y_k \dot{x}_k) = \gamma \end{cases}$$

mit drei Integrationskonstanten α, β, γ. Schließlich folgt aus (4) bei Summation über alle Koordinaten

$$\sum_{q} (m v \dot{v} - U_q \dot{q}) = 0,$$

also das Energieintegral

$$(9) \qquad\qquad T - U = h$$

mit einer Integrationskonstanten h, wobei

$$(10) \qquad\qquad T = \frac{1}{2} \sum_{q} m \dot{q}^2 = \frac{1}{2} \sum_{v} m v^2$$

die lebendige Kraft des Punktsystems bedeutet. Mittels der gefundenen zehn Integrale (7), (8), (9) kann man in den Bewegungsgleichungen (4) insgesamt zehn der Koordinaten q, v eliminieren und somit das gegebene System auf ein solches mit nur $6n - 10$ Differentialgleichungen erster Ordnung reduzieren.

Es ist an den linken Seiten von (7), (8), (9) bemerkenswert, daß sie algebraische Funktionen der $6n + 1$ Variabeln q, v, t sind. Man kann die Frage aufwerfen, ob sich noch weitere derartige Integrale finden lassen. Zur Erläuterung dieses Problems soll zunächst der Begriff des Integrals genauer erklärt werden. Sei wieder

$$(11) \qquad \dot{x}_k = f_k(x, t) \qquad (k = 1, \ldots, m)$$

ein System von m Differentialgleichungen erster Ordnung, deren rechte Seiten aber außer von $x_1, \ldots, x_m$ auch noch von t abhängig sein dürfen. Eine stetig differentiierbare Funktion $g(x, t)$ der $m + 1$ unabhängigen Variabeln $x_1, \ldots, x_m$ und t heißt Integral des Systems (11), wenn sie auf jeder Lösung $x = x(t)$ von (11) konstant ist, und dies ist gleichbedeutend damit, daß sie identisch in allen Variabeln x, t der homogenen linearen partiellen Differentialgleichung erster Ordnung

$$g_t + \sum_{k=1}^{m} f_k(x, t)\, g_{x_k} = 0$$

genügt. Hat man l Integrale $g = g_1, \ldots, g_l$ von (11), so heißen sie unabhängig, wenn die mit den $m + 1$ partiellen Ableitungen nach x_k, t gebildete Funktionalmatrix den Rang l hat. Ferner heißt ein Integral algebraisch, wenn es eine algebraische Funktion der x_k, t ist. Wir haben also oben für jedes feste $n > 1$ zehn algebraische Integrale des Systems (4) der Differentialgleichungen des n-Körperproblems aufgestellt; es ist auch leicht einzusehen, daß sie unabhängig sind. Nun hat BRUNS [5] den interessanten Satz bewiesen, daß es kein weiteres algebraisches Integral von (4) gibt, das von den zehn obigen unabhängig ist. Daraus folgt dann, daß jedes algebraische Integral von (4) eine algebraische Funktion der zehn bekannten Integrale ist. Da andererseits nach den Existenzsätzen das System (4) insgesamt $6n$ unabhängige Integrale besitzt, so können sie wegen $6n > 10$ nicht alle algebraisch sein. Leider kann der Beweis des Satzes von BRUNS wegen seiner Länge hier nicht wiedergegeben werden.

Wir wenden jetzt den im vorigen Paragraphen bewiesenen Existenzsatz von CAUCHY auf das System (4) an. Dabei sind τ und die Anfangswerte $q = q_\tau$, $v = v_\tau$ reell, während für die Bestimmung der im Existenzsatz auftretenden positiven Konstanten r, M komplexe Werte der Variabeln zu berücksichtigen sind. Nach Voraussetzung sind die Anfangswerte $r_{kl\tau} = \varrho_{kl} > 0$ $(k \neq l)$. Es sei A eine obere Schranke von U

für $t = \tau$, also

$$U_\tau \leq A,$$

ferner

(12) $$\operatorname*{Min}_{k \neq l} \varrho_{kl} = \varrho, \qquad \operatorname*{Min}_k m_k = \mu.$$

Nach (2) ist dann

$$\frac{\mu^2}{\varrho} \leq U_\tau \leq A,$$

also

(13) $$\varrho \geq \mu^2 A^{-1}.$$

Um eine Abschätzung des absoluten Betrages der Ableitungen U_q nach oben zu erhalten, schätzen wir zunächst die Werte $|r_{kl}|$ $(k \neq l)$ für komplexe q in der Nähe von q_τ nach unten ab. Bezeichnet man noch zur Abkürzung die drei Ausdrücke $(q_k - q_{k\tau}) - (q_l - q_{l\tau})$ für $q = x, y, z$ mit φ, ψ, χ, so ergibt die SCHWARZsche Ungleichung zufolge (1) die Abschätzung

(14) $$|r_{kl}|^2 \geq \varrho_{kl}^2 - 2\varrho_{kl}(|\varphi|^2 + |\psi|^2 + |\chi|^2)^{\frac{1}{2}} - (|\varphi|^2 + |\psi|^2 + |\chi|^2).$$

Ist nun

(15) $$|q - q_\tau| < \frac{\varrho}{14}$$

für alle q, so sind φ, ψ, χ absolut kleiner als $\varrho/7$, also

$$|\varphi|^2 + |\psi|^2 + |\chi|^2 < 3\frac{\varrho^2}{49} < \frac{\varrho^2}{16}$$

und wegen (12), (14) auch

(16) $$|r_{kl}|^2 \geq \varrho_{kl}^2 - \frac{1}{2}\varrho_{kl}\varrho - \frac{1}{16}\varrho^2 > \frac{1}{4}\varrho_{kl}^2, \qquad |r_{kl}| > \frac{1}{2}\varrho_{kl}.$$

Wegen (13) ist (15) sicher erfüllt, wenn

(17) $$|q - q_\tau| < \frac{\mu^2}{14A}$$

vorausgesetzt wird, und dann gilt ferner

$$|q_l - q_k| \leq |q_l - q_{l\tau}| + |q_k - q_{k\tau}| + |q_{l\tau} - q_{k\tau}| < \frac{\varrho}{7} + \varrho_{kl} \leq \frac{8}{7}\varrho_{kl}.$$

Zufolge (13), (16) wird daher

$$\left|\frac{q_l - q_k}{r_{kl}^3}\right| \leq \left(\frac{2}{\varrho_{kl}}\right)^3 \frac{8}{7}\varrho_{kl} = \frac{64}{7}\varrho_{kl}^{-2} \leq \frac{64}{7}A^2\mu^{-4} \qquad (k \neq l)$$

$$|m_k^{-1} U_{q_k}| = \left|\sum_{l \neq k} \frac{m_l}{r_{kl}^3}(q_l - q_k)\right| < c_1 A^2 \qquad (k = 1, \ldots, n)$$

mit einer geeigneten positiven Konstanten c_1, die nur von den gegebenen Massen abhängt. Mit $\dot{q} = v$ ist außerdem zufolge des Energieintegrals

$$\frac{m}{2}\,v_\tau^2 \leq T_\tau = U_\tau + h \leq A + h$$

$$|v_\tau| \leq c_2 \sqrt{A + h},$$

wobei auch c_2 nur von den Massen abhängt. Setzt man dann

(18)
$$\frac{\mu^2}{14\,A} = r$$

und fordert neben (17) noch

$$|v - v_\tau| < r,$$

so wird

$$|v| \leq |v - v_\tau| + |v_\tau| < r + c_2 \sqrt{A + h}.$$

Erklärt man also die im Existenzsatz auftretenden Konstanten r, M durch (18) und

$$M = c_1 A^2 + \frac{\mu^2}{14\,A} + c_2 \sqrt{A + h},$$

so folgt die Regularität der Lösung $q(t)$, $v(t) = \dot{q}(t)$ von (4) im Kreis

$$|t - \tau| < \frac{r}{(6n + 1)\,M} = \delta,$$

insbesondere im Intervall $\tau \leq t < \tau + \delta$. Dabei hängt der Radius δ nur von A, h und den Massen ab.

Wir betrachten die Lösungskurve im Raum der $6n$ Koordinaten q, $v = \dot{q}$ für $t \geq \tau$. Solange $t - \tau < \delta$ ist, sind die $q(t)$ reguläre Funktionen von t. Insbesondere kann dabei kein Zusammenstoß eintreten, da sonst U unendlich würde, also nach dem Energiesatz auch T, und somit mindestens eine Geschwindigkeitskomponente $\dot{q}(t)$ unendlich würde, entgegen der bewiesenen Regularität von $q(t)$. Wir setzen nun die Lösungskurve für reelle $t > \tau$ analytisch fort. Entweder sind dann sämtliche $6n$ Koordinaten für alle endlichen reellen Zeiten $t \geq \tau$ regulär, oder es gibt eine erste Singularität zur Zeit $t_1 > \tau$ für mindestens ein $q(t)$, während alle $q(t)$ für $\tau \leq t < t_1$ regulär bleiben. Wir behaupten, daß U für wachsendes $t \to t_1$ über alle positiven Schranken wächst, also positiv unendlich wird. Wäre dies nämlich nicht richtig, so gäbe es eine positive Konstante A und eine von unten gegen t_1 konvergierende Folge von Zeitpunkten $\tau_1 > \tau$ mit

$$U_{\tau_1} \leq A.$$

Dann wähle man bereits $\tau_1 > t_1 - \delta$, wobei δ die im vorigen Absatz erklärte Größe ist, und wende den Existenzsatz mit τ_1 an Stelle von τ an. Es folgt, daß alle $q(t)$ auch bei $t = t_1$ regulär bleiben, was der Bedeutung von t_1 widerspricht. Aus der hiermit bewiesenen Aussage $U \to \infty$ für $t \to t_1$ folgt nun wegen [*](2), daß der kleinste der $\frac{n(n-1)}{2}$ Abstände r_{kl} $(k < l)$ für $t \to t_1$ gegen 0 strebt.

§6. Der Zusammenstoß.

Die sechs Schwerpunktsintegrale (5; 7) besagen, daß der Schwerpunkt P_0 der n Körper sich geradlinig mit konstanter Geschwindigkeit bewegt. Wir führen durch eine Parallelverschiebung ein neues bewegtes Koordinatensystem ein, dessen Ursprung in P_0 liegt. Bei dieser Transformation der Koordinaten bleiben nun die Bewegungsgleichungen (5; 3) invariant. Deswegen werden wir uns in den weiteren Untersuchungen auf den Fall beschränken, daß P_0 im Ursprung O ruht.

Der folgende wichtige Satz ist zuerst von SUNDMAN bewiesen worden. Es hat sich später herausgestellt, daß auch WEIERSTRASZ bereits den Satz kannte; doch hat er keinen Beweis angegeben. Der Satz lautet:

Wenn zur Zeit $t=t_1$ alle n Körper in einem Punkt zusammenstoßen, so sind die drei Flächenkonstanten α, β, γ sämtlich gleich 0.

Da der Schwerpunkt P_0 im Ursprung ruht, so kann eine Kollision aller n Körper nur in O stattfinden. Wir führen den Ausdruck

$$I = \sum_q m q^2 = \sum_{k=1}^n m_k (x_k^2 + y_k^2 + z_k^2)$$

ein. Für $\tau \leq t < t_1$ ist dann

(1)
$$\frac{1}{2} \dot{I} = \sum_q m q \dot{q},$$

$$\frac{1}{2} \ddot{I} = \sum_q m (\dot{q}^2 + q \ddot{q}) = 2T + \sum_q q U_q.$$

Weil U eine homogene Funktion vom Grade -1 in den Koordinaten q ist, so erhält man nach dem bekannten EULERschen Satz

$$\sum_q q U_q = -U$$

und somit die Gleichung

$$\frac{1}{2} \ddot{I} = 2T - U,$$

die man als LAGRANGEsche Formel bezeichnet. Mit dem Energieintegral $T - U = h$ folgt also

(2)
$$\frac{1}{2} \ddot{I} = T + h = U + 2h.$$

Zunächst setzen wir noch nicht voraus, daß alle Massenpunkte zur Zeit t_1 zusammenstoßen, sondern nur wie im vorigen Paragraphen, daß t_1 ein singulärer Punkt mindestens einer Koordinate $q(t)$ ist. Wie wir gesehen haben, strebt dann jedenfalls U gegen ∞ für $t \to t_1$, und folglich ist für ein hinreichend nahe bei t_1 gelegenes $t_2 < t_1$ die rechte Seite von (2) im ganzen Intervall $t_2 \leq t < t_1$ positiv, also auch

$$\ddot{I} > 0 \qquad (t_2 \leq t < t_1).$$

Daher ist die Funktion $\dot{I}$ dort monoton wachsend. Wir können noch annehmen, daß $\dot{I}$ in dem betrachteten Intervall entweder überall positiv oder überall negativ ist. Würde nämlich $\dot{I}$ dort bei t_3 sein Vorzeichen wechseln, so brauchte man nur t_2 durch eine Zahl zwischen t_3 und t_1 zu ersetzen. Also ist jetzt die positive Funktion I im Intervall $t_2 \leq t < t_1$ monoton wachsend oder monoton fallend, hat also insbesondere für $t \to t_1$ einen Grenzwert. Dieser Grenzwert ist nach der Definition von I dann und nur dann 0, wenn zur Zeit t_1 alle n Körper in einem Punkte zusammenstoßen.

Wir benutzen nun die algebraische Identität

$$\sum_{k=1}^{g} \xi_k^2 \sum_{k=1}^{g} \eta_k^2 = \left(\sum_{k=1}^{g} \xi_k \eta_k \right)^2 + \sum_{k<l} (\xi_k \eta_l - \xi_l \eta_k)^2$$

mit $g = 3n$, $\xi_k = q\sqrt{m}$, $\eta_k = \dot{q}\sqrt{m}$ und erhalten nach (1) die Formel

$$2IT = \frac{1}{4}\dot{I}^2 + \sum_{k<l} (\xi_k \eta_l - \xi_l \eta_k)^2.$$

In der letzten Summe berücksichtigen wir nur diejenigen Glieder, bei denen sich die Größen ξ_k, η_l auf denselben Massenpunkt beziehen, und bekommen so die Abschätzung

$$(3) \quad 2IT \geq \frac{1}{4}\dot{I}^2 + \sum_{k=1}^{n} m_k^2 \{ (y_k\dot{z}_k - z_k\dot{y}_k)^2 + (z_k\dot{x}_k - x_k\dot{z}_k)^2 + (x_k\dot{y}_k - y_k\dot{x}_k)^2 \}.$$

Andererseits ergibt nach (5; 8) die Schwarzsche Ungleichung

$$\alpha^2 = \left\{ \sum_{k=1}^{n} m_k (y_k\dot{z}_k - z_k\dot{y}_k) \right\}^2 \leq n \sum_{k=1}^{n} m_k^2 (y_k\dot{z}_k - z_k\dot{y}_k)^2$$

und analog für β, γ, so daß (3) zu

$$(4) \qquad 2IT \geq \frac{1}{4}\dot{I}^2 + \eta, \qquad \eta = \frac{\alpha^2 + \beta^2 + \gamma^2}{n}$$

führt.

Für die Zwecke des vorliegenden Paragraphen reicht an Stelle von (4) die schwächere Ungleichung

$$2IT \geq \eta$$

aus, die wegen (2) mit

$$(5) \qquad \ddot{I} \geq \eta I^{-1} + 2h$$

gleichbedeutend ist. Es möge nun I im Intervall $t_2 \leq t < t_1$ monoton fallend sein. Man multipliziere dann (5) mit der positiven Größe $-2\dot{I}$ und integriere von t_2 bis t. Bezeichnet man die Werte von $I, \dot{I}$ für $t = t_2$ mit $I_2, \dot{I}_2$, so folgt

$$\dot{I}_2^2 - \dot{I}^2 \geq 2\eta \log \frac{I_2}{I} + 4h(I_2 - I),$$

also erst recht

(6) $$2\eta \log \frac{I_2}{I} \leq \dot{I}_2^2 + 4|h|\, I_2 \qquad (t_2 \leq t < t_1).$$

Hieraus ergibt sich eine positive untere Schranke für I, falls $\eta > 0$ ist, falls also α, β, γ nicht sämtlich 0 sind. Ist aber andererseits I im Intervall $t_2 \leq t < t_1$ monoton wachsend, so ist dort trivialerweise $I \geq I_2$. In jedem Fall hat also I im Intervall $t_2 \leq t < t_1$ eine positive untere Schranke, wenn nur $\eta > 0$ ist. Bedeutet ϱ_k den Abstand des Punktes P_k vom Schwerpunkt, dem Nullpunkt des Koordinatensystems, so ist

$$I = \sum_{k=1}^{n} m_k \varrho_k^2.$$

Ferner ist

$$\sum_{k=1}^{n} m_k q_k = 0,$$

also

$$\sum_{k=1}^{n} m_k (q_l - q_k) = M q_l, \qquad M = \sum_{k=1}^{n} m_k$$

$$M q_l^2 \leq \sum_{k=1}^{n} m_k (q_l - q_k)^2 \qquad (l = 1, \ldots, n)$$

$$M I \leq 2 \sum_{k<l} m_k m_l r_{kl}^2.$$

Daher liegt jeweils der größte der $\dfrac{n(n-1)}{2}$ Abstände r_{kl} $(k < l)$ für $t_2 \leq t < t_1$ und damit auch für $\tau \leq t < t_1$ oberhalb einer positiven Schranke, falls $\eta > 0$ ist, und es kann dann also zur Zeit t_1 kein Zusammenstoß aller n Körper in O stattfinden. Damit ist der Satz bewiesen.

Weiterhin wird in diesem Kapitel nur noch der Fall $n = 3$ behandelt werden. Wir wollen beweisen, daß die drei Flächenkonstanten α, β, γ nur dann sämtlich 0 sein können, wenn die Bewegung der drei Körper in einer festen von der Zeit unabhängigen Ebene erfolgt. Da $\alpha^2 + \beta^2 + \gamma^2$ und die Bewegungsgleichungen bei orthogonalen Transformationen der Koordinatenachsen invariant sind und außerdem der Schwerpunkt P_0 in O liegt, so kann man annehmen, daß für $t = \tau$ die drei Massenpunkte in der Ebene $z = 0$ liegen. Für $\alpha = \beta = \gamma = 0$ ergibt dann $(5; 8)$ insbesondere die Gleichungen

$$\sum_{k=1}^{3} m_k y_k \dot{z}_k = 0, \qquad \sum_{k=1}^{3} m_k x_k \dot{z}_k = 0 \qquad (t = \tau);$$

ferner ist noch

$$\sum_{k=1}^{3} m_k \dot{z}_k = 0,$$

da der Schwerpunkt ruht. Aus diesen drei homogenen linearen Gleichungen für die Größen $m_k \dot{z}_k$ $(k = 1, 2, 3)$ bei $t = \tau$ folgt entweder das Verschwinden von $\dot{z}_k$ bei $t = \tau$ oder aber

$$\begin{vmatrix} x_1 & x_2 & x_3 \\ y_1 & y_2 & y_3 \\ 1 & 1 & 1 \end{vmatrix} = 0 \qquad (t = \tau).$$

Im ersten Fall liegen die Anfangsrichtungen der Bewegungen der drei Körper in der Ebene $z = 0$, und nach dem Eindeutigkeitssatz für Differentialgleichungen ergeben die Bewegungsgleichungen, daß dann die drei Körper dauernd in dieser Ebene bleiben. Im zweiten Fall liegen für $t = \tau$ die drei Körper auf einer Geraden. Dann kann man noch die Koordinatenachsen so drehen, daß für $t = \tau$ die Größe $\dot{z}_3$ verschwindet. Indem man den schon behandelten Fall $\dot{z}_k = 0$ $(k = 1, 2, 3)$ ausschließt, folgt jetzt aus den obigen Gleichungen

$$y_1 = y_2, \quad x_1 = x_2 \qquad (t = \tau).$$

Also würden die Punkte P_1, P_2 zur Zeit $t = \tau$ zusammenfallen, was unseren früheren Annahmen widerspricht. Damit ist die Behauptung bewiesen.

Insbesondere ersieht man nun, daß im Falle eines Zusammenstoßes aller drei Körper die Bewegung notwendig auf einer festen Ebene erfolgen muß. Der Fall dieses Dreierstoßes [1], [2], [3] soll hier nicht weiter untersucht werden.

Von nun an sei $\alpha^2 + \beta^2 + \gamma^2 > 0$ vorausgesetzt. Dann ist nach unserem früheren Resultat die größte der drei Seiten r_{12}, r_{23}, r_{31} des von den Massenpunkten gebildeten Dreiecks für $\tau \leq t < t_1$ oberhalb einer positiven Schranke ε gelegen. Nach dem Ergebnis des vorigen Paragraphen strebt andererseits die jeweils kleinste Dreiecksseite gegen 0 für $t \to t_1$. Ist r ihre Länge, so kann man t_2 so dicht unterhalb t_1 wählen, daß dauernd

$$r < \frac{\varepsilon}{2} \qquad (t_2 \leq t < t_1)$$

bleibt. Dann muß aber für dieses ganze Zeitintervall genau eine feste Dreiecksseite die kleinste sein; denn andernfalls würden aus Stetigkeitsgründen für ein t des Intervalls einmal zwei Dreiecksseiten kleiner als $\varepsilon/2$ sein, also die dritte jedenfalls kleiner als ε, und das ergibt einen Widerspruch. Daher bleibt eine bestimmte Dreiecksseite für $t_2 \leq t < t_1$ kleiner als $\varepsilon/2$, etwa r_{13}, und es gilt

$$(7) \qquad r_{13} < \frac{\varepsilon}{2}, \quad r_{12} > \frac{\varepsilon}{2}, \quad r_{23} > \frac{\varepsilon}{2} \qquad (t_2 \leq t < t_1).$$

Also strebt nur der Abstand $r_{13} = r$ gegen 0 für $t \to t_1$, während die beiden anderen Abstände oberhalb positiver Schranken bleiben, und es stoßen zur Zeit t_1 die Punkte P_1, P_3 zusammen.

Es soll nun gezeigt werden, daß diese Kollision auch in einem bestimmten Raumpunkt stattfindet. Aus der Bewegungsgleichung

$$\ddot{q}_2 = \frac{m_1}{r_{12}^3}(q_1 - q_2) + \frac{m_3}{r_{23}^3}(q_3 - q_2)$$

folgt die Abschätzung

$$|\ddot{q}_2| \leq \frac{m_1}{r_{12}^2} + \frac{m_3}{r_{23}^2},$$

also nach (7) die Beschränktheit von $\ddot{q}_2$ für $t_2 \leq t < t_1$. Hieraus folgt durch zweimalige Integration, daß $\dot{q}_2$, q_2 für $t \to t_1$ Grenzwerte haben. Also hat der Punkt P_2 für $t \to t_1$ eine Grenzlage, und das gleiche gilt für die Komponenten seiner Geschwindigkeit. Da andererseits die Differenz $q_1 - q_3$ für $t \to t_1$ gegen 0 geht und der Schwerpunkt der drei Körper im Nullpunkt ruht, so folgt aus dem Schwerpunktsintegral $m_1 q_1 + m_2 q_2 + m_3 q_3 = 0$, daß auch q_1 und q_3 für $t \to t_1$ einen Grenzwert haben. Also stoßen P_1 und P_3 tatsächlich in einem bestimmten Punkt des Raumes zusammen. Hieraus folgt noch, daß die monotone Funktion I im Intervall $t_2 \leq t < t_1$ beschränkt ist, und daher hat I für $t \to t_1$ einen endlichen Grenzwert.

Dagegen ist zu erwarten, daß die Geschwindigkeiten von P_1 und P_3 für $t \to t_1$ unendlich werden. Um dies näher zu untersuchen, bezeichnen wir die Geschwindigkeit von P_k mit V_k $(k = 1, 2, 3)$ und erhalten nach dem Energiesatz

$$\frac{1}{2} \sum_{k=1}^{3} m_k V_k^2 = T = U + h.$$

Da $r = r_{13}$ für $t \to t_1$ gegen 0 geht, während die beiden anderen Dreiecksseiten positive untere Schranken haben, so strebt das Produkt rU gegen $m_1 m_3$, also

(8) $$r \sum_{k=1}^{3} m_k V_k^2 \to 2 m_1 m_3 \qquad (t \to t_1).$$

Demnach bleiben insbesondere die Ausdrücke $r V_k^2$, $r \dot{q}_k^2$, $r^{\frac{1}{2}} \dot{q}_k$ $(k = 1, 2, 3)$ beim Zusammenstoß beschränkt. Wegen des Schwerpunktssatzes $m_1 \dot{q}_1 + m_2 \dot{q}_2 + m_3 \dot{q}_3 = 0$ gilt ferner

$$r (m_1 \dot{q}_1)^2 - r (m_3 \dot{q}_3)^2 = m_2 r^{\frac{1}{2}} \left\{ m_2 r^{\frac{1}{2}} \dot{q}_2^2 + 2 m_3 \dot{q}_2 (r^{\frac{1}{2}} \dot{q}_3) \right\}.$$

In der geschweiften Klammer bleiben die einzelnen Faktoren beschränkt, während der Faktor $r^{\frac{1}{2}}$ vor dieser Klammer gegen 0 geht. Also folgt

$$r (m_1 \dot{q}_1)^2 - r (m_3 \dot{q}_3)^2 \to 0, \qquad r (m_1 V_1)^2 - r (m_3 V_3)^2 \to 0.$$

Da auch noch $r\, m_2 V_2^2$ gegen 0 geht, so ergibt (8) die Beziehung

$$(9) \qquad r V_1^2 \to \frac{2\, m_3^2}{m_1 + m_3} \qquad (t \to t_1),$$

womit das asymptotische Verhalten von V_1 und V_3 bei $t = t_1$ bestimmt ist.

Die Funktion r^{-1} wird bei $t = t_1$ unendlich. Wir wollen jedoch die Konvergenz des uneigentlichen Integrals

$$(10) \qquad \int_\tau^{t_1} \frac{dt}{r} = \lim_{t \to t_1} \int_\tau^t \frac{dt}{r}$$

beweisen. Dazu benutzen wir die LAGRANGEsche Formel (2), nämlich

$$\frac{1}{2}\, \ddot{I} = U + 2h.$$

Da die Differenz $U - m_1 m_3 r_{13}^{-1}$ nach (7) für $\tau \leq t < t_1$ beschränkt ist, so genügt es offenbar, die Existenz eines endlichen Grenzwertes von $\dot{I}$ für $t \to t_1$ nachzuweisen. Wir zeigten schon am Anfang des Paragraphen, daß $\dot{I}$ im Intervall $t_2 \leq t < t_1$ monoton ist. Daher brauchen wir nur noch zu zeigen, daß $\dot{I}$ beschränkt ist. Mit Benutzung des Schwerpunktsintegrals erhält man

$$\frac{1}{2}\, \dot{I} = \sum_{k=1}^{3} m_k (x_k \dot{x}_k + y_k \dot{y}_k + z_k \dot{z}_k)$$

$$= \sum_{k=1}^{2} m_k \{ (x_k - x_3)\, \dot{x}_k + (y_k - y_3)\, \dot{y}_k + (z_k - z_3)\, \dot{z}_k \},$$

also nach der SCHWARZschen Ungleichung

$$\frac{1}{2}\, |\dot{I}| \leq \sum_{k=1}^{2} m_k\, r_{k3} V_k .$$

Zufolge (9) strebt aber $r_{13} V_1$ gegen 0, während r_{23} und V_2 beschränkt sind. Damit ist die Existenz von (10) nachgewiesen.

Bevor wir in den beiden nächsten Paragraphen die Natur der Singularität von q und $\dot{q}$ bei $t = t_1$ genauer untersuchen, machen wir noch eine vorbereitende heuristische Betrachtung. Von den neun Funktionen $\dot{q}(t)$ bleibt für $t \to t_1$ mindestens eine nicht beschränkt, während die $q(t)$ endlichen Grenzwerten zustreben, wie wir bereits wissen. Daraus folgt schon, daß kein $\dot{q}(t)$ bei $t = t_1$ einen Pol besitzen kann, denn sonst würde auch $q(t)$ dort unendlich. Wir machen nun die zunächst noch unbewiesene Annahme, daß die $q(t)$ bei $t = t_1$ keine wesentliche Singularität haben, sondern höchstens einen Verzweigungspunkt endlicher Ordnung, und schließen dann folgendermaßen weiter. Es sei

$$s = (t_1 - t)^{\frac{1}{i}}$$

mit natürlichem l eine gemeinsame Ortsuniformisierende für alle $q(t)$, so daß die $q(t)$ gewöhnliche Potenzreihen in s sind, die für genügend kleine absolute Beträge von s konvergieren. Ferner sei s^μ die kleinste in einem $q(t)$ wirklich auftretende positive Potenz von s, also

$$(11) \qquad q(t) = q(t_1) + c_1 s^\mu + \cdots,$$

wobei c_1 für mindestens eine Koordinate q von 0 verschieden ist. Dann wird

$$(12) \qquad \dot{q}(t) = -\frac{\mu}{l} c_1 s^{\mu - l} + \cdots,$$

und hieraus folgt speziell

$$V_1^2 = c_2 s^{2(\mu - l)} + \cdots, \qquad c_2 > 0.$$

Nach (11) gilt ferner

$$r = c_3 s^\mu + \cdots, \qquad c_3 \geqq 0.$$

Ist hierin auch $c_3 > 0$, so liefert (9) notwendig $3\mu - 2l = 0$, also $\frac{\mu}{l} = \frac{2}{3}$, was die Vermutung nahelegt, daß $l = 3$ und

$$s = (t_1 - t)^{\frac{1}{3}}$$

eine Ortsuniformisierende ist. Daß dies tatsächlich der Fall ist, wollen wir in § 8 zeigen. Übrigens ersieht man dann aus (12), daß $\dot{q}(t)$ als Funktion von s bei $t = t_1$ entweder regulär bleibt oder einen Pol erster Ordnung besitzt. Bilden wir noch das Integral

$$\lambda = \int\limits_{t}^{t_1} \frac{dt}{r} \qquad (\tau \leqq t < t_1),$$

dessen Existenz wir bereits zeigten, so wird die Reihenentwicklung von λ bei unseren Annahmen die Form

$$\lambda = \frac{3}{c_3} s + \cdots$$

haben. Wir können in diesem Falle also auch λ als Ortsuniformisierende wählen. Diese Wahl wird außerdem bereits durch die klassische Theorie des Zweikörperproblems nahegelegt, in der λ gerade die exzentrische Anomalie ist.

    Im nächsten Paragraphen sollen die Grundlagen für den Beweis unserer heuristischen Schlüsse gegeben werden. Es ist nicht zu erwarten, daß man ohne weiteres durch Anwendung des Existenzsatzes von CAUCHY die singuläre Stelle $t = t_1$ wird einfangen und überdecken können, nachdem man in die Bewegungsgleichungen des Dreikörperproblems an Stelle von t die neue unabhängige Variable λ eingeführt hat. Dies geht schon deswegen nicht, weil mindestens ein $\dot{q}$ bei $s = 0$

notwendig singulär ist. Sind aber unsere heuristischen Überlegungen richtig, so wären etwa die Größen, die aus $\dot{x}_1$, $\dot{y}_1$, $\dot{z}_1$ und ebenso aus $\dot{x}_3$, $\dot{y}_3$, $\dot{z}_3$ durch Transformation mittels reziproker Radien hervorgehen, bei $\lambda = 0$ noch regulär. Indem er auch noch diese neuen Variabeln in die Bewegungsgleichungen einführte, gelangte nun SUNDMAN tatsächlich zum gewünschten Ziel. Um die dabei nötigen Rechnungen möglichst zu vereinfachen und durchsichtiger zu gestalten, wollen wir nach dem Vorgange von LEVI-CIVITA [4] die Bewegungsgleichungen zuerst auf die HAMILTONsche Form bringen und dann eine kanonische Transformation bestimmen, welche für die $\dot{q}$ das Gewünschte leisten wird.

§ 7. Die regularisierende Transformation.

Wir wollen jetzt die Bewegungsgleichungen des Dreikörperproblems in HAMILTONscher Form schreiben. Dabei soll zunächst noch nicht vorausgesetzt werden, daß der Schwerpunkt P_0 im Ursprung ruht. Die Koordinaten der Punkte P_1, P_2, P_3 bezeichnen wir weiterhin durchlaufend mit $q_1, \ldots, q_9$, so daß also x_k, y_k, z_k ($k=1, 2, 3$) durch q_{3k-2}, q_{3k-1}, q_{3k} ersetzt werden. Entsprechend bezeichnen wir die Impulskoordinaten $m_k \dot{x}_k$, $m_k \dot{y}_k$, $m_k \dot{z}_k$ mit p_{3k-2}, p_{3k-1}, p_{3k}. Es wird dann

$$(1) \qquad T = \frac{1}{2} \sum_{k=1}^{3} \left(\frac{p_k^2}{m_1} + \frac{p_{k+3}^2}{m_2} + \frac{p_{k+6}^2}{m_3} \right).$$

Die Bewegungsgleichungen (5; 4) erhalten dann für $n = 3$ die HAMILTONsche Form

$$(2) \qquad \dot{q}_k = E_{p_k}, \qquad \dot{p}_k = - E_{q_k} \qquad (k = 1, \ldots, 9),$$

wobei $E = T - U$ als Funktion der 18 unabhängigen Variabeln p_k, q_k anzusehen ist. Aus diesen 18 Differentialgleichungen sollen mit Hilfe der Schwerpunktsintegrale drei der Variabelnpaare p_k, q_k eliminiert werden, und zwar wollen wir das erreichen, indem wir eine geeignete kanonische Transformation der q_k, p_k in neue Variable x_k, y_k ausführen. Nach dem Vorbilde von (3; 4) machen wir den Ansatz

$$(3) \qquad p_k = w_{q_k}, \qquad x_k = w_{y_k} \qquad (k = 1, \ldots, 9)$$

mit einer erzeugenden Funktion $w(q, y)$, deren Funktionaldeterminante $|w_{y_k q_l}|$ nicht verschwindet. Wir wollen nun diese kanonische Transformation so einrichten, daß $x_1, \ldots, x_6$ die Relativkoordinaten von P_1, P_2 bezüglich P_3 werden und x_7, x_8, x_9 die Koordinaten von P_3 bleiben, also

$$(4) \quad x_k = q_k - q_{k+6}, \quad x_{k+3} = q_{k+3} - q_{k+6}, \quad x_{k+6} = q_{k+6} \qquad (k = 1, 2, 3).$$

Diese Forderung ist offenbar in Übereinstimmung mit der zweiten Gleichung (3), wenn wir

$$w = \sum_{k=1}^{3} \left\{ (q_k - q_{k+6}) y_k + (q_{k+3} - q_{k+6}) y_{k+3} + q_{k+6} y_{k+6} \right\}$$

definieren. Man sieht leicht, daß die Determinante $|w_{y_k q_l}| = 1$ ist, so daß (3) wirklich eine kanonische Transformation liefert. Aus der ersten Gleichung (3) folgt dann

$$p_k = y_k, \quad p_{k+3} = y_{k+3}, \quad p_{k+6} = y_{k+6} - y_{k+3} - y_k \qquad (k = 1, 2, 3),$$

also

(5) $\qquad y_k = p_k, \quad y_{k+3} = p_{k+3}, \quad y_{k+6} = p_k + p_{k+3} + p_{k+6} \qquad (k = 1, 2, 3),$

und (4), (5) ist die gesuchte kanonische Transformation, die also linear ist. Da sie außerdem von t unabhängig ist, so lauten die neuen Bewegungsgleichungen

(6) $\qquad\qquad \dot{x}_k = E_{y_k}, \quad \dot{y}_k = -E_{x_k} \qquad (k = 1, \ldots, 9),$

wobei nun $E = T - U$ als Funktion der x_k, y_k anzusehen ist. Es wird

$$T = \frac{1}{2} \sum_{k=1}^{3} \left\{ m_1^{-1} y_k^2 + m_2^{-1} y_{k+3}^2 + m_3^{-1} (y_{k+6} - y_k - y_{k+3})^2 \right\},$$

(7) $\quad \begin{cases} U = m_1 m_3 (x_1^2 + x_2^2 + x_3^2)^{-\frac{1}{2}} + m_2 m_3 (x_4^2 + x_5^2 + x_6^2)^{-\frac{1}{2}} + \\ \quad + m_1 m_2 \left\{ (x_1 - x_4)^2 + (x_2 - x_5)^2 + (x_3 - x_6)^2 \right\}^{-\frac{1}{2}}, \end{cases}$

so daß also E von x_7, x_8, x_9 unabhängig ist. Hieraus folgt nach (6), daß y_7, y_8, y_9 bei der Bewegung konstant bleiben, und dies ergibt offenbar gerade wieder die Schwerpunktsintegrale. Betrachtet man die Differentialgleichungen (6) nur für $k = 1, \ldots, 6$, so hat man ein HAMIL-TONSCHES System für die sechs ersten Paare x_k, y_k allein, da x_7, x_8, x_9 in E nicht auftreten und y_7, y_8, y_9 konstant bleiben. Ist dieses System gelöst, so findet man schließlich die restlichen Größen x_7, x_8, x_9 aus

$$\dot{x}_k = E_{y_k} \qquad (k = 7, 8, 9)$$

durch Quadratur. Wenn wir von jetzt ab wieder voraussetzen, daß der Schwerpunkt im Nullpunkt ruht, so sind $y_7 = y_8 = y_9 = 0$, und ferner gilt

$$0 = m_1 q_k + m_2 q_{k+3} + m_3 q_{k+6} = m_1 (x_k + x_{k+6}) + m_2 (x_{k+3} + x_{k+6}) + m_3 x_{k+6},$$

also

$$x_{k+6} = -\frac{m_1 x_k + m_2 x_{k+3}}{m_1 + m_2 + m_3} \qquad (k = 1, 2, 3).$$

Wir haben daher nur noch das System

(8) $\qquad\qquad \dot{x}_k = E_{y_k}, \quad \dot{y}_k = -E_{x_k} \qquad (k = 1, \ldots, 6)$

mit

$$(9) \qquad T = \frac{1}{2}\,(m_1^{-1}+m_3^{-1})\sum_{k=1}^{3} y_k^2 + \frac{1}{2}\,(m_2^{-1}+m_3^{-1})\sum_{k=1}^{3} y_{k+3}^2 + m_3^{-1}\sum_{k=1}^{3} y_k\,y_{k+3}$$

zu behandeln.

Mit dem Ergebnis des vorigen Paragraphen wollen wir nun das Verhalten der Lösungen x_k, y_k beim Zusammenstoß von P_1 und P_3 zur Zeit t_1 näher untersuchen. Setzt man zur Abkürzung

$$(10) \qquad x_1^2 + x_2^2 + x_3^2 = x^2, \qquad y_1^2 + y_2^2 + y_3^2 = y^2,$$

so ist $x > 0$ für $\tau \le t < t_1$, $x \to 0$ für $t \to t_1$, und (6; 9) geht über in

$$(11) \qquad x\,y^2 \to \frac{2\,(m_1\,m_3)^2}{m_1 + m_3} \qquad (t \to t_1).$$

Ferner ist aus den früheren Resultaten ersichtlich, daß x_k, y_k ($k = 4, 5, 6$) für $t \to t_1$ Grenzwerten zustreben und

$$x\,U \to m_1\,m_3 \qquad (t \to t_1)$$

gilt. Nach der heuristischen Betrachtung im vorigen Paragraphen führen wir an Stelle von t die neue unabhängige Variable

$$(12) \qquad s = \int_{\tau}^{t} \frac{dt}{x(t)} \qquad (\tau \le t < t_1)$$

ein; dabei bedeutet $x = x(t)$ die durch (6), (10) definierte Funktion. Es ist dann s im Intervall $\tau \le t < t_1$ als Funktion von t regulär und wächst darin von 0 bis zu dem endlichen Werte

$$(13) \qquad s_1 = \int_{\tau}^{t_1} \frac{dt}{x(t)}.$$

Wegen $\dot{s} = x^{-1}$ ist auch die inverse Funktion t in s regulär und monoton von τ bis t_1 wachsend für $0 \le s < s_1$. Drückt man durch einen Strich die Differentiation nach s aus, so lauten in dieser neuen unabhängigen Variabeln die Bewegungsgleichungen

$$(14) \qquad x_k' = x\,E_{y_k}, \qquad y_k' = -\,x\,E_{x_k} \qquad (k = 1, \ldots, 6).$$

Sie haben also nicht mehr die HAMILTONsche Form.

Mittels eines von POINCARÉ eingeführten Kunstgriffs kann man folgendermaßen in (14) wieder die HAMILTONsche Form herstellen. Nach dem Energiesatz ist E auf jeder Lösung von (8) eine Konstante h. Führen wir nun die Funktion

$$(15) \qquad F = x\,(E - h) = x\,(T - U - h)$$

von x_k, y_k $(k=1,\ldots,6)$ ein, so wird für die betrachtete Lösung

$$F_{x_k} = x\,E_{x_k}, \qquad F_{y_k} = x\,E_{y_k},$$

da das andere bei der Differentiation von $x\,(E-h)$ auftretende Glied den auf der Lösung überall verschwindenden Faktor $E-h$ enthält. Folglich geht (14) über in das HAMILTONsche System

$$(16) \qquad x_k' = F_{y_k}, \qquad y_k' = -F_{x_k} \qquad (k=1,\ldots,6),$$

und zwar genügen diesem alle diejenigen Lösungen der ursprünglichen Bewegungsgleichungen, für welche E den gegebenen Wert h hat, also F den Wert 0. Da die neue HAMILTONsche Funktion F die unabhängige Variable s nicht explizit enthält, so ist andererseits für jede Lösung von (16) die Ableitung

$$F' = \sum_{k=1}^{6} (F_{x_k}\,x_k' + F_{y_k}\,y_k') = 0,$$

also F konstant. Für $F=0$, $x \neq 0$ folgt dann (14) wieder umgekehrt aus (16), während jedoch für $F \neq 0$ die Lösungen von (16) keine direkte Beziehung zum Dreikörperproblem haben. Ein offensichtlicher Vorteil der Einführung von $F = x\,T - x\,U - h\,x$ besteht darin, daß die Summanden $x\,T$, $x\,U$ für $t \to t_1$ nicht unendlich werden, sondern Grenzwerten zustreben. Allerdings bleiben entsprechend dem Unendlichwerden von y die Ableitungen F_{x_k} nicht sämtlich beschränkt, so daß auch (16) noch nicht für die feinere Untersuchung der Singularität bei $t=t_1$ geeignet ist. Deswegen wollen wir nun eine kanonische Transformation vornehmen, bei welcher y_1, y_2, y_3 durch reziproke Radien transformiert werden.

Um einen Ansatz für diese Transformation zu finden, gehen wir vom Zweikörperproblem aus. Es liegt ja die Vermutung nahe, daß der Körper P_2 für $t \to t_1$ keinen wesentlichen Einfluß auf das Verhalten von P_1, P_3 mehr ausübt. Indem wir also P_2 ganz fortlassen, wählen wir für die beiden Körper des Zweikörperproblems die Massenpunkte P_1, P_3 und lassen den Schwerpunkt in O ruhen. Dann wird

$$T = \frac{1}{2}\,(m_1^{-1} + m_3^{-1})\,(y_1^2 + y_2^2 + y_3^2), \qquad U = m_1 m_3\,(x_1^2 + x_2^2 + x_3^2)^{-\frac{1}{2}} = m_1 m_3\,x^{-1},$$

$$F = \frac{1}{2}\,(m_1^{-1} + m_3^{-1})\,x\,y^2 - m_1 m_3 - h\,x.$$

Wenn wir uns noch auf den Spezialfall $h=0$, $\frac{1}{2}(m_1^{-1} + m_3^{-1}) = 1$ beschränken und die additive Konstante $-m_1 m_3$ fortlassen, so kommen wir zu dem vereinfachten HAMILTONschen System

$$(17) \qquad x_k' = F_{y_k}, \qquad y_k' = -F_{x_k} \qquad (k=1, 2, 3).$$

mit

$$F = F(x_k, y_k) = (x_1^2 + x_2^2 + x_3^2)^{\frac{1}{3}} (y_1^2 + y_2^2 + y_3^2).$$

Nach der in § 3 entwickelten Theorie von HAMILTON und JACOBI erhält man die vollständige Lösung von (17), indem man eine von drei Parametern ξ_1, ξ_2, ξ_3 abhängige Lösung $w(x_k, \xi_k, s)$ der partiellen Differentialgleichung

(18) $$F(x_k, w_{x_k}) + w_s = 0$$

unter der Bedingung $|w_{x_k \xi_l}| \neq 0$ aufstellt, und zwar ist dann

(19) $$y_k = w_{x_k}, \quad \eta_k = -w_{\xi_k} \quad (k = 1, 2, 3)$$

mit sechs Integrationskonstanten ξ_k, η_k. Da F von der unabhängigen Variabeln s frei ist, so machen wir zur Auffindung einer Lösung von (18) den Ansatz

(20) $$w(x_k, \xi_k, s) = v(x_k, \xi_k) - \lambda(\xi_k) s.$$

Zwar wäre es noch einfacher, die Funktion w als von s unabhängig anzusetzen; dann würde aber nach (19) auch die allgemeine Lösung x_k, y_k des Systems (17) von s frei sein, was widersinnig ist. Mit (20) geht (18) über in

(21) $$F(x_k, v_{x_k}) = \lambda(\xi_k), \quad |v_{x_k \xi_l}| \neq 0,$$

und (19) in

(22) $$y_k = v_{x_k}, \quad \eta_k = \lambda_{\xi_k} s - v_{\xi_k} \quad (k = 1, 2, 3).$$

Ehe wir (21) wirklich lösen, wollen wir noch die Bezeichnung ändern und an Stelle von (22) die kanonische Transformation

(23) $$y_k = v_{x_k}, \quad \eta_k = -v_{\xi_k} \quad (k = 1, 2, 3)$$

einführen, die jetzt von s unabhängig ist. Nach (21) wird dann

$$F(x_k, y_k) = F(x_k, v_{x_k}) = \lambda(\xi_k),$$

und nach der Transformationstheorie geht das HAMILTONsche System (17) durch (22) über in

$$\xi_k' = \lambda_{\eta_k} = 0, \quad \eta_k' = -\lambda_{\xi_k}.$$

Also sind ξ_k und $\eta_k + \lambda_{\xi_k} s = \zeta_k$ ($k = 1, 2, 3$) Integrationskonstanten.

Um (21) zu lösen, betrachten wir zunächst das analoge Problem in der Ebene und werden dann die gefundene Lösung in naheliegender Weise auf drei Dimensionen verallgemeinern. In der so vereinfachten Differentialgleichung

(24) $$(x_1^2 + x_2^2)^{\frac{1}{2}} (v_{x_1}^2 + v_{x_2}^2) = \lambda(\xi_k), \quad |v_{x_k \xi_l}| \neq 0$$

setzen wir $x_1 + i x_2 = z$ und versuchen, v als Imaginärteil einer analytischen Funktion $\varphi(z) = u + iv$ zu erhalten. Nach den CAUCHY-RIEMANNschen Differentialgleichungen ist

$$u_{x_1} = v_{x_2}, \qquad v_{x_1}^2 + v_{x_2}^2 = u_{x_1}^2 + v_{x_1}^2 = |\varphi_z|^2;$$

also muß

$$|z \varphi_z^2| = \lambda(\xi_k)$$

bezüglich z konstant sein. Da aber die Funktion $z \varphi_z^2$ analytisch ist, so ist sie dann selber konstant. Mit einer komplexen Konstanten $\zeta = \xi_1 + i\xi_2$ setze man

$$z \varphi_z^2 = \overline{\zeta} = \xi_1 - i\xi_2, \qquad \varphi_z = \left(\frac{\overline{\zeta}}{z}\right)^{\frac{1}{2}},$$

woraus sich durch Integration

$$\varphi(z) = 2\sqrt{\overline{\zeta}\, z}$$

als eine Lösung der gestellten Aufgabe ergibt. Hieraus erhalten wir

$$i v = \sqrt{\overline{\zeta}\, z} - \sqrt{\zeta\, \overline{z}}$$

$$v^2 = 2|\zeta z| - \overline{\zeta} z - \zeta \overline{z} = 2\left\{(\xi_1^2 + \xi_2^2)^{\frac{1}{2}} (x_1^2 + x_2^2)^{\frac{1}{2}} - (\xi_1 x_1 + \xi_2 x_2)\right\}.$$

Für $\zeta z \neq 0$ ergibt eine leichte Rechnung noch

$$|v_{x_k \xi_l}| = \frac{1}{4|\zeta z|} \neq 0,$$

so daß also auch die zweite Forderung in (24) erfüllt wird.

Es ist jetzt naheliegend, das gefundene Resultat durch den Ansatz

$$(25) \quad v^2 = 2\left(\xi x - \sum_{k=1}^3 \xi_k x_k\right), \quad \xi = (\xi_1^2 + \xi_2^2 + \xi_3^2)^{\frac{1}{2}}, \quad x = (x_1^2 + x_2^2 + x_3^2)^{\frac{1}{2}}$$

auf den dreidimensionalen Fall zu verallgemeinern. Wir haben dann zu zeigen, daß aus (25) tatsächlich (21) mit geeignetem $\lambda(\xi_k)$ und

$$F(x_k, y_k) = x y^2 = x(y_1^2 + y_2^2 + y_3^2)$$

folgt. Aus (25) ergibt sich zunächst

$$(26) \quad v v_{x_k} = \frac{x_k}{x} \xi - \xi_k \quad (x \neq 0), \qquad v v_{\xi_k} = \frac{\xi_k}{\xi} x - x_k \quad (\xi \neq 0).$$

Multipliziert man die erste Gleichung (26) mit x, quadriert sie und summiert über $k = 1, 2, 3$, so erhält man

$$x^2 v^2 \sum_{k=1}^3 v_{x_k}^2 = 2 \xi^2 x^2 - 2 \xi x \sum_{k=1}^3 \xi_k x_k = \xi x v^2$$

$$(27) \qquad x \sum_{k=1}^3 v_{x_k}^2 = \xi \quad (x v^2 \neq 0);$$

ferner ergibt sich als Funktionaldeterminante

$$|v_{x_k \xi_l}| = \frac{-1}{4\,\xi\,x\,v} \qquad (\xi\,x\,v \neq 0),$$

wodurch (21) mit

$$\lambda(\xi_k) = \xi$$

verifiziert ist. Um noch der Forderung $\xi\,x\,v \neq 0$ zu genügen, hat man vorauszusetzen, daß die beiden reellen Vektoren $(\xi_1, \xi_2, \xi_3) = (\xi_k)$ und $(x_1, x_2, x_3) = (x_k)$ linear unabhängig sind. Damit ist unser Ansatz gerechtfertigt, und es bleibt noch die durch $v(x_k, \xi_k)$ erzeugte kanonische Transformation (23) anzugeben.

Multipliziert man die erste Gleichung (26) mit x und die zweite mit ξ, so folgt

$$x\,v\,v_{x_k} = \xi\,x_k - \xi_k\,x = -\xi\,v\,v_{\xi_k},$$

was nach (23) zu

(28) $$\qquad x\,y_k = \xi\,\eta_k \qquad (k = 1, 2, 3)$$

führt. Wegen (23), (27) wird

$$x\,y^2 = \xi,$$

und ferner folgt aus (26) entsprechend zu (27) auch

$$\xi \sum_{k=1}^{3} v_{\xi_k}^2 = x,$$

woraus sich nach (23) mit der Abkürzung $\eta_1^2 + \eta_2^2 + \eta_3^2 = \eta^2$ die Formel

(29) $$\qquad \xi\,\eta^2 = x$$

ergibt. Multipliziert man (28) mit y^2, so erhält man

(30) $$\qquad \eta_k = \frac{y_k}{y^2} \qquad (k = 1, 2, 3),$$

und entsprechend gilt

(31) $$\qquad y_k = \frac{\eta_k}{\eta^2} \qquad (k = 1, 2, 3).$$

Dabei ist zu beachten, daß wegen $x\,\xi \neq 0$ auch $y \neq 0$, $\eta \neq 0$ ist. Zufolge (30), (31) gehen die Tripel y_1, y_2, y_3 und η_1, η_2, η_3 auseinander mittels einer Transformation durch reziproke Radien hervor.

Schließlich sind noch die Transformationsgleichungen für die x_k explizit anzugeben. Nach (23), (26) ist

$$v\,y_k = \frac{x_k}{x}\,\xi - \xi_k.$$

Multipliziert man mit x_k und summiert über k, so folgt mit den Abkürzungen

$$g = \sum_{k=1}^{3} x_k y_k, \qquad \gamma = \sum_{k=1}^{3} \xi_k \eta_k$$

die Formel

$$v g = x \xi - \sum_{k=1}^{3} x_k \xi_k = \frac{v^2}{2},$$

also

$$g = \frac{v}{2}$$

und analog auch

$$\gamma = -\frac{v}{2}$$

wegen

$$v \eta_k = x_k - \frac{\xi_k}{\xi} x.$$

Aus der letzten Gleichung ergibt sich weiter

$$x_k = \frac{\xi_k}{\xi} x - 2\gamma \eta_k,$$

was dann wegen (29) zu

$$(32) \qquad x_k = \xi_k \eta^2 - 2 \eta_k \sum_{l=1}^{3} \xi_l \eta_l \qquad (k = 1, 2, 3)$$

führt. Ganz entsprechend erhält man die Umkehrung

$$(33) \qquad \xi_k = x_k y^2 - 2 y_k \sum_{l=1}^{3} x_l y_l \qquad (k = 1, 2, 3).$$

Die gefundene kanonische Transformation ist also birational und involutorisch. Zur Durchführung der Rechnung wurde vorausgesetzt, daß die beiden Vektoren (x_k), (ξ_k) reell und linear unabhängig sind. Man sieht nachträglich leicht ein, daß (30), (33) auch dann die einzige Auflösung von (31), (32) ist, wenn nur $\eta \neq 0$ angenommen wird; dann ist auch $y \neq 0$ und die Transformation kanonisch.

Ehe wir diese Transformation zur Regularisierung des Zusammenstoßes beim Dreikörperproblem verwenden, wollen wir noch die betrachteten Bahnkurven beim Zweikörperproblem bestimmen, bei denen also $h = 0$ ist. Durch die kanonische Transformation (31), (32) wurden die HAMILTONschen Gleichungen (17) in

$$\xi_k' = 0, \quad \eta_k' = -\lambda_{\xi_k} = -\frac{\xi_k}{\xi} \qquad (\xi \neq 0; \ k = 1, 2, 3)$$

übergeführt, deren Lösung

$$(34) \qquad \eta_k = -\frac{\xi_k}{\xi} s + \zeta_k$$

mit reellen Konstanten ξ_k, ζ_k ist. Durch Einsetzen in (32) erhält man die x_k als quadratische Polynome in s und damit die gesuchten Bahnkurven. Wir wollen zeigen, daß es sich dabei um Parabeln handelt. Aus (34) erkennen wir, daß der Vektor (η_k) in der durch die beiden Vektoren (ξ_k), (ζ_k) bestimmten Ebene liegt; also liegt nach (32) auch der Vektor (x_k) und damit die ganze Bahnkurve in dieser Ebene. Wegen der Orthogonalinvarianz genügt es, den Fall $\xi_3 = \zeta_3 = 0$ zu diskutieren, in welchem es sich um die Ebene $x_3 = 0$ handelt. Die sechs Ausdrücke x_1^2, $x_1 x_2$, x_2^2, x_1, x_2, 1 sind Polynome in s vom Grade ≤ 4, also homogene lineare Funktionen der fünf Variabeln s^4, s^3, s^2, s, 1. Daher existiert ein Polynom zweiten Grades in x_1, x_2, das als Funktion von s identisch verschwindet. Also ist jedenfalls die Bahnkurve ein Kegelschnitt. Zur weiteren Diskussion ersetzen wir s durch $s + c$ mit konstantem c, wodurch (34) in

$$\eta_k = -\frac{\xi_k}{\xi} s + \left(\zeta_k - c \frac{\xi_k}{\xi}\right)$$

übergeht. Wir bestimmen c vermöge der Forderung, daß die Vektoren (ξ_k) und $\left(\zeta_k - c \frac{\xi_k}{\xi}\right)$ orthogonal sind, also

$$c\,\xi = \sum_{k=1}^{2} \xi_k \zeta_k.$$

Bezeichnet man dann wieder $\zeta_k - c \frac{\xi_k}{\xi}$ mit ζ_k, so sind (ξ_k), (ζ_k) orthogonal und es gilt (34), also auch

$$\eta^2 = s^2 + \zeta^2, \qquad \sum_{k=1}^{2} \xi_k \eta_k = -\xi s$$

mit $\zeta^2 = \zeta_1^2 + \zeta_2^2$. Damit geht (32) über in

$$(35) \quad x_k = \xi_k(s^2 + \zeta^2) + 2\left(\zeta_k - \frac{\xi_k}{\xi} s\right)\xi s = 2\xi s \zeta_k + (\zeta^2 - s^2)\,\xi_k \qquad (k = 1, 2).$$

Dieser Kegelschnitt ist eine Parabel, deren Achse dem Vektor $(-\xi_k)$ parallel ist. Wir wollen noch nachweisen, daß der Brennpunkt dieser Parabel der Nullpunkt ist. Dazu benutzen wir eine für eine solche Parabel charakteristische Eigenschaft, daß nämlich der Ortsvektor mit der Kurventangente denselben Winkel bildet, wie diese mit der Achse. Da die Achsenrichtung durch $(-\xi_k)$ gegeben wird und der Vektor (x_k') in die Richtung der Tangente weist, so brauchen wir nur die Gleichung

$$\sum_{k=1}^{2} \frac{x_k}{x} x_k' = \sum_{k=1}^{2} \frac{-\xi_k}{\xi} x_k'$$

nachzuprüfen. Zufolge (35) ist nun

$$\frac{x_k'}{2} = \xi \zeta_k - s \xi_k,$$

also

$$\frac{1}{2} \sum_{k=1}^{2} \frac{\xi_k}{\xi} x_k' = - s \xi.$$

Durch Differentiation von $x^2 = x_1^2 + x_2^2$ und $x = \xi \eta^2$ ergibt (34) andererseits

$$\frac{1}{2} \sum_{k=1}^{2} \frac{x_k}{x} x_k' = \frac{1}{2} x' = \xi \sum_{k=1}^{2} \eta_k \eta_k' = \xi \sum_{k=1}^{2} \left(\frac{\xi_k}{\xi} s - \zeta_k \right) \frac{\xi_k}{\xi} = \xi s,$$

also die Behauptung. Schließlich war der Zusammenhang zwischen t und s durch

$$t' = x = \xi \eta^2 = \xi (s^2 + \zeta^2)$$

gegeben, also bei passender Wahl des Anfangspunktes der Zeit durch

$$t = \frac{\xi}{3} s^3 + \xi \zeta^2 s.$$

Der Fall eines Zusammenstoßes der beiden Körper bedingt das Verschwinden von $x = \xi (s^2 + \zeta^2)$, also $\zeta = 0$, $x_k = - s^2 \xi_k$ $(k = 1, 2)$, $t = \frac{\xi}{3} s^3$. Dann entartet die Parabel in eine Gerade, der Zusammenstoß erfolgt bei $s = t = 0$, und $t^{\frac{1}{3}}$ ist eine Uniformisierende für η_k.

Es ist noch zu beachten, daß zufolge unserer früheren Überlegung nur diejenigen Parabeln Bahnkurven des ursprünglichen Zweikörperproblems mit $h = 0$ sind, für welche die Bedingung $x y^2 = m_1 m_3$ erfüllt ist, also $\xi = m_1 m_3$. So erklärt sich der scheinbare Widerspruch, daß die gefundenen Parabelbahnen zunächst sechs Parameter enthielten, also ebenso viele, wie die allgemeine Lösung des räumlichen Zweikörperproblems in relativen Koordinaten.

§ 8. Anwendung auf das Dreikörperproblem.

Wir wenden nunmehr die im vorigen Paragraphen gefundene Transformation auf das Dreikörperproblem an. Es bedeute jetzt $F(x_k, y_k)$ die ursprünglich durch (7; 7), (7; 9), (7; 15) eingeführte Funktion, deren zwölf Variabeln x_k, y_k $(k = 1, \ldots, 6)$ also durch (7; 4), (7; 5) erklärt sind, und es handelt sich um das HAMILTONsche System (7; 16), wobei die unabhängige Variable s durch (7; 12) gegeben wurde. Für $0 \leq s < s_1$ mit s_1 aus (7; 13) waren alle sechs Funktionenpaare $x_k(s), y_k(s)$ regulär, während bei $s = s_1$ mindestens eine der drei Funktionen $y_1(s), y_2(s)$, $y_3(s)$ singulär ist. Wir transformieren nun die drei Paare x_k, y_k $(k = 1, 2, 3)$ gemäß der Substitution (7; 30), (7; 33) in die drei neuen Paare ξ_k, η_k $(k = 1, 2, 3)$, während wir die restlichen drei Paare $x_k = \xi_k$, $y_k = \eta_k$

($k = 4, 5, 6$) beibehalten. Man erkennt sofort, daß diese Transformation der sechs Paare x_k, y_k ($k = 1, \ldots, 6$) ebenfalls kanonisch ist, weil wir dies für die Transformation der ersten drei Paare allein nachgewiesen haben. Da die Transformation von s unabhängig ist, so ist die HAMILTON-sche Funktion F beizubehalten, und die transformierten Bewegungs-gleichungen lauten wieder

$$(1) \qquad \xi_k' = F_{\eta_k}, \qquad \eta_k' = - F_{\xi_k} \qquad (k = 1, \ldots, 6),$$

wobei also jetzt F als Funktion der ξ_k, η_k anzusehen ist. Nach $(7; 7)$, $(7; 9)$, $(7; 29)$, $(7; 31)$, $(7; 32)$ wird

$$(2) \quad xT = \frac{1}{2}(m_1^{-1} + m_3^{-1})\,\xi + \frac{1}{2}(m_2^{-1} + m_3^{-1})\,\xi\eta^2 \sum_{k=1}^{3} \eta_{k+3}^2 + m_3^{-1}\,\xi \sum_{k=1}^{3} \eta_k \eta_{k+3},$$

$$(3) \qquad x = \xi\eta^2, \qquad xU = m_1 m_3 + m_2 \xi\eta^2 \left(\frac{m_3}{r_{23}} + \frac{m_1}{r_{12}} \right)$$

mit

$$(4) \qquad r_{23}^2 = \sum_{k=1}^{3} \xi_{k+3}^2, \qquad r_{12}^2 = \sum_{k=1}^{3} (x_k - \xi_{k+3})^2,$$

$$(5) \qquad x_k = \xi_k \eta^2 - 2\eta_k \sum_{l=1}^{3} \xi_l \eta_l, \qquad y_k = \frac{\eta_k}{\eta^2} \qquad (k = 1, 2, 3),$$

$$(6) \qquad \xi^2 = \sum_{k=1}^{3} \xi_k^2, \qquad \eta^2 = \sum_{k=1}^{3} \eta_k^2,$$

und dies ist in

$$(7) \qquad F = xT - xU - hx$$

einzutragen.

Es soll nun mit Hilfe des Existenzsatzes von CAUCHY nachgewiesen werden, daß die neuen Koordinaten ξ_k, η_k ($k = 1, \ldots, 6$) als Funktionen von s auch noch bei $s = s_1$ regulär bleiben. Dazu untersuchen wir zu-nächst das Verhalten dieser Koordinaten beim Grenzübergang $s \to s_1$ ($0 \leq s < s_1$), indem wir die Ergebnisse von § 6 heranziehen. Hiernach streben die ξ_k, η_k ($k = 4, 5, 6$) für $t \to t_1$, also für $s \to s_1$, gegen Grenz-werte, und die Abstände r_{23}, r_{12} gegen positive Grenzwerte. Nach $(7; 11)$ gilt ferner

$$(8) \qquad \xi = xy^2 \to \frac{2(m_1 m_3)^2}{m_1 + m_3} = c > 0 \qquad (s \to s_1),$$

so daß also auch ξ einen positiven Grenzwert besitzt. Wir können aber an dieser Stelle noch nicht schließen, daß auch die einzelnen ξ_1, ξ_2, ξ_3 Grenzwerte haben. Aus $x \to 0$ folgt $y \to \infty$ und

$$(9) \qquad \eta_k = \frac{y_k}{y^2} \to 0 \qquad (s \to s_1; \; k = 1, 2, 3).$$

Wir wählen eine Zahl s_0 im Intervall $0 \leq s < s_1$, so daß

$$(10) \qquad \frac{c}{2} \leq \xi \leq 2c \qquad (s_0 \leq s < s_1),$$

und betrachten jetzt ξ_1, ξ_2, ξ_3 als unabhängige reelle Variable in der durch (10) erklärten Kugelschale S. Die anderen neun Koordinaten ξ_k $(k = 4, 5, 6)$, η_k $(k = 1, \ldots, 6)$ haben als Funktionen von s für $s \rightarrow s_1$ Grenzwerte, und wir können wegen (9) um den entsprechenden Punkt im neundimensionalen Raume eine so kleine abgeschlossene reelle Kugel K legen, daß zufolge (4), (5), (6) auf dem Produktbereich $P = S \times K$ die Funktionen $\xi, r_{12}^{-1}, r_{23}^{-1}$ der zwölf unabhängigen Variabeln ξ_k, η_k $(k = 1, \ldots, 6)$ in allen Punkten regulär sind. Nach (2), (3), (7) ist dann dort auch F regulär. Für hinreichend nahe an s_1 gelegenes s_0 verläuft dann die Lösungskurve $\xi_k(s)$, $\eta_k(s)$ für $s_0 \leq s < s_1$ ganz auf P, und das Ergebnis vom Schluß von § 4 zeigt jetzt die Regularität aller $\xi_k(s)$, $\eta_k(s)$ $(k = 1, \ldots, 6)$ im Punkte $s = s_1$. Insbesondere haben also ξ_1, ξ_2, ξ_3 für $s \rightarrow s_1$ wirklich Grenzwerte.

Um nun auch das Verhalten von t im Punkte s_1 näher zu bestimmen, setzen wir zur Abkürzung $\xi_k(s_1) = \xi_{k1}$ $(k = 1, 2, 3)$, $b = \frac{1}{2}(m_1^{-1} + m_3^{-1})$ und erhalten wegen (8), (9) aus (1), (2), (3), (7) für $k = 1, 2, 3$ die Reihenentwicklungen

$$\eta_k' = -F_{\xi_k} = -\frac{b}{c}\xi_{k1} + \cdots$$

$$(11) \qquad \eta_k = -\frac{b}{c}\xi_{k1}(s - s_1) + \cdots$$

nach Potenzen von $s - s_1$. Daher gilt

$$(12) \qquad \eta^2 = b^2(s - s_1)^2 + \cdots,$$

und (5) ergibt

$$(13) \quad \begin{cases} x_k = \xi_{k1}b^2(s - s_1)^2 - 2b^2\xi_{k1}(s - s_1)^2 + \cdots = -b^2\xi_{k1}(s - s_1)^2 + \cdots \\ \qquad\qquad\qquad (k = 1, 2, 3), \end{cases}$$

also

$$x = b^2 c(s - s_1)^2 + \cdots.$$

Nach $(7; 12)$ ist nun $t' = x$ und folglich

$$(14) \qquad t = t_1 + \frac{b^2 c}{3}(s - s_1)^3 + \cdots$$

die Potenzreihenentwicklung von t in der Umgebung von $s = s_1$. Durch Umkehrung dieser Reihe wird schließlich

$$(15) \qquad s - s_1 = \left(\frac{3}{b^2 c}(t - t_1)\right)^{\frac{1}{3}} + \cdots$$

eine Entwicklung nach positiven Potenzen von $(t-t_1)^{\frac{1}{3}}$ mit reellen Koeffizienten, wobei unter $(t-t_1)^{\frac{1}{3}}$ für $t<t_1$ der reelle Wert zu verstehen ist. Damit ist tatsächlich nachgewiesen, daß der Punkt $t=t_1$ bei der ursprünglichen analytischen Fortsetzung der Lösung $x_k(t)$, $y_k(t)$ von (7; 8) längs des Intervalls $\tau \leq t < t_1$ ein Windungspunkt zweiter Ordnung ist. In der Ortsuniformisierenden $s-s_1$ sind die x_k nach (13) regulär, während zufolge (11), (12) die Entwicklung

$$y_k = \frac{\eta_k}{\eta^2} = -(b\,c)^{-1}\xi_{k\,1}(s-s_1)^{-1}+\cdots \qquad (k=1,2,3)$$

besteht, so daß also y_k im Falle $\xi_{k\,1} \neq 0$ als Funktion von s bei $s=s_1$ einen Pol erster Ordnung hat.

Unser Resultat zeigt, daß wir die x_k, y_k über die Singularität $t=t_1$ hinaus analytisch fortsetzen können, und zwar wollen wir dabei auf der reellen s-Achse wachsend durch s_1 hindurchgehen. Zufolge (14) bleibt dann auch t reell und geht wachsend durch t_1 hindurch. Wegen der Realität der Koeffizienten in sämtlichen Reihenentwicklungen bleiben auch die x_k, y_k bei dieser analytischen Fortsetzung reell. Aus (13) ersieht man, daß die beiden Massenpunkte P_1, P_3 in der durch den Vektor $(\xi_{k\,1})$ gegebenen Richtung für $t=t_1$ zusammenstoßen und dann aneinander reflektiert werden. Diese Aussage ist allerdings nur mathematisch sinnvoll und hat keine physikalische Bedeutung. Für alle genügend dicht bei t_1 gelegenen $t>t_1$ ist wieder $x>0$ und y endlich. Man kann daher vermöge der inversen Substitution (7; 31), (7; 32) wieder die alten Koordinaten x_k, y_k an Stelle von ξ_k, η_k einführen. Dabei werden die Werte der Schwerpunktsintegrale, der Flächenkonstanten und des Energieintegrals dieselben sein wie für $\tau \leq t < t_1$, da sie als analytische Ausdrücke in der Variabeln t bei analytischer Fortsetzung erhalten bleiben. Entsprechendes gilt für die Differentialgleichungen, so daß (7; 16) bestehen bleibt und man von da über (7; 6) zu (7; 2) zurückgehen kann.

Man wird jetzt irgendeinen festen Wert $t>t_1$, bis zu welchem man bereits die Lösung von (7; 2) fortgesetzt hat, wieder mit τ bezeichnen und kann dann das bisher Bewiesene auf das neue τ anwenden. Trifft man bei analytischer Fortsetzung für wachsendes $t>\tau$ bei einem endlichen Wert $t=t_2$ auf eine neue Singularität, so müssen dann wieder genau zwei Körper zusammenstoßen, da ja nach Voraussetzung die Flächenkonstanten nicht sämtlich 0 sind. Dies brauchen zwar nicht gerade wieder P_1, P_3 zu sein, aber jedenfalls können wir bei $t=t_2$ eine entsprechende Regularisierung vornehmen wie oben bei $t=t_1$. Indem wir die Lösung auf diese Weise auch über t_2 hinaus fortsetzen und so fortfahren, können wir zu weiteren Singularitäten $t=t_n$ ($n=1,2,\ldots$) gelangen. Wenn die Zahl dieser Singularitäten endlich ist oder aber die t_n für $n \to \infty$ selber ins Unendliche gehen, so erhalten wir die analytische Fortsetzung für alle endlichen $t \geq \tau$. Wir wollen nun nachweisen, daß der verbleibende Fall, für welchen nämlich die t_n einen endlichen Häufungspunkt t_∞ besäßen, überhaupt nicht auftreten kann.

Diese Behauptung wird ebenfalls mit der bisher benutzten Methode bewiesen. Es seien also t_n $(n = 1, 2, \ldots)$ in wachsender Anordnung die sämtlichen bei analytischer Fortsetzung der gegebenen Lösung längs der reellen t-Achse für $t \geq \tau$ erhaltenen Singularitäten, und es sei ihr Grenzwert t_∞ endlich. Im Intervall $\tau \leq t < t_\infty$ ist der Wert der Potentialfunktion U für alle $t = t_n$ unendlich und sonst überall endlich. Es wird behauptet, daß U gegen unendlich strebt, wenn t im Intervall gegen t_∞ konvergiert. Anderenfalls gäbe es nämlich eine positive Zahl A und eine wachsend gegen t_∞ konvergierende Folge von Werten t, in welchen $U \leq A$ bleibt. Nach der Schlußbetrachtung aus § 5 folgte dann aber die Regularität der Lösung bei $t = t_\infty$, während doch dieser Punkt als Grenzwert der singulären Punkte t_n selber singulär sein müßte. Also gilt $U \to \infty$ für $t \to t_\infty$, und es strebt demnach die kleinste der drei Dreiecksseiten r_{12}, r_{23}, r_{31} gegen 0. Nach der LAGRANGEschen Formel (6; 2) ist dann $\ddot{I} > 0$ in einem genügend kleinen Intervall $t_0 \leq t < t_\infty$. Die Funktion $\ddot{I}$ wird in allen $t = t_n$ unendlich. Wir haben bereits bewiesen, daß $\dot{I}$ bei $t = t_1$ und folglich auch bei allen $t = t_n$ von links stetig ist, und unser früherer Beweisgang liefert ohne weiteres auch die rechtsseitige Stetigkeit. Also ist $\dot{I}$ in dem betrachteten Intervall monoton wachsend und stetig. Man kann dann die zu (6; 6) führende Schlußweise wörtlich benutzen und erkennt, daß I für $t_0 \leq t < t_\infty$ eine positive untere Schranke besitzt. Hieraus folgt analog zu (6; 7), daß für $t \to t_\infty$ genau eine Dreiecksseite, etwa $r_{13} = r$, gegen 0 strebt, während die beiden anderen oberhalb positiver Schranken bleiben. Also stoßen für die im Intervall gelegenen unendlich vielen t_n jedesmal P_1, P_3 zusammen, und man kann zur Regularisierung bei diesen t_n ein und dieselbe Transformation (7; 4), (7; 5), (7; 30), (7; 33) benutzen. Mit unserer früheren Bezeichnungsweise wird zufolge (7; 11) für $\xi = x\,y^2$ der Grenzwert

$$\lim_{t \to t_\infty} \xi = \frac{2\,(m_1\,m_3)^2}{m_1 + m_3} > 0.$$

Nach (7; 13) entsprechen den Singularitäten t_n die Werte

$$s_n = \int_{t_0}^{t_n} \frac{dt}{x(t)}$$

der uniformisierenden Variabeln s. Wie beim Nachweis der Existenz des Integrals (6; 10) schließen wir sodann auf die Beschränktheit von $\dot{I}$

für $t \to t_\infty$ und die Konvergenz des uneigentlichen Integrals

$$s_\infty = \int\limits_{t_0}^{t_\infty} \frac{dt}{x(t)},$$

so daß sich auch die s_n in dem endlichen Wert s_∞ häufen. Dieselben Schlüsse, mit denen wir zu Anfang des Paragraphen die Regularität von $x(s)$ bei $s = s_1$ nachwiesen, ergeben jetzt auch die Regularität dieser Funktion bei $s = s_\infty$. Andererseits verschwindet aber $x(s)$ für die unendlich vielen s_n mit dem Häufungspunkt s_∞. Da die analytische Funktion $x(s)$ nicht identisch 0 ist, so erhalten wir einen Widerspruch. Also war die Annahme falsch, daß sich die Singularitäten t_n im Endlichen häufen.

Auf die gleiche Weise, wie wir oben die Lösung für alle $t \geq \tau$ durch analytische Fortsetzung bestimmten, kann man die Lösung für $t \leq \tau$ fortsetzen. Dazu sind keine neuen Überlegungen nötig, wenn man beachtet, daß die Bewegungsgleichungen (7; 2) in sich übergehen, wenn man q_k, p_k, t durch $q_k, -p_k, -t$ ersetzt. Man erhält so die Lösung für alle reellen endlichen Werte von t. Für die einheitliche Darstellung des Verlaufes der Lösungen für alle Zeiten ist es noch störend, daß die bisherige Wahl der Ortsuniformisierenden s bei einer Singularität davon abhängt, welche Paare von den drei Körpern jeweils zusammenstoßen. Deswegen soll jetzt an Stelle von s eine geeignete neue Variable ω eingeführt werden, welche die Uniformisierung im Großen leistet. Es werden sich dann t und die Koordinaten q_k ($k = 1, \ldots, 9$) der drei Körper im Einheitskreis $|\omega| < 1$ als reguläre Funktionen von ω ergeben, und zwar wird dabei das Intervall $-1 < \omega < 1$ auf die reelle t-Achse abgebildet werden.

Die Existenz eines solchen Parameters ω läßt sich ohne weitere Rechnung auf folgendem Wege nachweisen. Bisher hatten wir an einer Singularität die Regularisierung mittels der Substitution (7; 12) durchgeführt. Hierbei bedeutet x den Abstand der zusammenstoßenden Massenpunkte, so daß also in der Substitution jeweils zwei Körper ausgezeichnet sind. Um diese Asymmetrie zu vermeiden, ersetzen wir zunächst in (7; 12) die Größe x^{-1} durch U, definieren also

$$(16) \qquad\qquad s = \int\limits_{\tau}^{t} U \, dt.$$

Da U an der singulären Stelle t_1 sich asymptotisch wie $m_1 m_3 x^{-1}$ verhält, so läßt sich dann leicht zeigen, daß der neue Parameter s zur Regularisierung für alle Zusammenstöße dienen kann. Man möchte dabei noch erreichen, daß s mit t gegen $\pm \infty$ geht. Dies ist tatsächlich bei der Definition (16) der Fall; jedoch läßt sich dieser nicht ganz triviale

Nachweis umgehen, indem man statt (16) den Ansatz

$$(17) \qquad\qquad s = \int_{\tau}^{t} (U + 1)\, dt$$

macht. Es ist dann evident, daß s die soeben gewünschte Eigenschaft besitzt. Auch mit diesem Parameter s lassen sich sämtliche Kollisionen regularisieren. Es gibt also um jeden endlichen Punkt s_0 der reellen s-Achse als Mittelpunkt einen Kreis K_0 in der komplexen s-Ebene, in welchem t und die neun Koordinaten q_k konvergente Potenzreihen der Variabeln $s - s_0$ sind. Die Vereinigungsmenge dieser Kreise K_0 für variables s_0 bildet offenbar ein einfach zusammenhängendes Gebiet G, das symmetrisch zur reellen s-Achse gelegen ist und diese umschließt. Nach dem RIEMANNschen Abbildungssatz läßt sich dieses Gebiet auf den Einheitskreis einer ω-Ebene konform abbilden, und zwar so, daß dabei die reelle s-Achse in den Durchmesser $-1 < \omega < 1$ übergeht. Der so eingeführte Parameter ω hat dann die gewünschten Eigenschaften.

Hiermit ist jedoch nur die Existenz eines solchen Parameters nachgewiesen. Zur expliziten Ausführung der angegebenen konformen Abbildung muß man das von den Konvergenzkreisen K_0 überdeckte Gebiet näher kennen. Es wäre etwa denkbar, daß die Radien ϱ_0 der K_0 für veränderlichen Mittelpunkt s_0 keine positive untere Schranke haben. Dann gäbe es also keinen Parallelstreifen, der ganz in G enthalten ist und die reelle Achse umschließt. In Wahrheit kann dieser Fall nicht eintreten; wir werden nämlich in den folgenden Paragraphen nach SUNDMAN beweisen, daß die Konvergenzradien ϱ_0 eine positive untere Schranke δ haben, daß also die Zeit t und die Koordinaten q_k $(k = 1, \ldots, 9)$ als Funktionen des durch (17) erklärten Parameters $s = \sigma + i\nu$ im Streifen $-\delta < \nu < \delta$ durchweg regulär sind. Der Beweis wird sogar konstruktiv sein, indem sich ein solches δ als Funktion der Anfangswerte und der Massen beim Dreikörperproblem wirklich angeben läßt; immer unter der dauernd gemachten Annahme, daß die drei Flächenkonstanten nicht alle 0 sind. Bei dieser Untersuchung müssen wir zunächst zwei wichtige Hilfssätze herleiten, die ebenfalls von SUNDMAN stammen und auch selbständiges Interesse bieten. Der erste Hilfssatz besagt, daß der Umfang des von den drei Massenpunkten gebildeten Dreiecks für alle Zeiten oberhalb einer positiven Zahl ϑ bleibt. Im Vorhergehenden haben wir nur gezeigt, daß dieser Umfang stets positiv ist, da ja keine dreifache Kollision eintreten kann; es wäre aber noch denkbar, daß er für genügend große Zeiten der Null beliebig nahe käme. Der zweite Hilfssatz besagt, daß die Geschwindigkeit desjenigen Massenpunktes, der jeweils der kleinsten Dreiecksseite gegenüberliegt, für alle Zeiten unterhalb einer Schranke $\varkappa$ bleibt. Bisher haben wir nur festgestellt, daß diese Geschwindigkeit stets endlich ist. Die Größen

$\vartheta, \varkappa$ werden sich als Funktionen der Anfangswerte und der Massen ergeben.

Schließlich wollen wir uns jetzt noch eine Übersicht über die Gesamtheit aller Kollisionsbahnen unter allen möglichen Bahnen des Dreikörperproblems verschaffen. Für eine Kollisionsbahn sei $t = t_1$ der Zeitpunkt des Zusammenstoßes zweier Massen, etwa von P_1 und P_3. Wir führen wieder die regularisierende Transformation durch und bezeichnen wie früher die transformierten Koordinaten mit ξ_k, η_k $(k = 1, \ldots, 6)$ und s, wobei also s noch durch (7; 12) zu erklären ist und die Kollision für $s = s_1$ erfolgt. Es sind dann die zwölf Koordinaten ξ_k, η_k in der Umgebung von s_1 reguläre Funktionen von s, und zufolge (8), (9) gilt

$$(18) \qquad \xi(s_1) = \frac{2(m_1 m_3)^2}{m_1 + m_3}, \qquad \eta_k(s_1) = 0 \qquad (k = 1, 2, 3)$$

mit $\xi = (\xi_1^2 + \xi_2^2 + \xi_3^2)^{\frac{1}{2}}$. Umgekehrt gebe man zwölf reelle Anfangswerte $\xi_k(s_1), \eta_k(s_1)$ $(k = 1, \ldots, 6)$ bei $s = s_1$ so vor, daß (18) erfüllt ist. Man wähle also diese Werte für die Indizes $k = 4, 5, 6$ beliebig, $\eta_1(s_1) = \eta_2(s_1) = \eta_3(s_1) = 0$ und $\xi_1(s_1), \xi_2(s_1), \xi_3(s_1)$ mit der durch (18) fest vorgeschriebenen Quadratsumme. Die durch (7) gegebene HAMILTONsche Funktion F verschwindet für diese Anfangswerte und bleibt also auf der zugehörigen Lösung des Systems (1) dauernd gleich 0. Geht man mittels der inversen Transformation zu den ursprünglichen Koordinaten $q_k, \dot{q}_k$ $(k = 1, \ldots, 9)$ über, so gewinnt man eine Kollisionslösung, für welche die Energiekonstante den in F als linearer Parameter auftretenden Wert h hat. Wegen der vier analytischen Bedingungen (18) für die zwölf Anfangswerte ξ_k, η_k $(k = 1, \ldots, 6)$ und dem willkürlichen Parameter h hängen daher die Koordinaten auf den Kollisionsbahnen von neun Parametern und der Zeit t ab, also insgesamt von zehn unabhängigen Parametern. Es ist eine leichte Folge des Existenzsatzes von CAUCHY, daß die Lösungen analytisch von den Parametern abhängen. Läßt man noch die sonst gemachte Annahme fallen, daß der Schwerpunkt im Ursprung ruht, so gewinnt man noch sechs weitere Parameter. Daher erfüllen die Kollisionsbahnen im achtzehndimensionalen Raum der $q_k, \dot{q}_k$ $(k = 1, \ldots, 9)$ eine sechzehndimensionale analytische Mannigfaltigkeit. Es ist zu beachten, daß man zwei weitere solche Mannigfaltigkeiten bekommt, wenn man die Kollisionen der beiden anderen Punktepaare untersucht. Über die Gestalt dieser drei Mannigfaltigkeiten im Großen ist nichts weiteres bekannt. Es ist denkbar, daß sie jedem Punkt im achtzehndimensionalen Raume beliebig nahe kommen. Doch kann man wenigstens noch den Schluß ziehen, daß das LEBESGUESche Maß der Menge aller Kollisionsbahnen im Raume der $q, \dot{q}$ gleich 0 ist. Insbesondere sind also die Kollisionsbahnen ohne Bedeutung für die Ergodentheorie, da dort nur über Mengen positiven

Maßes Aussagen gemacht werden. Endlich sei noch bemerkt, daß die bisher ausgeschlossenen Dreierstoßbahnen auch vom Maße 0 sind; denn sie liegen sämtlich auf der sechzehndimensionalen algebraischen Mannigfaltigkeit, die durch Nullsetzen der auf Ruhelage des Schwerpunktes bezogenen drei Flächenintegrale definiert wird.

§ 9. Abschätzung des Dreiecksumfanges.

Wir setzen wieder voraus, daß der Schwerpunkt P_0 im Nullpunkt ruht. In diesem Paragraphen handelt es sich um den Beweis des ersten SUNDMANschen Hilfssatzes:

Sind die drei Flächenkonstanten nicht alle 0, so bleibt der Umfang des von den drei Körpern gebildeten Dreiecks für alle Zeiten oberhalb einer positiven Konstanten.

Die Koordinaten des Massenpunktes P_k bezeichnen wir wie ursprünglich wieder mit x_k, y_k, z_k und benutzen dafür auch wie in § 5 die Abkürzungen q_k oder q. Bedeutet ϱ_k den Abstand zwischen P_k und P_0, so genügt es zu zeigen, daß die Größe

$$I = \sum_q m q^2 = \sum_{k=1}^{3} m_k \varrho_k^2$$

dauernd oberhalb einer positiven Konstanten bleibt. Denn da der Schwerpunkt innerhalb des betrachteten Dreiecks liegt, so gilt $\varrho_1 + \varrho_2 \leq r_{13} + r_{23}$ und die beiden hieraus durch zyklische Vertauschung entstehenden Ungleichungen, woraus durch Addition für den Umfang $r_{12} + r_{23} + r_{31} = \sigma$ die untere Abschätzung $\varrho_1 + \varrho_2 + \varrho_3 \leq \sigma$ folgt. Aus der Dreiecksungleichung $r_{12} \leq \varrho_1 + \varrho_2$ folgt entsprechend die obere Abschätzung $\sigma \leq 2(\varrho_1 + \varrho_2 + \varrho_3)$. Bedeutet μ die größte der drei Massen m_k, so ist also einerseits

$$(1) \qquad\qquad I \leq \mu \sum_{k=1}^{3} \varrho_k^2 \leq \mu \sigma^2,$$

während andererseits aus der SCHWARZschen Ungleichung

$$(2) \qquad \frac{\sigma^2}{4} \leq \left(\sum_{k=1}^{3} \varrho_k\right)^2 = \left(\sum_{k=1}^{3} \left(m_k^{\frac{1}{2}} \varrho_k\right) m_k^{-\frac{1}{2}}\right)^2 \leq I \sum_{k=1}^{3} m_k^{-1}$$

folgt. Demnach liegt $I \sigma^{-2}$ zwischen zwei positiven Schranken, die nur von den Massen abhängen, und insbesondere genügt es für unseren Zweck, für I eine positive untere Schranke aufzustellen.

Wie bei dem früheren Nachweis des Nichtverschwindens von I gehen wir von den Formeln (6; 2), (6; 4) aus. Danach ist

$$(3) \qquad\qquad \frac{1}{2} \ddot{I} = T + h = U + 2h,$$

$$(4) \qquad\qquad 2IT \geq \frac{1}{4} \dot{I}^2 + \eta, \qquad \eta = \frac{\alpha^2 + \beta^2 + \gamma^2}{3} > 0,$$

wobei α, β, γ die Flächenkonstanten bedeuten. Durch Elimination von T folgt

(5) $$\ddot{I} - \frac{1}{4}\,\dot{I}^2\,I^{-1} - \eta\,I^{-1} - 2h \geq 0.$$

Multipliziert man die linke Seite mit $2\dot{I}I^{-\frac{1}{2}}$, so läßt sich der entstehende Ausdruck leicht über t integrieren. Das unbestimmte Integral wird

(6) $$L = (\dot{I}^2 + 4\eta)\,I^{-\frac{1}{2}} - 8h\,I^{\frac{1}{2}},$$

und zufolge (5) ist also L an einer Stelle t wachsend, wenn dort I wächst, und fallend, wenn I fällt. Hieraus wird sich eine untere Abschätzung von I ergeben. Wir wollen wieder den Wert irgendeiner Größe zur Zeit $t = \tau$ durch den Index τ andeuten und voraussetzen, daß für eine gegebene positive Zahl A die vier Ungleichungen

(7) $$I_\tau < A, \qquad U_\tau < A, \qquad |h| < A, \qquad \eta^{-1} < A$$

erfüllt sind. Es wird sich herausstellen, daß es eine nur von A und den Massen m_k abhängige positive Zahl $\Theta = \Theta(A, m)$ gibt, so daß $I > \Theta$ für alle reellen t gilt. Unsere Schlüsse würden auch eine explizite Angabe von Θ als Funktion von A und den m_k gestatten, doch soll die etwas umständliche Rechnung nicht durchgeführt werden. Zur Vereinfachung wollen wir mit $c_l = c_l(A, m)$ für $l = 1, \ldots, 58$ positive Größen bezeichnen, die nur von A, m_k abhängen und jedesmal in konstruktiver Weise erklärt sind; sie werden die Bedeutung von oberen Schranken haben. Zunächst ist offenbar

$$m_k m_l r_{klτ}^{-1} \leq U_\tau < A \qquad (k < l;\; k, l = 1, 2, 3),$$

also

$$r_{klτ} > c_1^{-1}$$

und nach (2) auch

$$I_\tau > c_2^{-1}.$$

Wir behandeln zuerst den einfacheren Fall $h \geq 0$. Nach (3) ist dann dauernd

$$\frac{1}{2}\ddot{I} = U + 2h > 0,$$

also I eine nach unten konvexe Funktion von t. Ist der Anfangswert $\dot{I}_\tau = 0$, so besitzt I bei $t = \tau$ ein absolutes Minimum, und $I \geq I_\tau > c_2^{-1}$ ist dann bereits eine Abschätzung der gewünschten Art. Indem wir gegebenenfalls noch t durch $-t$ ersetzen, können wir also für den restlichen Fall $\dot{I}_\tau < 0$ annehmen. Wir betrachten dann ein Intervall $\tau \leq t < t_1$, in dem die Funktion I monoton fällt. Dort ist dann auch die in (6) definierte Größe L monoton fallend, also wegen $h \geq 0$ auch der

Ausdruck $L + 8 h I^{\frac{1}{2}}$. Folglich gilt

$$(\dot{I}^2 + 4\eta)\, I^{-\frac{1}{2}} \leq (\dot{I}_\tau^2 + 4\eta)\, I_\tau^{-\frac{1}{2}} \qquad (\tau \leq t \leq t_1)$$

und erst recht

$$4\eta\, I^{-\frac{1}{2}} \leq (\dot{I}_\tau^2 + 4\eta)\, I_\tau^{-\frac{1}{2}}$$

(8)
$$I \geq I_\tau \left(1 + \frac{1}{4\eta}\, \dot{I}_\tau^2\right)^{-2}.$$

Da aber I nach unten konvex ist, so gilt die Abschätzung (8) für alle Zeiten. Nach (4) ist noch

$$\dot{I}_\tau^2 \leq 8 I_\tau T_\tau = 8 I_\tau (U_\tau + h) < 16 A^2,$$

übrigens auch im Falle $h < 0$, und es folgt nach (8) die Abschätzung

$$I \geq c_2^{-1}(1 + 4A^3)^{-2}, \qquad I > c_3^{-1}.$$

Damit ist der Fall $h \geq 0$ bereits erledigt.

Im Falle $h < 0$ läßt sich nicht so einfach eine Abschätzung angeben, da dann I nicht nach unten konvex zu sein braucht und unendlich viele Extrema haben könnte. Wir setzen noch $k = -2h$ und beschränken uns wieder auf die Abschätzung von I für $t \geq \tau$. Ist $\dot{I} \geq 0$ für alle $t \geq \tau$, so ist dort auch $I \geq I_\tau > c_2^{-1}$. Wir brauchen also weiterhin nur den Fall zu untersuchen, daß irgendwo für $t > \tau$ die Funktion $\dot{I} < 0$ ist. Es sei nun $\tau \leq t_0 < t_1$ und I im ganzen Intervall $t_0 < t < t_1$ monoton fallend. Dann ist aber auch die Funktion L dort monoton fallend und speziell

(9) $(\dot{I}^2 + 4\eta)\, I^{-\frac{1}{2}} + 4k\, I^{\frac{1}{2}} \leq (\dot{I}_0^2 + 4\eta)\, I_0^{-\frac{1}{2}} + 4k\, I_0^{\frac{1}{2}} \qquad (t_0 \leq t \leq t_1),$

wenn durch den Index 0 der Wert der betreffenden Funktion für $t = t_0$ angedeutet wird. Wegen $k > 0$ gilt erst recht

$$4\eta\, I^{-\frac{1}{2}} \leq (\dot{I}_0^2 + 4\eta)\, I_0^{-\frac{1}{2}} + 4k\, I_0^{\frac{1}{2}}$$

(10)
$$I \geq I_0 \left(1 + \frac{k}{\eta} I_0 + \frac{1}{4\eta}\, \dot{I}_0^2\right)^{-2} \qquad (t_0 \leq t \leq t_1).$$

Nun wähle man bei festgehaltenem t_1 die untere Intervallgrenze t_0 möglichst klein. Dann ist entweder $t_0 = \tau$ und folglich

(11) $I \geq c_2^{-1}\left(1 + \frac{k}{\eta} A + \frac{4}{\eta} A^2\right)^{-2}, \qquad I > c_4^{-1} \qquad (\tau \leq t \leq t_1)$

oder aber $t_0 > \tau$ und t_0 ein Maximum von I. Im letzteren Falle ist $\dot{I}_0 = 0$, und nach (9) folgt

(12) $\eta\, I^{-\frac{1}{2}} + k\, I^{\frac{1}{2}} \leq \eta\, I_0^{-\frac{1}{2}} + k\, I_0^{\frac{1}{2}} \qquad (t_0 \leq t \leq t_1).$

Dabei wird also vorausgesetzt, daß I im Intervall monoton fällt.

Die letzte Ungleichung liefert für I eine untere Abschätzung, die sich leicht aus den Eigenschaften der Funktion

$$f(x) = \eta\, x^{-\frac{1}{2}} + k\, x^{\frac{1}{2}} \qquad (x > 0)$$

ergibt. Diese Funktion geht in sich über, wenn man x durch $\left(\frac{\eta}{k}\right)^2 x^{-1}$ ersetzt, und sie hat für positive x genau ein Extremum, nämlich das Minimum bei $x = \frac{\eta}{k}$. Im Intervall $0 < x < \frac{\eta}{k}$ ist sie im engeren Sinne monoton fallend. Für $t_0 < t \leq t_1$ ist nun $I < I_0$ und nach (12) auch $f(I) \leq f(I_0)$, also ist gewiß $I_0 > \frac{\eta}{k}$. Andererseits ist $f(x) = f(I_0)$ für $x = \left(\frac{\eta}{k}\right)^2 I_0^{-1} < \frac{\eta}{k}$, also $f(x) > f(I_0)$ für $x < \left(\frac{\eta}{k}\right)^2 I_0^{-1}$ und demnach

$$I \geq \left(\frac{\eta}{k}\right)^2 I_0^{-1} \qquad (t_0 \leq t \leq t_1).$$

Ist dabei $I_0 \leq k^{-2}$, so folgt

$$(13) \qquad I \geq \eta^2 > A^{-2} \qquad (t_0 \leq t \leq t_1).$$

Es bleibt der Fall $I_0 > k^{-2}$ zu behandeln. Entweder ist dann bereits dauernd

$$(14) \qquad I \geq k^{-2} = (2h)^{-2} > (2A)^{-2} \qquad (t_0 \leq t \leq t_1),$$

oder es gibt im Intervall ein $t = t_2 < t_1$ mit $I = I_2 = k^{-2}$. Bei letzterer Annahme wird dann

$$(15) \qquad I > (2A)^{-2} \qquad (t_0 \leq t \leq t_2),$$

während man für das restliche Intervall $t_2 \leq t \leq t_1$ die Ungleichung (10) mit $t_2, I_2, \dot{I}_2$ statt $t_0, I_0, \dot{I}_0$ anwenden kann und dort

$$(16) \qquad I \geq \left(k + \eta^{-1} + \frac{k}{4\eta}\, \dot{I}_2^2\right)^{-2} \qquad (t_2 \leq t \leq t_1)$$

erhält. Wir werden nachher die Abschätzung

$$(17) \qquad \dot{I}_2^2 < c_5\, k^{-1} \qquad (I_2 = k^{-2},\ \dot{I}_2 < 0)$$

beweisen. Ist dies gezeigt, so lassen sich (13), (14), (15), (16) zu der einen Ungleichung

$$(18) \qquad I > c_6^{-1} \qquad (t_0 \leq t \leq t_1)$$

vereinen. Dabei ist I bei t_0 ein Maximum, und im Intervall $t_0 \leq t \leq t_1$ fällt I monoton. Nun betrachten wir folgende drei Möglichkeiten. Wenn I für $t > t_0$ dauernd fällt, so gilt (18) für alle $t \geq t_0$. Wenn I für $t > t_0$ irgendwo ein Minimum hat, so trete dies zuerst bei $t = t_1$ ein. Ist dann I für $t > t_1$ dauernd wachsend, so ist jedenfalls

$$I \geq I_1 > c_6^{-1} \qquad (t \geq t_1),$$

also wieder $I > c_6^{-1}$ für alle $t \geq t_0$. Ist aber I für $t > t_1$ nicht dauernd wachsend, so trete das erste Maximum bei $t = t_3$ auf, und dann ist

$$I \geq I_1 > c_6^{-1} \qquad (t_0 \leq t \leq t_3)$$

in dem Intervall zwischen zwei konsekutiven Maxima. Schließlich ist noch zu beachten, daß die Zeiten der einzelnen Maxima sich nicht im Endlichen häufen können, da sich sonst auch die Nullstellen von $\dot{I}(t)$ häufen würden; nach den bereits erhaltenen Ergebnissen über die analytische Fortsetzung der Lösungen des Dreikörperproblems müßte dann aber $\dot{I}(t)$ identisch verschwinden, und diese Möglichkeit ist bereits früher bei der Annahme $\dot{I} \geq 0$ $(t \geq \tau)$ diskutiert worden. Damit ist also offenbar die Abschätzung $I > c_6^{-1}$ für alle $t \geq t_0$ bewiesen, wenn t_0 die Zeit des ersten Maximums von I für $t > \tau$ bedeutet. Endlich sei $\tau \leq t \leq t_0$ oder, wenn I für $t > \tau$ überhaupt kein Maximum hat, $\tau \leq t$. Liegt dann im Innern dieses Intervalls kein Minimum, bzw. fällt nicht I dauernd, so ist dort trivialerweise $I \geq I_\tau > c_2^{-1}$. Im anderen Falle kann man (11) anwenden und erhält $I > c_4^{-1}$ für $\tau \leq t \leq t_0$, bzw. für $\tau \leq t$. Folglich ist tatsächlich $I > c_7^{-1}$ für alle $t \geq \tau$.

Es muß noch der Nachweis von (17) geführt werden, und dazu reicht die bisher benutzte Differentialungleichung (5) nicht aus; man muß die Funktion I noch etwas genauer untersuchen. Die kleinste Seite des zur Zeit t von den Massenpunkten gebildeten Dreiecks sei wieder $r_{13} = r$, und es bedeute ϱ den Abstand zwischen P_2 und dem Schwerpunkt P_0, der ja den Ursprung des Koordinatensystems bildet. Nach der Dreiecksungleichung ist dann

$$(19) \qquad \varrho < r + r_{23} \leq 2r_{23}, \qquad \varrho < r + r_{12} \leq 2r_{12}.$$

Umgekehrt läßt sich ϱ folgendermaßen nach unten durch die Dreiecksseiten r_{12}, r_{23} abschätzen. Setzt man $m_1 + m_2 + m_3 = M$, so folgt aus dem Schwerpunktssatz

$$(20) \qquad m_1 q_1 + m_2 q_2 + m_3 q_3 = 0$$

die Formel

$$M q_2 = m_1 (q_2 - q_1) + m_3 (q_2 - q_3).$$

Beachtet man noch, daß der Dreieckswinkel bei P_2 höchstens $\pi/3$ und sein Kosinus $\geq \frac{1}{2}$ ist, so ergibt sich

$$M^2 \varrho^2 \geq (m_1 r_{12})^2 + (m_3 r_{23})^2 + m_1 m_3 r_{12} r_{23} > \frac{1}{2} (m_1 r_{12} + m_3 r_{23})^2$$

$$(21) \qquad 2M \varrho > m_1 r_{12} + m_3 r_{23}.$$

Da r_{13} die kleinste Dreiecksseite ist, so gilt noch $\frac{1}{2} r_{12} \leq r_{23} \leq 2r_{12}$. Nach (19), (21) liegen also die Verhältnisse $r_{12}/\varrho, r_{23}/\varrho$ zwischen positiven Schranken, die nur von den Massen abhängen.

Nach dieser Hilfsbetrachtung wenden wir uns nun zur Abschätzung von $\dot{I}_2$. Subtrahiert man von

$$\frac{1}{2}\,\dot{I} = \sum_q m\,\dot{q}\,q = \sum_{k=1}^{3} m_k(\dot{x}_k\,x_k + \dot{y}_k\,y_k + \dot{z}_k\,z_k)$$

die aus dem Schwerpunktssatz folgende Gleichung

$$0 = \sum_{k=1}^{3} m_k(\dot{x}_k\,x_3 + \dot{y}_k\,y_3 + \dot{z}_k\,z_3),$$

so folgt

$$\frac{1}{2}\,\dot{I} = \sum_{k=1}^{2} m_k\{\dot{x}_k(x_k - x_3) + \dot{y}_k(y_k - y_3) + \dot{z}_k(z_k - z_3)\}$$

oder kürzer

(22) $$\frac{1}{2}\,\dot{I} = \sum_q \{m_1\,\dot{q}_1(q_1 - q_3) + m_2\,\dot{q}_2(q_2 - q_3)\}.$$

Hierin wollen wir noch $q_2 - q_3$ durch $q_1 - q_3$ und q_2 ausdrücken. Nach (20) ist

$$m_1(q_1 - q_3) + (m_1 + m_3)(q_3 - q_2) + (m_1 + m_2 + m_3)\,q_2 = 0$$

(23) $$q_2 - q_3 = \frac{m_1}{m_1 + m_3}\,(q_1 - q_3) + \frac{M}{m_1 + m_3}\,q_2,$$

wodurch (22) übergeht in

(24) $$\frac{1}{2}\,\dot{I} = \sum_q m_1\Big(\dot{q}_1 + \frac{m_2}{m_1 + m_3}\,\dot{q}_2\Big)(q_1 - q_3) + \frac{m_2 M}{m_1 + m_3}\sum_q \dot{q}_2 q_2.$$

Bedeutet nun v die größere der Geschwindigkeiten von P_1 und P_2, so ist nach der SCHWARZschen Ungleichung

(25) $$\Big|\sum_q m_1\Big(\dot{q}_1 + \frac{m_2}{m_1 + m_3}\,\dot{q}_2\Big)(q_1 - q_3)\Big| \leq \frac{m_1 M}{m_1 + m_3}\,v\,r.$$

Um die rechte Seite weiter abzuschätzen, benutzen wir $h < 0$, also

(26) $$T = U + h < U,$$

wonach offenbar

(27) $$r\,T \leq r\,U < c_8$$

ist. Hieraus folgt

$$r\,v^2 < c_9, \qquad r\,v \leq \sqrt{c_9\,r}.$$

Andererseits gilt wegen

$$0 \leq 2\,T = 2\,U - k$$

die untere Abschätzung

(28) $$2\,U \geq k,$$

woraus sich

$$r < c_{10}\,k^{-1}$$

ergibt. Daher ist

$$(29) \qquad r\,v < c_{11}\,k^{-\frac{1}{2}}.$$

Beachtet man noch

$$(30) \qquad \sum_q q_2^2 = \varrho^2, \qquad \sum_q \dot{q}_2 q_2 = \dot{\varrho}\,\varrho,$$

so folgt aus (24) nach (25), (29) die Differentialungleichung

$$(31) \qquad \left| \dot{I} - \frac{2\,m_2\,M}{m_1 + m_3}\,\varrho\,\dot{\varrho} \right| < c_{12}\,k^{-\frac{1}{2}}.$$

Zur Zeit $t = t_2$ war $I(t_2) = I_2 = k^{-2}$, $\dot{I}(t_2) = \dot{I}_2 < 0$. Es seien $\varrho_2, \dot{\varrho}_2$ die Werte von ϱ, $\dot{\varrho}$ für $t = t_2$. Können wir noch eine Abschätzung der Form

$$(32) \qquad - \varrho_2\,\dot{\varrho}_2 < c_{13}\,k^{-\frac{1}{2}}$$

beweisen, so folgt nach (31) die Ungleichung

$$0 < -\dot{I}_2 < c_{14}\,k^{-\frac{1}{2}},$$

also die Behauptung (17) mit $c_5 = c_{14}^2$.

Zu dem noch benötigten Nachweis von (32) stellen wir ähnlich wie früher für I eine Differentialungleichung für ϱ auf, deren Integration dann die gewünschte Abschätzung liefern wird. Aus (30) folgt durch nochmalige Differentiation

$$\sum_q (\ddot{q}_2 q_2 + \dot{q}_2^2) = \ddot{\varrho}\,\varrho + \dot{\varrho}^2,$$

also nach den Bewegungsgleichungen

$$(33) \qquad \ddot{\varrho}\,\varrho + \dot{\varrho}^2 = \sum_q q_2 \left(m_1 \frac{q_1 - q_2}{r_{12}^3} + m_3 \frac{q_3 - q_2}{r_{23}^3} \right) + v_2^2,$$

wenn v_2 die Geschwindigkeit von P_2 ist. Beachtet man, daß nach (21) der Abstand $\varrho > 0$ ist, so folgt aus (30) nach der SCHWARZschen Ungleichung

$$(34) \qquad \dot{\varrho}^2 = \left(\sum_q \dot{q}_2 \frac{q_2}{\varrho} \right)^2 \leq \sum_q \dot{q}_2^2 = v_2^2.$$

Für $k = 1, 3$ gilt ferner nach (19) die Abschätzung

$$(35) \qquad |q_k - q_2|\,r_{k2}^{-3} \leq r_{k2}^{-2} < 4\varrho^{-2},$$

außerdem ist $|q_2| \leq \varrho$, so daß sich aus (33), (34), (35) die Differentialungleichung

$$(36) \qquad \ddot{\varrho} > -c_{15}\,\varrho^{-2}$$

ergibt.

Zum Nachweis von (32) genügt es, den Fall $\dot{\varrho}_2 < 0$ zu behandeln. Wir wählen ein genügend kleines Intervall $t_4 \leq t \leq t_2$, so daß dort überall sowohl $\dot{\varrho} < 0$ als auch r_{13} kleinste Dreiecksseite ist. Nach (36) ist dann

$$2\dot{\varrho}\ddot{\varrho} < -2c_{15}\dot{\varrho}\varrho^{-2} \qquad (t_4 \leq t \leq t_2),$$

woraus durch Integration

$$\dot{\varrho}_2^2 - 2c_{15}\varrho_2^{-1} \leq \dot{\varrho}^2 - 2c_{15}\varrho^{-1} \qquad (t_4 \leq t \leq t_2)$$

folgt, also erst recht

$$\dot{\varrho}_2^2 < \dot{\varrho}_4^2 + 2c_{15}\varrho_2^{-1}$$

mit $\dot{\varrho}_4 = \dot{\varrho}(t_4)$, und wegen $\varrho_2 \leq \varrho_4 = \varrho(t_4)$ auch

$$(\varrho_2\dot{\varrho}_2)^2 < (\varrho_4\dot{\varrho}_4)^2 + 2c_{15}\varrho_2.$$

Hierin steht links gerade der Ausdruck, den wir zum Beweis von (32) brauchen. Rechts ist der zweite Summand leicht in gewünschter Weise abzuschätzen, denn nach der Definition von I ist

$$I > m_2\varrho^2, \qquad \varrho_2 < c_{16}I_2^{\frac{1}{2}} = c_{16}k^{-1}.$$

Zur Untersuchung des ersten Summanden machen wir noch eine Fallunterscheidung. Erstens betrachten wir den Fall, daß für t_4 der früher eingeführte Wert t_0 zulässig ist, in welchem I ein Maximum annimmt. Wegen $\dot{I}_0 = 0$ wird dann nach (31) der Ausdruck

$$(37) \qquad (\varrho_4\dot{\varrho}_4)^2 < c_{17}k^{-1}.$$

Zweitens sei $t_4 = t_0$ nicht zulässig, und dann werde t_4 möglichst klein gewählt. Also ist $t_0 < t_4 \leq t_2$, und in t_4 ist entweder $\dot{\varrho} = \dot{\varrho}_4 = 0$, oder aber r_{13} hört daselbst bei weiter fallendem t auf, die kleinste Dreiecksseite zu sein. Für $\dot{\varrho}_4 = 0$ ist (37) trivialerweise auch erfüllt. Im restlichen Fall ist für $t = t_4$ noch eine weitere Dreiecksseite gleich r. Nach der Dreiecksungleichung ist dann $r_{k2} \leq 2r$ ($k = 1, 3$) für $t = t_4$, und da andererseits ϱ/r_{k2} unterhalb einer nur von den Massen abhängigen Schranke liegt, so gilt dies auch für das Verhältnis ϱ/r bei $t = t_4$. Nach (27) ist also dort $\varrho U < c_{18}$, und nach (26), (28), (34) ergibt sich

$$(\varrho\dot{\varrho})^2 \leq (\varrho v_2)^2 \leq c_{19}\varrho^2 T < c_{19}\varrho^2 U < c_{20}U^{-1} \leq 2c_{20}k^{-1} \qquad (t = t_4).$$

Hieraus folgt nun (32) in allen zu betrachtenden Fällen, und damit ist der Beweis des ersten SUNDMANschen Hilfssatzes beendet.

Wegen (1) haben wir die Abschätzung

$$(38) \qquad \sigma > c_{21}^{-1}$$

bewiesen. Aus der Herleitung ist ersichtlich, daß man auch einen expliziten Ausdruck für c_{21} als Funktion von A und den m_k finden kann. Eine entsprechende Rechnung hat SUNDMAN durchgeführt.

§10. Abschätzung der Geschwindigkeit.

Es sei der Schwerpunkt P_0 im Nullpunkt gelegen. Der zweite SUNDMANsche Hilfssatz lautet:

Sind die drei Flächenkonstanten nicht alle 0, so bleibt die Geschwindigkeit desjenigen Massenpunktes, der jeweils der kleinsten Dreiecksseite gegenüberliegt, für alle Zeiten unterhalb einer endlichen Konstanten.

Zum Beweise werden wir den ersten Hilfssatz heranziehen und dann ziemlich einfach ans Ziel kommen. Zufolge (9; 38) ist der Dreiecksumfang

$$(1) \qquad r_{12} + r_{23} + r_{31} > c_{21}{}^{1} > 0$$

für alle Zeiten. Ist dann zur Zeit t die kleinste Dreiecksseite

$$r \gtreqless \frac{1}{4}\, c_{21}^{-1},$$

so ist offenbar $T = U + h < c_{22}$; also sind sogar alle Geschwindigkeiten zu dieser Zeit kleiner als c_{23}. Daher können wir uns weiterhin auf den Fall

$$(2) \qquad r < \frac{1}{4}\, c_{21}^{-1}$$

beschränken.

Es sei wieder $r_{13} = r$ die kleinste Dreiecksseite und $v_2 = v$ die Geschwindigkeit von P_2. Wir benötigen jetzt neben (9; 36) auch eine Ungleichung im entgegengesetzten Sinne und müssen deshalb das Entsprechende für (9; 34) erreichen. Nach (9; 30) ist

$$(3) \quad \begin{cases} \varrho^2(v^2 - \dot{\varrho}^2) = \sum_q q_2^2 \sum_q \dot{q}_2^2 - \left(\sum_q q_2 \dot{q}_2\right)^2 \\ \qquad = (x_2 \dot{y}_2 - y_2 \dot{x}_2)^2 + (y_2 \dot{z}_2 - z_2 \dot{y}_2)^2 + (z_2 \dot{x}_2 - x_2 \dot{z}_2)^2. \end{cases}$$

Zur Abschätzung dieses Ausdrucks hat man die Flächenintegrale heranzuziehen. Indem wir zur Umformung von

$$(4) \qquad \gamma = \sum_{k=1}^{3} m_k (x_k \dot{y}_k - y_k \dot{x}_k)$$

noch die Schwerpunktsintegrale verwenden, bekommen wir zunächst

$$\gamma = \sum_{k=1}^{2} m_k \{(x_k - x_3)\, \dot{y}_k - (y_k - y_3)\, \dot{x}_k\}$$

und hieraus, wenn wir $x_2 - x_3$, $y_2 - y_3$ nach (9; 23) eliminieren,

$$(5) \quad \begin{cases} \gamma = m_1 \left\{(x_1 - x_3)\left(\dot{y}_1 + \dfrac{m_2}{m_1 + m_3}\, \dot{y}_2\right) - (y_1 - y_3)\left(\dot{x}_1 + \dfrac{m_2}{m_1 + m_3}\, \dot{x}_2\right)\right\} + \\ \qquad + \dfrac{m_2 M}{m_1 + m_3}\, (x_2 \dot{y}_2 - y_2 \dot{x}_2). \end{cases}$$

Der erste Summand rechts ist absolut kleiner als

$$c_{24} r T^{\frac{1}{2}} \leq c_{24} r \left(U + |h|\right)^{\frac{1}{2}} \leq c_{24} r U^{\frac{1}{2}} + c_{24} r |h|^{\frac{1}{2}} < c_{24} r U^{\frac{1}{2}} + c_{25},$$

und wegen $r U < c_8$ ist auch

$$r^2 U < c_{26}.$$

Indem wir in (4) rechts die Anfangswerte eintragen, finden wir nach der SCHWARZschen Ungleichung

$$\gamma^2 \leq 2 I_\tau T_\tau \leq 2 I_\tau \left(U_\tau + |h|\right) < 4 A^2.$$

Daher ergibt (5) die Abschätzung

$$\left| x_2 \dot{y}_2 - y_2 \dot{x}_2 \right| < c_{27}$$

und zwei entsprechende Ungleichungen bei zyklischer Vertauschung von x, y, z. Aus (3) folgt jetzt

$$0 \leq v^2 - \dot{\varrho}^2 < c_{28} \varrho^{-2}.$$

Nun sind die Quotienten $r_{12}/\varrho, r_{23}/\varrho$ beschränkt, und andererseits folgt aus der Dreiecksungleichung nach (1), (2), daß $r_{12}^{-1} < 4 c_{21}$, $r_{23}^{-1} < 4 c_{21}$ gilt. Also ist auch

(6)
$$\varrho^{-1} < c_{29}$$

und folglich

(7)
$$0 \leq v^2 - \dot{\varrho}^2 < c_{30} \varrho^{-1}.$$

In der Differentialgleichung (9; 33) schätzen wir den absoluten Betrag des ersten Gliedes rechts wie früher durch $c_{31} \varrho^{-1}$ nach oben ab und erhalten dann mit (7) die Ungleichung

(8)
$$|\ddot{\varrho}| < c_{32} \varrho^{-2},$$

welche für den vorliegenden Fall an Stelle von (9; 36) eine beiderseitige Abschätzung von $\ddot{\varrho}$ liefert.

Aus (8) wird sich nun das gewünschte Resultat durch Integration ergeben. Es genügt wieder, den Fall $t \geq \tau$ zu betrachten. Ist zur Zeit t die Ableitung $\dot{\varrho} = 0$, so folgt aus (6), (7) bereits $v^2 < c_{30} c_{29}$. Es sei also $\dot{\varrho} \neq 0$. Dann schließen wir den betrachteten Zeitpunkt in ein Intervall $t_1 < t < t_2$ ein, so daß dort durchweg (2) gilt und $\dot{\varrho}$ nicht verschwindet. In diesem Intervall bleibt dann $r_{13} = r$ die kleinste Dreiecksseite. Aus (8) folgt nun

$$\left| 2 \dot{\varrho} \ddot{\varrho} \right| < 2 c_{32} |\dot{\varrho}| \varrho^{-2} \qquad (t_1 < t < t_2),$$

also, da $\dot{\varrho}$ im Intervall dauernd das gleiche Vorzeichen besitzt,

$$\left| \dot{\varrho}^2 - \dot{\varrho}_1^2 \right| < 2 c_{32} \left| \varrho^{-1} - \varrho_1^{-1} \right|$$

mit $\varrho_1 = \varrho(t_1)$, $\dot{\varrho}_1 = \dot{\varrho}(t_1)$. Nach (6) ist daher

$$(9) \qquad \dot{\varrho}^2 < \dot{\varrho}_1^2 + 2 c_{32} c_{29}.$$

Jetzt werde t_1 unter der weiteren Bedingung $t_1 \geqq \tau$ möglichst klein gewählt. Wird dabei $t_1 = \tau$, so ist nach (7) der Wert

$$(10) \qquad \dot{\varrho}_1^2 \leqq v_\tau^2 \leqq 2 m_2^{-1} T_\tau < c_{33}.$$

Wird dagegen $t_1 > \tau$, so ist entweder $\dot{\varrho}_1 = 0$ oder aber

$$r = \frac{1}{4} c_{21}^{-1} \qquad (t = t_1).$$

Im ersten Falle gilt trivialerweise ebenfalls (10). Im zweiten Falle ist

$$U < c_{34}, \qquad T = U + h < c_{35} \qquad (t = t_1)$$

und wieder

$$(11) \qquad \dot{\varrho}_1^2 < c_{36}.$$

Aus (6), (7), (9), (10), (11) folgt also in jedem Falle $v^2 < c_{37}$, womit die Behauptung vollständig bewiesen ist. Genauer hat sich die Abschätzung

$$(12) \qquad v < c_{38}$$

ergeben, in welcher sich c_{38} explizit durch A und die Massen ausdrücken läßt.

§11. Der SUNDMANsche Satz.

Unter Benutzung der beiden SUNDMANschen Hilfssätze wenden wir uns nun zur Untersuchung der Koordinaten q_k ($k = 1, \ldots, 9$) im Dreikörperproblem als Funktionen der bereits in (8; 17) angegebenen neuen unabhängigen Variabeln

$$(1) \qquad s = \int_\tau^t (U + 1)\, dt.$$

Bedeutet h den Wert der Energiekonstanten für die betrachtete Lösung, so setzen wir jetzt abweichend von der in (7; 15) gegebenen Definition

$$(2) \qquad F = \frac{T - U - h}{U + 1} = \frac{T - h + 1}{U + 1} - 1.$$

Analog dem Übergang von (7; 6) zu (7; 16) erhalten wir aus den Bewegungsgleichungen (7; 2) das HAMILTONsche System

$$(3) \qquad q_k' = F_{p_k}, \qquad p_k' = -F_{q_k} \qquad (k = 1, \ldots, 9),$$

wobei der Strich die Differentiation nach s ausdrückt und noch

$$(4) \qquad t' = (U + 1)^{-1}$$

ist. Die Funktion F hat auf der betrachteten Lösung den konstanten Wert 0. Wir wollen nun als dritten Hilfssatz folgende Aussage beweisen:

Sind für die Anfangswerte die Ungleichungen (9; 7) erfüllt, so gibt es eine positive nur von A und den Massen abhängige Größe $\delta = \delta(A, m)$ derart, daß die Koordinaten q und die Abstände der drei Körper sowie die Zeit t im Streifen $-\delta < \nu < \delta$ der komplexen s-Ebene reguläre analytische Funktionen von $s = \sigma + i\nu$ sind.

Zum Beweise werden wir wieder den Existenzsatz von CAUCHY heranziehen. Wir hatten bereits die betrachtete Lösung für alle endlichen reellen Zeiten analytisch fortgesetzt und erwähnt, daß dabei vermöge (1) der réellen t-Achse die reelle s-Achse entspricht. Es sei $s = s_1$ ein beliebiger reeller Wert. Dann haben wir also zu zeigen, daß q_k ($k = 1, \ldots, 9$), $r_{\varkappa\lambda}$ ($1 \le \varkappa < \lambda \le 3$) und t im Kreis $|s - s_1| < \delta$ regulär sind, wobei δ nicht von s_1 abhängt, sondern nur von A und den Massen. In diesem Paragraphen wollen wir durch den Index 1 auch die Werte der betreffenden Funktionen bei $s = s_1$ bezeichnen. Wir führen noch eine reelle Zahl $B \ge A + 1$ ein, die später genau fixiert werden wird, und unterscheiden weiterhin zwei Fälle.

Zunächst sei für $s = s_1$ der Wert $U = U_1 \le B$. Zur Anwendung des Existenzsatzes auf (3), (4) genügt es, eine nur von B und den Massen abhängige positive Zahl b zu finden, so daß in der komplexen Umgebung

$$|q_k - q_{k1}| < b, \quad |p_k - p_{k1}| < b \qquad (k = 1, \ldots, 9)$$

die Funktionen F und $(U + 1)^{-1}$ in den q_k, p_k regulär sind und ihre absoluten Werte dort unter einer nur von B und den Massen abhängigen Schranke bleiben. Wegen (2) braucht man das nur für T und $(U + 1)^{-1}$ zu zeigen. Wir verstehen weiterhin unter $b_1, \ldots, b_5$ geeignet gewählte positive Zahlen, die nur von B und den Massen abhängen. Für $s = s_1$ ist

$$T = T_1 = U_1 + h < B + A < 2B,$$

und ein Blick auf (7; 1) zeigt, daß in der komplexen Umgebung

(5) $$|p_k - p_{k1}| < 1 \qquad (k = 1, \ldots, 9)$$

eine Abschätzung der Form $|T| < b_1$ gilt, wobei die Regularität von T trivial ist. Wir wenden uns nun zur entsprechenden Untersuchung von $(U + 1)^{-1}$ und wollen zunächst eine solche Umgebung der q_{k1} bestimmen, daß dort sicher $|U + 1| > \frac{1}{4}$ bleibt. Hierzu genügt es, dort $|U - U_1| < \frac{3}{4}$ zu machen, denn dann folgt

$$|U + 1| \ge (U_1 + 1) - |U_1 - U| > \frac{1}{4}.$$

Bezeichnet μ die kleinste und m die größte der Massen m_k ($k = 1, 2, 3$), so genügt es zufolge (5; 2), eine solche Umgebung der q_{k1} zu finden, in welcher die drei Bedingungen

(6) $$\left| \frac{r_{\varkappa\lambda 1}}{r_{\varkappa\lambda}} - 1 \right| < \frac{\mu^2}{4m^2 B} = b_2 \qquad (1 \le \varkappa < \lambda \le 3)$$

erfüllt sind; wegen

(7)
$$\frac{\mu^2}{r_{\varkappa\lambda 1}} < U_1 \leqq B$$

ist dann nämlich

(8)
$$\left| \frac{1}{r_{\varkappa\lambda}} - \frac{1}{r_{\varkappa\lambda 1}} \right| = \frac{1}{r_{\varkappa\lambda 1}} \left| \frac{r_{\varkappa\lambda 1}}{r_{\varkappa\lambda}} - 1 \right| < B \mu^{-2} \frac{\mu^2}{4 m^2 B} = \frac{1}{4 m^2}$$

$$|U - U_1| = \left| \sum_{\varkappa < \lambda} m_\varkappa m_\lambda \left(\frac{1}{r_{\varkappa\lambda}} - \frac{1}{r_{\varkappa\lambda 1}} \right) \right| < 3 m^2 \frac{1}{4 m^2} = \frac{3}{4}.$$

Nun ist der Ausdruck $(u^2 + v^2 + w^2)^{-\frac{1}{2}} - 1$ als Funktion der drei komplexen Variabeln u, v, w in allen Punkten der reellen Kugelfläche $u_1^2 + v_1^2 + w_1^2 = 1$ regulär und hat dort den Wert 0. Er ist also absolut kleiner als b_2 in einer geeigneten komplexen Umgebung

$$|u - u_1| < b_3, \qquad |v - v_1| < b_3, \qquad |w - w_1| < b_3.$$

Setzt man

$$u = \frac{x_\varkappa - x_\lambda}{r_{\varkappa\lambda 1}}, \qquad v = \frac{y_\varkappa - y_\lambda}{r_{\varkappa\lambda 1}}, \qquad w = \frac{z_\varkappa - z_\lambda}{r_{\varkappa\lambda 1}}$$

mit der ursprünglichen Bedeutung der x, y, z als kartesische Koordinaten, so folgt (6) für

$$\frac{|q_k - q_{k1}|}{r_{\varkappa\lambda 1}} < \frac{b_3}{2} \qquad (k = 1, \ldots, 9),$$

also nach (7) sicherlich für

(9)
$$|q_k - q_{k1}| < \frac{b_3 \mu^2}{2 B} = b_4 \qquad (k = 1, \ldots, 9).$$

In dieser Umgebung ist dann $(U + 1)^{-1}$ absolut kleiner als 4 und regulär, wie in Verbindung mit (8) folgt. Wegen (5), (9) leistet $b = \mathrm{Min}\,(1, b_4)$ das Verlangte. Nach dem Existenzsatz von CAUCHY folgt nunmehr die Regularität von q_k, p_k, t für $|s - s_1| < b_5$.

Jetzt ist der Fall $U_1 > B$ zu diskutieren. Dies umfaßt speziell den Fall einer Kollision, da dann U_1 unendlich ist. Es sei für $s = s_1$ wieder r_{13} die kleinste Dreiecksseite. Durch die kanonischen Transformationen (7; 4), (7; 5) und (7; 30), (7; 33) führen wir an Stelle der q_k, p_k die neuen Variabeln ξ_k, η_k $(k = 1, \ldots, 6)$ ein. Dadurch geht das HAMILTON-sche System (3) über in

(10)
$$\xi_k' = F_{\eta_k}, \qquad \eta_k' = -F_{\xi_k} \qquad (k = 1, \ldots, 6),$$

wobei die in (2) definierte Funktion F jetzt gemäß den Transformationsgleichungen durch die ξ_k, η_k auszudrücken ist. Mit der früheren Bezeichnung

$$\xi^2 = \xi_1^2 + \xi_2^2 + \xi_3^2, \qquad \eta^2 = \eta_1^2 + \eta_2^2 + \eta_3^2$$

gilt dann für die Seite $r_{13} = x$ nach $(7; 29)$ wieder $x = \xi \eta^2$. Indem wir noch mit x erweitern, bekommen wir

$$(11) \qquad F = \frac{x\,T + (1 - h)\,x}{x\,U + x} - 1, \qquad \frac{1}{U + 1} = \frac{x}{x\,U + x}.$$

Zwecks Anwendung des Existenzsatzes auf (10), (4) müssen wir nunmehr die drei Funktionen x, $x\,T$, $(x\,U + x)^{-1}$ der zwölf unabhängigen Variabeln ξ_k, η_k $(k = 1, \ldots, 6)$ in einer genügend kleinen komplexen Umgebung von ξ_{k1}, η_{k1} näher betrachten. Zunächst werden wir x und $x\,T$ untersuchen.

Wegen $U_1 > B$ ist $3\,m^2 x^{-1} > B$ bei $s = s_1$, also

$$(12) \qquad x < \frac{3\,m^2}{B} \qquad (s = s_1).$$

Da wir vorausgesetzt haben, daß für die Anfangswerte die Ungleichungen $(9; 7)$ erfüllt sind, so gilt $(9; 38)$. Weiterhin sei nun

$$(13) \qquad B \geqq 12\,m^2 c_{21}.$$

Dann ist erst recht

$$(x)_1 < \frac{1}{4}\,c_{21}^{-1},$$

also für die beiden anderen Seiten

$$(14) \qquad r_{121}^{-1} < 4\,c_{21}, \qquad r_{231}^{-1} < 4\,c_{21}.$$

Aus

$$x\,T = x\,(U + h) = m_1 m_3 + m_1 m_2 \frac{x}{r_{12}} + m_2 m_3 \frac{x}{r_{23}} + h\,x$$

folgt dann

$$(15) \qquad |(x\,T)_1 - m_1 m_3| < \frac{c_{39}}{B} < c_{39}$$

und nach $(8; 2)$ weiter

$$(16) \qquad (\xi)_1 < c_{40}.$$

Wegen $(7; 5)$ gilt für die Geschwindigkeit v von P_2 die Beziehung

$$(m_2 v)^2 = y_4^2 + y_5^2 + y_6^2 = \eta_4^2 + \eta_5^2 + \eta_6^2,$$

woraus sich zufolge $(10; 12)$ die Abschätzung

$$(17) \qquad (\eta_4^2 + \eta_5^2 + \eta_6^2)_1 < c_{41}$$

ergibt. Ferner ist noch

$$\xi \eta = (\xi \eta^2)^{\frac{1}{2}}\,\xi^{\frac{1}{2}} = x^{\frac{1}{2}}\,\xi^{\frac{1}{2}},$$

und mit (12), (16) erhält man

$$(18) \qquad (\xi \eta)_1 < c_{42}\,B^{-\frac{1}{2}}.$$

Aus $(8;2)$, (17), (18) folgt weiter

$$\left|(xT)_1 - \frac{1}{2}\left(m_1^{-1} + m_3^{-1}\right)(\xi)_1\right| < c_{43}\,B^{-\frac{1}{2}}$$

und nach (15) schließlich

$$\left|(\xi)_1 - \frac{2\,(m_1\,m_3)^2}{m_1 + m_3}\right| < c_{44}\,B^{-\frac{1}{2}}.$$

Wir setzen wieder

$$\frac{2\,(m_1\,m_3)^2}{m_1 + m_3} = c$$

und unterwerfen weiterhin B der Bedingung

$$(19) \qquad\qquad 4\,c_{44}\,B^{-\frac{1}{2}} \leq c.$$

Dann ist also

$$(20) \qquad\qquad \frac{3}{4}\,c < (\xi)_1 < \frac{5}{4}\,c,$$

und aus $\xi\eta^2 = x$ folgt noch

$$(21) \qquad\qquad (\eta_1^2 + \eta_2^2 + \eta_3^2)_1 = (\eta^2)_1 < \frac{4\,m^2}{c\,B} < c_{45}.$$

In der komplexen Umgebung

$$(22) \qquad\qquad |\xi_k - \xi_{k1}| < \frac{c}{10} \qquad (k = 1, 2, 3)$$

wird nun

$$\left|\xi^2 - (\xi^2)_1\right| < \frac{3}{100}\,c^2 + \frac{\sqrt{3}}{4}\,c^2 < \frac{1}{2}\,c^2$$

$$(23) \qquad\qquad \frac{1}{4}\,c < |\xi| < 2\,c;$$

also ist dort insbesondere $\xi = (\xi_1^2 + \xi_2^2 + \xi_3^2)^{\frac{1}{2}}$ regulär. Zufolge $(8;2)$ ist die Funktion $xT\xi^{-1}$ ein Polynom vierten Grades in den $\eta_k\,(k=1,\ldots,6)$. In der durch (22) und

$$(24) \qquad\qquad |\eta_k - \eta_{k1}| < \frac{c}{10} \qquad (k = 1, \ldots, 6)$$

erklärten komplexen Umgebung sind dann nach (17), (20), (21), (23) die Funktionen xT und $x = \xi\eta^2$ regulär und haben die Abschätzungen

$$(25) \qquad\qquad |xT| < c_{46}, \qquad |x| < c_{47}.$$

Jetzt wenden wir uns zur entsprechenden Untersuchung von $(xU + x)^{-1}$. Zufolge (12), (14) ist

$$0 < xU + x - m_1\,m_3 = \frac{m_2\,m_3}{r_{23}}\,x + \frac{m_1\,m_2}{r_{12}}\,x + x < c_{48}\,B^{-1} \qquad (s = s_1).$$

Es sei nun noch

$$(26) \qquad\qquad c_{48}\,B^{-1} \leq \frac{1}{2}\,m_1\,m_3;$$

dann folgt

$$(27) \qquad m_1 m_3 < (xU + x)_1 < \frac{3}{2} m_1 m_3.$$

Der Ausdruck von xU als Funktion von ξ_k $(k = 1, \ldots, 6)$ und η_k $(k = 1, 2, 3)$ ist durch (8; 3), (8; 4), (8; 5), (8; 6) gegeben. Danach ist er regulär, solange $\xi, r_{12}, r_{23} \neq 0$ sind. Wir wollen nun eine Konstante c_{49} so bestimmen, daß in der komplexen Umgebung

$$(28) \quad |\xi_k - \xi_{k1}| < c_{49}^{-1} \quad (k = 1, \ldots, 6), \qquad |\eta_k - \eta_{k1}| < c_{49}^{-1} \quad (k = 1, 2, 3)$$

die Ungleichung

$$(29) \qquad |(xU + x) - (xU + x)_1| < \frac{1}{2} m_1 m_3$$

erfüllt ist. Bezeichnen wir jetzt noch mit r irgendeine der beiden Seiten r_{12}, r_{23}, so ist (29) sicher erfüllt, wenn

$$\left| \frac{x}{r} - \left(\frac{x}{r} \right)_1 \right| < \frac{\mu}{8m} \quad (r = r_{12}, r_{23}), \qquad |x - (x)_1| < \frac{1}{8} m_1 m_3$$

gilt. Da in der durch (22), (24) erklärten Umgebung nach (25) die Ungleichung $|x| < c_{47}$ gilt, so genügt es, ein $c_{49} > 10 c^{-1}$ so zu finden, daß im Gebiete (28) die Bedingungen

$$(30) \qquad \begin{cases} \left| \dfrac{(r)_1}{r} - 1 \right| < \dfrac{c_{21} \mu}{64 c_{47} m} \quad (r = r_{12}, r_{23}), \\[2ex] |x - (x)_1| < \mathrm{Min} \left(\dfrac{m_1 m_3}{8}, \dfrac{c_{21} \mu}{64 m} \right) \end{cases}$$

erfüllt sind; dann ist tatsächlich

$$\left| \frac{x}{r} - \left(\frac{x}{r} \right)_1 \right| \le \frac{|x|}{(r)_1} \left| \frac{(r)_1}{r} - 1 \right| + \frac{|x - (x)_1|}{(r)_1} < \frac{4 c_{47}}{c_{21}} \frac{c_{21} \mu}{64 c_{47} m} + \frac{4}{c_{21}} \frac{c_{21} \mu}{64 m} = \frac{\mu}{8m}.$$

Analog zu (6) gilt nun aber die erste Ungleichung in (30), falls die in den Ausdrücken (8; 4) für r^2 auftretenden Variabeln x_k, ξ_{k+3} $(k = 1, 2, 3)$ auf geeignete Umgebungen

$$(31) \quad |x_k - x_{k1}| < c_{50}^{-1} \quad (k = 1, 2, 3), \qquad |\xi_k - \xi_{k1}| < c_{50}^{-1} \quad (k = 4, 5, 6)$$

beschränkt werden, wodurch dann zugleich auch die zweite Ungleichung in (30) erfüllt werden kann. Da schließlich zufolge (8; 5) die Variabeln x_1, x_2, x_3 kubische Polynome in den ξ_k, η_k $(k = 1, 2, 3)$ sind, so läßt sich die gewünschte Größe c_{49} finden. In der Umgebung (28) sind dann insbesondere ξ, r_{12}, r_{23} von 0 verschieden, also ist dort $xU + x$ regulär, und ferner gelten nach (27), (29) die Ungleichungen

$$|xU + x| > \frac{1}{2} m_1 m_3, \qquad |xU + x|^{-1} < \frac{2}{m_1 m_3}.$$

Damit ist gezeigt, daß in der Umgebung

$$(32) \quad |\xi_k - \xi_{k1}| < c_{49}^{-1}, \qquad |\eta_k - \eta_{k1}| < c_{49}^{-1} \quad (k = 1, \ldots, 6)$$

die beiden Funktionen F und $(U+1)^{-1}$ regulär sind und dort absolut unterhalb einer Konstanten c_{51} bleiben. Nach dem Existenzsatz von CAUCHY folgt aus (4), (10) die Regularität von ξ_k, η_k ($k=1, \ldots, 6$) und t für $|s-s_1| < c_{52}^{-1}$. Nach (7; 4), (8; 5) und dem Schwerpunktsatz sind dann auch die ursprünglichen kartesischen Koordinaten q_k ($k=1, \ldots, 9$) dort regulär.

Nun wähle man für B die kleinste Zahl $\geq A+1$, die den inzwischen gestellten Bedingungen (13), (19), (26) genügt. Mit diesem $B = c_{53}$ wird dann $b_5 = c_{54}^{-1}$. Setzt man noch $\delta = \operatorname{Min}(c_{52}^{-1}, c_{54}^{-1})$, so hat δ die im dritten Hilfssatz behauptete Eigenschaft. Es ist nämlich leicht einzusehen, daß auch die drei Abstände r_{kl} im Streifen $-\delta < \nu < \delta$ reguläre Funktionen von $s = \sigma + i\nu$ sind. Im Falle $U_1 \leq B$ hatten wir bereits gezeigt, daß unter der Voraussetzung (9) die Ungleichungen (6) gelten, aus denen jedenfalls $r_{kl} \neq 0$ folgt; andererseits bleiben aber die $q_k(s)$ nach dem CAUCHYschen Existenzsatz für $|s-s_1| < c_{54}^{-1}$ gerade in dem durch (9) erklärten Bereich. Im Falle $U_1 > B$ folgt entsprechend das Nichtverschwinden von r_{12}, r_{23} aus (30), während $r_{13} = x = \xi(\eta_1^2 + \eta_2^2 + \eta_3^2)$ ebenfalls regulär ist, da $\xi = (\xi_1^2 + \xi_2^2 + \xi_3^2)^{\frac{1}{2}}$ als Funktion von s nach dem Existenzsatz in dem durch (23) definierten Gebiete bleibt, in welchem insbesondere $\xi \neq 0$ ist. Damit ist der dritte Hilfssatz vollständig bewiesen.

Wir bilden nun den Streifen $-\delta < \nu < \delta$ der s-Ebene durch die Abbildung

$$\omega = \frac{e^{\frac{\pi s}{2\delta}} - 1}{e^{\frac{\pi s}{2\delta}} + 1}$$

auf den Einheitskreis $|\omega| < 1$ konform ab. Dabei geht $s = 0$ in $\omega = 0$ über und die reelle s-Achse in den reellen Durchmesser. Als Funktionen der neuen unabhängigen Variabeln ω sind dann die rechtwinkligen kartesischen Koordinaten x_k, y_k, z_k, die Abstände r_{kl} und die Zeit t regulär im gesamten Innern des Einheitskreises und lassen sich also in Reihen nach Potenzen von ω entwickeln, die für $|\omega| < 1$ sicher konvergieren. Durch diese Potenzreihen wird dann der gesamte Bewegungsverlauf für alle reellen Zeiten beschrieben, da ja das Intervall $0 < \omega < 1$ die zukünftigen Zeiten $t > \tau$ und das Intervall $-1 < \omega < 0$ die vergangenen Zeiten $t < \tau$ liefert. Schließlich können wir noch die bisher gemachte Annahme aufheben, daß der Schwerpunkt im Nullpunkt ruht, indem wir das Koordinatensystem einer gleichförmigen Parallelbewegung unterwerfen. Dies ist eine spezielle lineare Transformation von x, y, z, t, und daher sind die Koordinaten wieder in ω regulär. Wir formulieren noch einmal unser Hauptresultat, den SUNDMANschen Satz:

Sind die auf Ruhelage des Schwerpunktes bezogenen drei Flächen-konstanten nicht sämtlich 0, so lassen sich die kartesischen Koordinaten und die Abstände der drei Körper sowie die Zeit t in Reihen nach Potenzen der Variabeln ω entwickeln, die für $|\omega| < 1$ konvergieren und die Bewegung für alle reellen Zeiten darstellen; dabei ist ω durch die Substitutionen

$$s = \int\limits_{\tau}^{t} (U + 1)\, dt, \qquad \omega = \frac{e^{\frac{\pi s}{2\delta}} - 1}{e^{\frac{\pi s}{2\delta}} + 1}$$

definiert, und δ ist eine positive Zahl, die durch die Massen und die Anfangswerte der Koordinaten und Geschwindigkeitskomponenten zur Zeit $t = \tau$ bestimmt wird.

Es ist zu bemerken, daß in Sundmans Untersuchungen ein etwas abweichender Wortlaut bewiesen wird, indem dort an die Stelle von s eine auf andere Weise definierte Hilfsvariable tritt. Ein daran interessier-ter Leser wird leicht feststellen können, daß beide Aussagen qualitativ gleichbedeutend sind. Übrigens sind bei Sundman die in den Abschätzun-gen auftretenden Konstanten explizit angegeben, während wir zwecks kürzerer Schreibweise darauf verzichtet haben.

Indem man die Bewegungsgleichungen direkt auf die Variable ω umschreibt, kann man die q_k $(k = 1, \ldots, 9)$ und t durch einen Ansatz in Potenzreihen mit unbestimmten Koeffizienten berechnen. Dabei führt man ω zweckmäßig durch

$$\frac{dt}{d\omega} = \frac{dt}{ds}\,\frac{ds}{d\omega} = 4\,\pi^{-1}\,\delta\,(1 - \omega^2)^{-1}\,(1 + U)^{-1}$$

ein. Die hier auftretende Größe δ läßt sich, wie wir wissen, von vorn-herein durch die Anfangswerte ausdrücken und abschätzen. Aus den gefundenen Abschätzungen kann man noch Aussagen darüber gewinnen, wie gut die Näherungen durch Teilsummen der Potenzreihen sind; jedoch ergibt sich auf diesem Wege keine praktische Methode zur Bahn-bestimmung.

Die etwaigen Zusammenstöße erhält man aus diesen Entwicklungen, indem man etwa die Nullstellen der Ableitung $dt/d\omega$ im Intervall $-1 < \omega < 1$ berechnet. Da sich die Nullstellen einer für $|\omega| < 1$ ana-lytischen Funktion nicht im Innern des Einheitskreises häufen können, so erkennen wir auf diese Weise wieder, daß auch die Kollisionszeiten sich nicht zu einer endlichen Zeit häufen können. Doch ist es sehr wohl möglich, daß sich jene Nullstellen bei $\omega = 1$ oder $\omega = -1$ häufen, und man kann solche Beispiele angeben. Um mit Hilfe der gefundenen Reihenentwicklungen Aussagen über den Bewegungsverlauf für $t \to \pm\infty$ machen zu können, würde man gleichmäßige Konvergenz der Reihen im gesamten offenen Intervall $-1 < \omega < 1$ benötigen; doch weiß man nichts über das Konvergenzverhalten bei $\omega = \pm 1$. Zum Schluß wollen wir noch feststellen, daß das Zeitintervall zwischen zwei aufeinander folgenden Zusammenstößen, wenn solche überhaupt stattfinden, oberhalb einer positiven Schranke liegt. Wir nehmen zu diesem Zwecke an, für $s = s_1$ finde eine Kollision statt. Dann ist dort $\eta_{k1} = 0 \ (k = 1, 2, 3)$, $(\xi)_1 = c > 0$, $(x)_1 = 0$, $(xU)_1 = m_1 m_3$, und nach (8;2), (8;3), (8;4), (8;5), (11) gilt

$$(F_{\xi_k})_1 = c^{-1} \left(\frac{\xi_k}{\xi} \right)_1 \qquad (k = 1, 2, 3).$$

Durch geeignete Drehung des Koordinatensystems kann man noch $(\xi_1)_1 = (\xi)_1$ erreichen. Im komplexen Gebiet (32) ist die Funktion F regulär und absolut kleiner als c_{51}. Aus der CAUCHYSCHEN Integralformel folgt dann aber

$$\left| F_{\xi_1} - (F_{\xi_1})_1 \right| < \frac{1}{2c},$$

falls bei geeignetem c_{55} die Bedingungen

$$(33) \quad \left| \xi_k - \xi_{k1} \right| < c_{55}^{-1} < c_{49}^{-1}, \qquad \left| \eta_k - \eta_{k1} \right| < c_{55}^{-1} \qquad (k = 1, \ldots, 6)$$

erfüllt sind. Für reelle ξ_k, η_k wird also dort insbesonders

$$F_{\xi_1} > \frac{1}{2c}.$$

Für reelle s ist dann nach (10) auf der betrachteten Lösung

$$(34) \qquad \left| \eta_1 \right| = \left| \eta_1 - (\eta_1)_1 \right| = \left| \int_{s_1}^{s} F_{\xi_1} \, ds \right| \geq \frac{1}{2c} \left| s - s_1 \right|,$$

wenn für das Intervall von s_1 nach s noch (33) erfüllt bleibt. Nach dem Existenzsatz ist dies aber für $\left| s - s_1 \right| \leq c_{56}^{-1} < c_{52}^{-1}$ der Fall, und zufolge (23), (27), (29) gilt dann auch

$$\xi > \frac{1}{4} c, \qquad xU + x < 2 m_1 m_3.$$

Mit (34) folgt hieraus

$$(35) \quad x = \xi \eta^2 \geq \frac{1}{16c} (s - s_1)^2, \qquad \frac{1}{U+1} = \frac{x}{xU + x} \geq c_{57}^{-1} (s - s_1)^2,$$

also nach (4) schließlich

$$(36) \qquad \left| t - t_1 \right| = \left| \int_{s_1}^{s} \frac{ds}{U+1} \right| \geq \frac{1}{3} c_{57}^{-1} \left| s - s_1 \right|^3.$$

Aus der zweiten Ungleichung (35) ersieht man, daß U im Intervall $s_1 - c_{56}^{-1} \leq s \leq s_1 + c_{56}^{-1}$ nur bei $s = s_1$ unendlich wird. Es findet also dort für $s \neq s_1$ keine zweite Kollision statt. Wegen (36) hat das Zeitintervall zwischen zwei aufeinander folgenden Kollisionen die untere Schranke $\frac{1}{3} c_{57}^{-1} c_{56}^{-3} = c_{58}^{-1}$, welche nur von A und den Massen abhängt. Dies enthält die oben ausgesprochene Behauptung.

Um eine Anwendung auf das durch Erde, Sonne, Mond gebildete System von drei Körpern zu machen, nehmen wir diese Körper als punktförmig und das NEWTONsche Gesetz als genau gültig an; außerdem seien die Wirkungen aller anderen Himmelskörper und sonstigen Naturkräfte vernachlässigt. Die Beobachtung zeigt bekanntlich, daß die drei genannten Körper sich nicht in einer festen Ebene bewegen, und man könnte also für einen gewissen Zeitpunkt einen numerischen Wert von A bestimmen. Unter den gemachten Voraussetzungen lassen sich dann durch direkte Berechnung zwei positive Zahlen ϱ und ε finden, so daß bei einem etwaigen Zusammenstoß von Erde und Sonne der Mond mindestens den Abstand ϱ von der Erde hat und dann noch mindestens die Zeit ε braucht, bis auch er vielleicht mit ihr zusammenstößt. Dieses Ergebnis der SUNDMANschen Theorie wird uns dabei helfen, zuversichtlich in die Zukunft zu schauen.

Zweites Kapitel.

Periodische Lösungen.

§12. Die Lösungen von LAGRANGE.

Der im ersten Kapitel besprochene SUNDMANsche Satz stellt bisher das am weitesten reichende Resultat über die allgemeinen Lösungen des Dreikörperproblems dar. Leider läßt sich die geistvolle SUNDMANsche Methode nicht auf den Fall $n > 3$ ausdehnen. Wie eine genauere Untersuchung zeigt, liegt dies daran, daß man zwar den gleichzeitigen Zusammenstoß aller n Körper in einem Punkte durch das Ergebnis von § 6 von vornherein ausschließen kann, daß aber etwaige Kollisionen von drei Körpern wesentliche Singularitäten ergeben würden.

Im vorliegenden Kapitel werden Methoden entwickelt werden, welche auf das n-Körperproblem anwendbar sind und darüber hinausgehend sogar auf viel allgemeinere Fragen der Mechanik. Dabei handelt es sich um die Bestimmung periodischer Lösungen des betreffenden Problems. Die Besonderheit einer Lösung mit der zeitlichen Periode τ besteht darin, daß man zu ihrer vollständigen Bestimmung für alle Zeiten nur ein Intervall der endlichen Länge τ zu betrachten hat. Dadurch fallen insbesondere solche Schwierigkeiten fort, wie sie etwa beim Beweise des ersten SUNDMANschen Hilfssatzes durch die Unbeschränktheit der Zeit hervorgerufen wurden. Die periodischen Lösungen des n-Körperproblems sind auch von astronomischer Bedeutung, weil im Sonnensystem nahezu periodische Bewegungen auftreten.

Der einfachste Fall von periodischen Lösungen liegt vor, wenn die Koordinaten gar nicht von der Zeitvariabeln abhängen. Solche Lösungen nennt man Gleichgewichtslösungen. Wir werden zunächst zeigen, daß es keine Gleichgewichtslösungen für das n-Körperproblem $(n > 1)$ gibt. Wäre nämlich jede Koordinate q zeitlich konstant, so wäre $\ddot{q} = 0$, also nach den Bewegungsgleichungen $(5; 3)$ auch $U_q = 0$ und nach dem EULERschen Satze über homogene Funktionen

$$\sum_q q\, U_q = -\, U = 0,$$

während doch U seiner Definition nach positiv ist. Da es also keine Gleichgewichtslösungen für das n-Körperproblem gibt, suchen wir nach anderen möglichst einfachen periodischen Lösungen. Wir beschränken uns wieder auf drei Massenpunkte P_1, P_2, P_3 und fragen: Gibt es solche Lösungen des Dreikörperproblems, daß die drei Massenpunkte in einer festen Ebene gleichförmig auf Kreisbahnen laufen? Diese Frage werden wir bejahend beantworten und auf diese Weise spezielle Lösungen des Dreikörperproblems erhalten, die schon im Jahre 1772 von LAGRANGE [1] angegeben wurden.

Wir führen in der betrachteten Ebene ein rechtwinkliges kartesisches Koordinatensystem ein und bezeichnen mit q_{2k-1}, q_{2k} $(k = 1, 2, 3)$ die Koordinaten von P_k. Setzen wir wieder

$$(1) \quad T = \frac{1}{2} \sum_{k=1}^{3} m_k^{-1}(p_{2k-1}^2 + p_{2k}^2), \qquad U = \sum_{k<l} m_k m_l r_{kl}^{-1}, \qquad E = T - U,$$

wobei r_{kl} der Abstand zwischen P_k und P_l ist, so lassen sich die Bewegungsgleichungen in der HAMILTONschen Form

$$(2) \qquad \dot{q}_k = E_{p_k}, \qquad \dot{p}_k = -E_{q_k} \qquad (k = 1, \ldots, 6)$$

schreiben. Wir führen nun ein neues rechtwinkliges kartesisches Koordinatensystem mit demselben Nullpunkt ein, das in der betrachteten Ebene gleichförmig um den festen Nullpunkt rotiert. Wir suchen dann die Geschwindigkeit der Drehung so zu bestimmen, daß die Massenpunkte im neuen Koordinatensystem ruhen. Bedeutet λ den Drehwinkel, so gelten für die neuen Koordinaten x_{2k-1}, x_{2k} von P_k die Formeln

$$(3) \quad \begin{cases} x_{2k-1} = q_{2k-1}\, c + q_{2k}\, s, \quad x_{2k} = -\, q_{2k-1}\, s + q_{2k}\, c \quad (k = 1, 2, 3), \\ c = \cos \lambda, \ s = \sin \lambda, \end{cases}$$

und hierin werde der Ansatz $\lambda = \omega t$ mit einer noch unbekannten reellen Konstanten $\omega \neq 0$ gemacht. Wir wollen die neuen Koordinaten in die Bewegungsgleichungen (2) einführen und versuchen deshalb, die Transformation (3) durch Hinzunahme von geeignet gewählten sechs weiteren Variabeln $y_1, \ldots, y_6$ zu einer kanonischen zu ergänzen. Dabei legen wir die in (3; 4) gegebene Darstellung einer kanonischen Transformation zugrunde. Man errät leicht als erzeugende Funktion den Ausdruck

$$w = w(q, y) = \sum_{k=1}^{3} \{(q_{2k-1}c + q_{2k}s)\, y_{2k-1} + (-q_{2k-1}s + q_{2k}c)\, y_{2k}\}.$$

Da die Matrix der in der geschweiften Klammer stehenden binären Bilinearform orthogonal ist, so ergibt sich für die sechsreihige Determinante $|w_{q_k y_l}|$ der Wert $1 \neq 0$. Zufolge (3; 4) lautet die zugehörige kanonische Transformation

$$p_k = w_{q_k}, \qquad x_k = w_{y_k} \qquad (k = 1, \ldots, 6),$$

und damit wird (3) durch

(4) $\quad p_{2k-1} = y_{2k-1}c - y_{2k}s, \qquad p_{2k} = y_{2k-1}s + y_{2k}c \qquad (k = 1, 2, 3)$

ergänzt. Hieraus folgt

$$p_{2k-1}^2 + p_{2k}^2 = y_{2k-1}^2 + y_{2k}^2,$$

und daher hat man in dem Ausdruck für T in (1) nur y_k statt p_k zu setzen, um die neuen Koordinaten einzuführen. Da U nur von den Abständen der Massenpunkte abhängt, kann man analog in U die q_k durch x_k ersetzen. Ferner sind die Ableitungen $c_t = -\omega s$, $s_t = \omega c$, und folglich wird nach (3; 4) die neue Hamiltonsche Funktion

$$F = E + w_t = E + \omega \sum_{k=1}^{3} (x_{2k}\, y_{2k-1} - x_{2k-1}\, y_{2k}).$$

Die transformierten Bewegungsgleichungen sind

$$\dot{x}_k = F_{y_k}, \qquad \dot{y}_k = -F_{x_k} \qquad (k = 1, \ldots, 6)$$

oder

(5) $\quad \begin{cases} \dot{x}_{2k-1} = E_{y_{2k-1}} + \omega x_{2k}, & \dot{y}_{2k-1} = -E_{x_{2k-1}} + \omega y_{2k}, \\ \dot{x}_{2k} = E_{y_{2k}} - \omega x_{2k-1}, & \dot{y}_{2k} = -E_{x_{2k}} - \omega y_{2k-1} \qquad (k = 1, 2, 3). \end{cases}$

Dabei ist

$$E_{x_k} = -U_{x_k} \ (k=1,\ldots,6), \quad E_{y_{2k-1}} = m_k^{-1} y_{2k-1}, \quad E_{y_{2k}} = m_k^{-1} y_{2k} \ (k=1,2,3).$$

Es sei noch bemerkt, daß der bei der Definition von F eingehende Ausdruck

$$\sum_{k=1}^{3} (x_{2k}\, y_{2k-1} - x_{2k-1}\, y_{2k}) = Q$$

gerade das Flächenintegral ist. Zufolge (3), (4) ändert sich nämlich dieser Ausdruck nicht, wenn x und y durch q und $p = m\dot{q}$ ersetzt werden. Natürlich läßt sich auch direkt mittels (5) verifizieren, daß $\dot{Q} = 0$ ist.

Die Gleichgewichtslösungen von (5) ergeben sich aus den zwölf Bedingungen

$$m_k^{-1} y_{2k-1} + \omega x_{2k} = 0, \quad U_{x_{2k-1}} + \omega y_{2k} = 0, \quad m_k^{-1} y_{2k} - \omega x_{2k-1} = 0,$$

$$U_{x_{2k}} - \omega y_{2k-1} = 0 \quad (k = 1, 2, 3).$$

Die Elimination der y_k $(k = 1, \ldots, 6)$ liefert

$$(6) \quad m_k \omega^2 x_{2k-1} = -U_{x_{2k-1}}, \quad m_k \omega^2 x_{2k} = -U_{x_{2k}} \quad (k = 1, 2, 3),$$

und jede Lösung x_k $(k = 1, \ldots, 6)$ dieses Systems von Gleichungen führt wiederum zu einer Gleichgewichtslösung. Durch Addition über k folgt nach (5; 6) aus (6), daß der Schwerpunkt der drei Körper im Nullpunkt liegt.

Wir nehmen zunächst an, das Dreieck $P_1 P_2 P_3$ sei nicht gleichseitig. Dann kann man die Indizes so wählen, daß $r_{13} \neq r_{23}$ wird. Legt man außerdem die Abszissenachse durch P_3, so ist $x_6 = 0$, und die zweite Gleichung (6) ergibt für $k = 3$ die Bedingung

$$m_1 x_2 r_{13}^{-3} + m_2 x_4 r_{23}^{-3} = 0.$$

Wegen

$$m_1 x_2 + m_2 x_4 + m_3 x_6 = 0, \quad x_6 = 0$$

folgt

$$m_1 x_2 (r_{13}^{-3} - r_{23}^{-3}) = 0,$$

also $x_2 = 0$ und auch $x_4 = 0$. Also liegen die drei Massenpunkte auf einer Geraden, wenn sie nicht ein gleichseitiges Dreieck bilden.

Liegt der Fall des gleichseitigen Dreiecks vor, so wird $r_{12} = r_{23} = r_{31} = r$, und (6) ergibt nach dem Schwerpunktsatz mit $M = m_1 + m_2 + m_3$ die Formeln

$$\omega^2 x_{2k-1} = r^{-3} \sum_{l=1}^{3} m_l (x_{2k-1} - x_{2l-1}) = M r^{-3} x_{2k-1},$$

$$\omega^2 x_{2k} = M r^{-3} x_{2k} \quad (k = 1, 2, 3).$$

Da die x_k $(k = 1, \ldots, 6)$ nicht alle 0 sind, so wird

$$(7) \qquad M = \omega^2 r^3, \quad \omega = \pm \sqrt{M r^{-3}}.$$

Umgekehrt folgt aus (7) wieder (6), so daß wir wirklich eine reelle Lösung des Dreikörperproblems gefunden haben, wenn $P_1 P_2 P_3$ ein gleichseitiges Dreieck mit der Seite r ist und ω durch (7) bestimmt wird. Dies ist die gleichseitige Lösung.

Es bleibt noch der andere Fall zu untersuchen, daß die drei Massenpunkte auf einer Geraden liegen. Wählen wir diese als Abszissenachse, so wird $x_{2k} = 0$ $(k = 1, 2, 3)$, und die zweite Gleichung (6) ist erfüllt.

Wir nehmen etwa an, daß P_2 zwischen P_1 und P_3 liegt und die positive Richtung der Abszissenachse von P_1 nach P_3 verläuft. Setzen wir $r_{13} = a$, $r_{12} = \varrho a$, $r_{23} = \sigma a$, so gilt $\varrho + \sigma = 1$, $0 < \varrho < 1$, und die erste Gleichung (6) liefert für $k = 1, 2, 3$ die Formeln

$$(8) \quad \begin{cases} -m_2(\varrho a)^{-2} - m_3 a^{-2} = \omega^2 x_1, \quad m_1(\varrho a)^{-2} - m_3(\sigma a)^{-2} = \omega^2 x_3, \\ m_1 a^{-2} + m_2(\sigma a)^{-2} = \omega^2 x_5. \end{cases}$$

Hierin kann man etwa die mittlere durch den Schwerpunktsatz $m_1 x_1 + m_2 x_3 + m_3 x_5 = 0$ ersetzen. Aus diesem ergibt sich ferner, wenn wieder $M = m_1 + m_2 + m_3$ gesetzt wird,

$$M x_1 + m_2 \varrho a + m_3 a = 0, \quad M x_5 - m_2 \sigma a - m_1 a = 0,$$

so daß man x_1 und x_5 aus der ersten und dritten Gleichung (8) eliminieren kann und

$$(9) \quad \begin{cases} m_2 \varrho^{-2} + m_3 = M^{-1} \omega^2 a^3 (m_2 \varrho + m_3), \\ m_2 \sigma^{-2} + m_1 = M^{-1} \omega^2 a^3 (m_2 \sigma + m_1) \end{cases}$$

bekommt. Wegen $\sigma = 1 - \varrho$ folgen die Bedingungen

$$(10) \quad M^{-1} \omega^2 a^3 = \frac{m_2 \varrho^{-2} + m_3}{m_2 \varrho + m_3} = \frac{m_2(1 - \varrho)^{-2} + m_1}{m_2(1 - \varrho) + m_1}, \quad 0 < \varrho < 1.$$

Da die Differenz

$$\frac{m_2 \varrho^{-2} + m_3}{m_2 \varrho + m_3} - \frac{m_2(1 - \varrho)^{-2} + m_1}{m_2(1 - \varrho) + m_1} = f(\varrho)$$

im Intervall $0 < \varrho < 1$ eine monoton abnehmende Funktion von ϱ ist, die für $\varrho \to 0$ gegen $+\infty$ und für $\varrho \to 1$ gegen $-\infty$ geht, so hat die Gleichung $f(\varrho) = 0$ genau eine reelle Wurzel ϱ im Intervall $0 < \varrho < 1$. Setzt man dann $M^{-1} \omega^2 a^3$ gleich dem in (10) gegebenen Zahlwert und bestimmt x_1, x_3, x_5 nach (8), so sind damit auch die Gleichungen (6) gelöst, so daß wir wiederum eine reelle Lösung des Dreikörperproblems gefunden haben. Bei gegebenem a ist ω bis auf das Vorzeichen bestimmt. Dies ist die geradlinige Lösung. Die Bestimmung von ϱ führt auf die Auflösung einer Gleichung fünften Grades, deren Koeffizienten noch von den Massen abhängen. Wie wir sahen, hat sie aber nur eine Lösung im Intervall $0 < \varrho < 1$. Bei der Diskussion dieses Falles wurde vorausgesetzt, daß P_2 zwischen P_1 und P_3 liegt. Durch zyklische Permutation der Indizes erhält man zwei weitere Lösungen.

Lagrange meinte, die von ihm gefundenen Lösungen seien ohne astronomische Bedeutung. Doch hat sich in neuerer Zeit herausgestellt, daß Sonne, Jupiter und die kleinen Planeten der Trojaner-Gruppe ungefähr ein gleichseitiges Dreieck bilden. Deswegen ist es von Interesse, die Lösungen des Dreikörperproblems zu untersuchen, welche in der Nähe der Lagrangeschen Lösungen liegen, und dies wird in § 16 geschehen.

Die obigen Lösungen sind von LAGRANGE noch verallgemeinert worden. Er fragte, ob es für das Dreikörperproblem weitere Lösungen gibt, bei denen das von den Massenpunkten gebildete Dreieck sich dauernd ähnlich bleibt, und er stellte alle solchen Lösungen auf. Wir betrachten hier noch die analoge Frage für das n-Körperproblem in der Ebene und können zufolge des Schwerpunktsatzes annehmen, daß der Schwerpunkt in Ruhe ist. Als Ansatz für die rechtwinkligen kartesischen Koordinaten x_k, y_k von P_k ergibt sich dann

$$(11) \qquad x_k + i\,y_k = z_k = \zeta_k q \qquad (k = 1, \ldots, n),$$

wo $\zeta_1, \ldots, \zeta_n$ voneinander verschiedene komplexe Konstanten und q eine unbekannte komplexe Funktion der reellen Variabeln t sein soll. Für die Abstände erhält man

$$r_{kl} = |z_k - z_l| = |\zeta_k - \zeta_l|\,|q|,$$

und da sich die Bewegungsgleichungen komplex zu

$$\ddot{z}_k = \sum_{l \neq k} m_l \frac{z_l - z_k}{r_{kl}^3} \qquad (k = 1, \ldots, n)$$

zusammenfassen lassen, so führt unser Ansatz im Falle $q \neq 0$ auf die Gleichungen

$$\zeta_k \ddot{q} = q\,|q|^{-3} \sum_{l \neq k} m_l \frac{\zeta_l - \zeta_k}{|\zeta_l - \zeta_k|^3} \qquad (k = 1, \ldots, n).$$

Da die ζ_k nicht alle 0 sind, so ist also der Ausdruck

$$(12) \qquad \ddot{q}\,q^{\frac{1}{2}}\,\bar{q}^{\frac{3}{2}} = c$$

von t unabhängig und

$$(13) \qquad \zeta_k c = \sum_{l \neq k} m_l \frac{\zeta_l - \zeta_k}{|\zeta_l - \zeta_k|^3} \qquad (k = 1, \ldots, n).$$

Das Problem ist damit zurückgeführt auf die Lösung der von n unabhängigen Differentialgleichung (12) und des algebraischen Gleichungssystems (13). Im Falle $n = 2$ handelt es sich dabei um die allgemeine Lösung des Zweikörperproblems, da ja bei diesem trivialerweise die Strecke $P_1 P_2$ sich dauernd ähnlich bleibt. Dann ist noch $m_1 \zeta_1 + m_2 \zeta_2 = 0$, also $\zeta_1 = m_2 \zeta$, $\zeta_2 = - m_1 \zeta$ mit komplexem $\zeta \neq 0$, und aus (13) folgt, daß in diesem Falle die Größe $c = -(m_1 + m_2)^{-2}\,|\zeta|^{-3}$ negativ reell ist.

Wir setzen nun die Lösung des Zweikörperproblems als bekannt voraus. Dann ist also

$$x + i\,y = z = \zeta q$$

für konstantes komplexes $\zeta \neq 0$ die Parameterdarstellung eines Kegelschnitts in der (x, y)-Ebene, wenn $q = q(t)$ irgendeine Lösung der

Differentialgleichung (12) bei konstantem negativen c bedeutet, und zwar liegt dabei ein Brennpunkt im Nullpunkt. Nun sei wieder n beliebig, und es werde vorausgesetzt, daß die n verschiedenen komplexen Zahlen $\zeta_1, \ldots, \zeta_n$ den sämtlichen Gleichungen (13) mit $c < 0$ genügen. Für jede Lösung von (12) erhalten wir sodann durch (11) zugleich eine Lösung des Problems der n Körper. Dabei beschreibt jeder Massenpunkt einen Kegelschnitt, und das von den n Punkten gebildete Polygon bleibt sich dauernd ähnlich. Nimmt man insbesondere als Kegelschnitt eine Ellipse, so ist $q(t)$ periodisch, und man bekommt somit eine periodische Lösung.

Im Falle $n = 3$ kennen wir nun aber bereits sämtliche Lösungen von (13) mit negativem c, denn dieses Gleichungssystem läßt sich in (6) überführen, wenn dort $\omega^2 = -c$ und $x_{2k-1} + i\,x_{2k} = \zeta_k$ gesetzt wird. Also erhält man die betreffenden Lösungen des Dreikörperproblems, indem man für $\zeta_1, \zeta_2, \zeta_3$ entweder die Ecken eines gleichseitigen Dreiecks wählt oder aber drei Punkte in gerader Linie mit dem durch (10) gelieferten Abstandsverhältnis ϱ. Dies sind die verallgemeinerten LAGRANGEschen Lösungen. Man bekommt als Spezialfall wiederum die kreisförmigen Lösungen, indem man $q = e^{i\omega t}$ setzt. Ein anderer Spezialfall entsteht, wenn für q eine reelle Lösung von (12) gewählt wird. Das letztere Resultat ist im geradlinigen Fall bereits von EULER [2] gewonnen worden, der damit als erster eine partikuläre Lösung des Dreikörperproblems fand. In diesem Zusammenhang tritt auch schon bei EULER die Gleichung fünften Grades $f(\varrho) = 0$ auf.

§ 13. Die Eigenwerte.

Wir betrachten ein System von m Differentialgleichungen erster Ordnung, das wir in der vektoriellen Form

$$(1) \qquad \dot{x} = f(x)$$

schreiben, indem wir unter x und $f(x)$ Spalten mit den Elementen x_k und $f_k(x)$ ($k = 1, \ldots, m$) verstehen. Es möge $x = x^{(0)}$ eine Gleichgewichtslösung von (1) sein, und es werde vorausgesetzt, daß die f_k in einer Umgebung von $x^{(0)}$ reguläre Funktionen von $x_1, \ldots, x_m$ sind, die aber nicht von t abhängen. Ohne Einschränkung der Allgemeinheit wollen wir $x^{(0)} = 0$ annehmen, so daß die TAYLORsche Entwicklung von $f_k(x)$ bei $x = 0$ die Form

$$f_k(x) = \sum_{l=1}^{m} a_{kl}\, x_l + \cdots$$

besitzt. In vektorieller Bezeichnung schreiben wir kürzer

$$f(x) = \mathfrak{A}\, x + \cdots, \qquad \mathfrak{A} = (a_{kl}).$$

Zunächst wollen wir die höheren Glieder außer Betracht lassen und statt (1) das lineare System

$$ (2) \qquad \dot{x} = \mathfrak{A}\,x $$

lösen. Von diesen Lösungen ausgehend wollen wir dann versuchen, zu Lösungen des vorgelegten nichtlinearen Systems (1) zu gelangen. Das wird nicht immer gelingen. Es wird aber gezeigt werden, daß man im Falle eines HAMILTONschen Systems (1) aus einer periodischen Lösung von (2) im allgemeinen auch eine periodische Lösung von (1) ableiten kann.

Zur Lösung von (2) benutzen wir den bekannten algebraischen Satz über die Normalform einer quadratischen Matrix. Die Eigenwerte von $\mathfrak{A}$ sind die m Lösungen $\lambda_1, \ldots, \lambda_m$ der charakteristischen Gleichung m-ten Grades

$$ (3) \qquad |\lambda\,\mathfrak{E} - \mathfrak{A}| = 0 , $$

wobei $\mathfrak{E}$ die m-reihige Einheitsmatrix bedeutet. Wir wollen weiterhin annehmen, daß diese m Wurzeln sämtlich voneinander verschieden sind. Nach dem erwähnten Satz gibt es dann eine m-reihige umkehrbare komplexe Matrix $\mathfrak{C}$, so daß

$$ (4) \qquad \mathfrak{C}^{-1}\mathfrak{A}\mathfrak{C} = \mathfrak{L} = [\lambda_1, \ldots, \lambda_m] $$

die Diagonalmatrix mit den Diagonalelementen $\lambda_1, \ldots, \lambda_m$ wird. Wir wollen noch untersuchen, inwieweit $\mathfrak{C}$ durch $\mathfrak{A}$ bestimmt ist. Bedeuten $c^{(1)}, \ldots, c^{(m)}$ die einzelnen Spalten von $\mathfrak{C}$, so ist die Matrizengleichung $\mathfrak{A}\mathfrak{C} = \mathfrak{C}\mathfrak{L}$ mit den m Vektorgleichungen

$$ \mathfrak{A}\,c^{(k)} = c^{(k)}\,\lambda_k \qquad (k = 1, \ldots, m) $$

gleichbedeutend, also auch mit

$$ (5) \qquad (\lambda_k\,\mathfrak{E} - \mathfrak{A})\,c^{(k)} = 0. $$

Da die λ_k verschieden sind, so hat die Matrix

$$ \lambda_k\,\mathfrak{E} - \mathfrak{A} = \mathfrak{C}\,(\lambda_k\,\mathfrak{E} - \mathfrak{L})\,\mathfrak{C}^{-1} $$

den Rang $m-1$, und daher ist $c^{(k)}$ durch (5) bis auf einen beliebigen skalaren Faktor p_k eindeutig bestimmt. Setzt man andererseits

$$ \mathfrak{P} = [p_1, \ldots, p_m], \qquad \mathfrak{B} = \mathfrak{C}\mathfrak{P} $$

mit beliebigen $p_k \neq 0$, so ist auch $|\mathfrak{B}| \neq 0$ und $\mathfrak{B}^{-1}\mathfrak{A}\mathfrak{B} = \mathfrak{L}$. Dies zeigt, daß in $c^{(k)}$ genau noch ein willkürlicher Skalarfaktor $\neq 0$ steckt. Diese algebraische Überlegung gilt für beliebiges komplexes $\mathfrak{A}$.

Ist $\mathfrak{A}$ reell, so hat die charakteristische Gleichung (3) reelle Koeffizienten, und daher ist für jede Wurzel λ_k auch die konjugiert komplexe

Größe $\bar{\lambda}_k$ eine gewisse Wurzel λ_l. Dadurch wird jedem $k = 1, \ldots, m$ genau ein $l = l_k$ in der Reihe $1, \ldots, m$ derart zugeordnet, daß $\bar{\lambda}_k = \lambda_l$ ist; insbesondere ist $k = l$ für reelles λ_k. Da die λ_k alle voneinander verschieden sind, so ist die Zuordnung von k zu l_k umkehrbar eindeutig. Nach (5) ist nun auch

$$(\lambda_l \mathfrak{E} - \mathfrak{A}) \overline{c^{(k)}} = 0 \qquad (l = l_k),$$

also

(6) $$c^{(l)} = \overline{c^{(k)}} \varrho_k \qquad (l = l_k)$$

mit skalarem ϱ_k. Da auch $c^{(k)} = \overline{c^{(l)}} \varrho_l$ gilt und wegen $|\mathfrak{C}| \neq 0$ erst recht $c^{(k)} \neq 0$ ist, so folgt

(7) $$\bar{\varrho}_k \varrho_l = 1.$$

Indem man $c^{(k)} \varrho_l^{\frac{1}{2}}$ für $c^{(k)}$ schreibt, kann man $\varrho_k = 1$ erreichen, also $c^{(l)} = \overline{c^{(k)}}$. Dies kann man auch direkt aus (5) ersehen. Für die spätere Anwendung auf HAMILTONsche Systeme ist es aber bequemer, noch nicht die Normierung $\varrho_k = 1$ vorzunehmen.

Durch die lineare Substitution

$$x = \mathfrak{C} y, \qquad y = \mathfrak{C}^{-1} x$$

wird (2) in das System

(8) $$\dot{y} = \mathfrak{L} y$$

transformiert. Bedeuten $y_1, \ldots, y_m$ die Elemente der Spalte y, so wird die volle Lösung von (8) durch

$$y_k = \alpha_k e^{\lambda_k t} \qquad (k = 1, \ldots, m)$$

mit m Integrationskonstanten $\alpha_1, \ldots, \alpha_m$ gegeben. Für rein imaginäres λ_k ist insbesondere y_k eine periodische Funktion der reellen Variabeln t. Zur Diskussion der Realitätsverhältnisse ist (6) heranzuziehen. Damit

$$x = \sum_{k=1}^{m} c^{(k)} y_k$$

reell wird, muß auch

$$x = \sum_{k=1}^{m} \overline{c^{(k)}} \bar{y}_k$$

sein, und wegen $|\mathfrak{C}| \neq 0$ folgt hieraus im Falle eines reellen $\mathfrak{A}$, daß $\bar{y}_k = \varrho_k y_{l_k}$ ist. Man hat also dann $\bar{\alpha}_k = \varrho_k \alpha_{l_k}$ zu wählen.

Wir betrachten wieder das allgemeine nichtlineare System

(9) $$\dot{x} = \mathfrak{A} x + \cdots$$

und wollen auf die Variabeln eine Transformation

$$x_k = \varphi_k(y) \qquad (k = 1, \ldots, m)$$

ausüben, welche in der Umgebung von $y_1 = 0, \ldots, y_m = 0$ analytisch ist und $y = 0$ in $x = 0$ überführt. Die zugehörige TAYLORsche Entwicklung sei

(10) $$x = \mathfrak{B}\, y + \cdots,$$

und wir wollen voraussetzen, daß $|\mathfrak{B}| \neq 0$ ist. Dann existiert auch die inverse Transformation $y = \mathfrak{B}^{-1} x + \cdots$ in einer Umgebung von $x = 0$ und ist dort analytisch. Durch die Substitution (10) geht nun das System (9) über in

$$\dot{y} = \mathfrak{B}^{-1} \mathfrak{A} \mathfrak{B}\, y + \cdots.$$

Dies zeigt, daß die Eigenwerte $\lambda_1, \ldots, \lambda_m$ bei analytischer Transformation der Differentialgleichung (1) invariant bleiben.

Wir spezialisieren jetzt (1) auf ein HAMILTONsches System

(11) $$\dot{u}_k = H_{v_k}, \qquad \dot{v}_k = - H_{u_k} \qquad (k = 1, \ldots, n).$$

Um auch dieses vektoriell zu schreiben, bezeichnen wir mit w die Spalte aus den $2n$ Elementen $u_1, \ldots, u_n, v_1, \ldots, v_n$ und mit H_w die Spalte der entsprechenden Ableitungen von H. Bedeutet $\mathfrak{E}$ die n-reihige Einheitsmatrix, so setze man wieder

$$\mathfrak{J} = \begin{pmatrix} 0 & \mathfrak{E} \\ -\mathfrak{E} & 0 \end{pmatrix}$$

und kann dann (11) in der abgekürzten Form

(12) $$\dot{w} = \mathfrak{J} H_w$$

schreiben. Es sei die HAMILTONsche Funktion $H = H(w)$ in der Umgebung von $w = 0$ regulär. Da das konstante Glied der TAYLORschen Entwicklung von H bei $w = 0$ für die Differentialgleichung (11) belanglos ist, so kann es gleich 0 gesetzt werden. Soll wiederum $w = 0$ eine Gleichgewichtslösung von (11) sein, so müssen auch die sämtlichen ersten Ableitungen von H bei $w = 0$ verschwinden. Also beginnt die Potenzreihe für H mit quadratischen Gliedern, und man kann

(13) $$H = \frac{1}{2}\, w' \mathfrak{S} w + \cdots$$

ansetzen, wo $\mathfrak{S}$ eine symmetrische Matrix mit $2n$ Reihen und w' die durch Transposition von w entstehende Zeile bedeutet. Dann wird

$$H_w = \mathfrak{S} w + \cdots,$$

und (12) geht über in

$$\dot{w} = \mathfrak{A} w + \cdots, \qquad \mathfrak{A} = \mathfrak{J} \mathfrak{S}.$$

Es ist daher das charakteristische Polynom $p(\lambda) = |\lambda \mathfrak{E} - \mathfrak{J} \mathfrak{S}|$ zu untersuchen.

Nun ist $\mathfrak{J}' = \mathfrak{J}^{-1} = -\mathfrak{J}$, $|\mathfrak{J}| = 1$, $\mathfrak{S}' = \mathfrak{S}$, also

$$(\lambda\mathfrak{E} - \mathfrak{J}\mathfrak{S})' = \lambda\mathfrak{E} + \mathfrak{S}\mathfrak{J} = \mathfrak{J}(-\lambda\mathfrak{E} - \mathfrak{J}\mathfrak{S})\mathfrak{J}$$
$$p(\lambda) = |\lambda\mathfrak{E} - \mathfrak{J}\mathfrak{S}| = |-\lambda\mathfrak{E} - \mathfrak{J}\mathfrak{S}| = p(-\lambda),$$

und folglich ist $p(\lambda)$ eine gerade Funktion. Ist λ eine Nullstelle von $p(\lambda)$, so auch $-\lambda$, und zwar haben beide die gleiche Vielfachheit. Ist 0 eine Nullstelle, so ist ihre Vielfachheit gerade. Nehmen wir nun wieder an, alle Eigenwerte seien einfach, so sind sie also $\neq 0$, und wir können sie bei geeigneter Anordnung mit λ_k, $\lambda_{k+n} = -\lambda_k$ $(k = 1, \ldots, n)$ bezeichnen. Wir setzen $\mathfrak{L}_0 = [\lambda_1, \ldots, \lambda_n]$ und können dann eine umkehrbare komplexe Matrix $\mathfrak{C}$ mit $2n$ Reihen so finden, daß

$$(14) \qquad \mathfrak{C}^{-1}\mathfrak{J}\mathfrak{S}\mathfrak{C} = \mathfrak{L} = \begin{pmatrix} \mathfrak{L}_0 & 0 \\ 0 & -\mathfrak{L}_0 \end{pmatrix}$$

die Normalform von $\mathfrak{J}\mathfrak{S}$ ist. Durch Übergang zur Transponierten folgt

$$(15) \qquad \mathfrak{C}'\mathfrak{S}\mathfrak{J} = -\mathfrak{L}\mathfrak{C}'.$$

Andererseits ist die Matrix

$$-\mathfrak{L}\mathfrak{J}^{-1} = \begin{pmatrix} 0 & \mathfrak{L}_0 \\ \mathfrak{L}_0 & 0 \end{pmatrix}$$

symmetrisch, also

$$(16) \qquad \mathfrak{L}\mathfrak{J}^{-1} = (\mathfrak{L}\mathfrak{J}^{-1})' = (\mathfrak{J}^{-1})'\mathfrak{L} = \mathfrak{J}\mathfrak{L}.$$

Aus (15) und (16) folgt

$$(\mathfrak{J}^{-1}\mathfrak{C}'\mathfrak{J})\mathfrak{J}\mathfrak{S} = \mathfrak{J}\mathfrak{C}'\mathfrak{S} = -\mathfrak{J}\mathfrak{L}\mathfrak{C}'\mathfrak{J}^{-1} = \mathfrak{L}(\mathfrak{J}^{-1}\mathfrak{C}'\mathfrak{J}).$$

Setzt man noch $\mathfrak{B} = (\mathfrak{J}^{-1}\mathfrak{C}'\mathfrak{J})^{-1}$, so ist $|\mathfrak{B}| \neq 0$ und also auch

$$\mathfrak{B}^{-1}\mathfrak{J}\mathfrak{S}\mathfrak{B} = \mathfrak{L}.$$

Nach unserem früheren Resultat über die Bestimmung von $\mathfrak{C}$ ist daher $\mathfrak{C} = \mathfrak{B}\mathfrak{P}$ mit einer umkehrbaren Diagonalmatrix $\mathfrak{P}$, die wir in die Form

$$\mathfrak{P} = \begin{pmatrix} \mathfrak{P}_1 & 0 \\ 0 & \mathfrak{P}_2 \end{pmatrix}$$

mit zwei n-reihigen Diagonalmatrizen $\mathfrak{P}_1$, $\mathfrak{P}_2$ setzen wollen. Es folgt

$$(17) \qquad \mathfrak{C}'\mathfrak{J}\mathfrak{C} = \mathfrak{J}\mathfrak{B}^{-1}\mathfrak{C} = \mathfrak{J}\mathfrak{P} = \begin{pmatrix} 0 & \mathfrak{P}_2 \\ -\mathfrak{P}_1 & 0 \end{pmatrix}.$$

Außerdem ist $\mathfrak{C}'\mathfrak{J}\mathfrak{C}$ alternierend, da $\mathfrak{J}$ es ist, also $\mathfrak{P}_1 = \mathfrak{P}_2$. Mit

$$\mathfrak{Q} = \begin{pmatrix} \mathfrak{P}_1 & 0 \\ 0 & \mathfrak{E} \end{pmatrix}$$

gilt dann $\mathfrak{Q}'\mathfrak{J}\mathfrak{Q}=\mathfrak{J}\mathfrak{P}$. Bezeichnet man schließlich $\mathfrak{C}\mathfrak{Q}^{-1}$ wieder mit $\mathfrak{C}$, so bleibt (14) bestehen, und außerdem ist jetzt

$$\mathfrak{C}'\mathfrak{J}\mathfrak{C}=\mathfrak{J},$$

also $\mathfrak{C}$ symplektisch. Hieraus folgt weiter

$$(18) \qquad \mathfrak{C}'\mathfrak{S}\mathfrak{C}=-\left(\mathfrak{C}'\mathfrak{J}\mathfrak{C}\right)\mathfrak{C}^{-1}\mathfrak{J}\,\mathfrak{S}\mathfrak{C}=-\mathfrak{J}\mathfrak{L}=\begin{pmatrix}0 & \mathfrak{L}_0\\ \mathfrak{L}_0 & 0\end{pmatrix},$$

womit also $\mathfrak{S}$ durch symplektische Transformation in eine Normalform gebracht worden ist.

Wir verstehen unter z die Spalte mit den $2n$ Elementen $x_1, \ldots, x_n$, $y_1, \ldots, y_n$ und betrachten die lineare Substitution

$$(19) \qquad\qquad w=\mathfrak{C}z.$$

Da die Funktionalmatrix $\mathfrak{C}$ symplektisch ist, so ist (19) nach (2; 20) eine kanonische Transformation. Durch sie geht das HAMILTONsche System (12) über in

$$(20) \qquad\qquad \dot{z}=\mathfrak{J}H_z,$$

und zufolge (13), (18) wird

$$(21) \qquad H=\frac{1}{2}z'\,\mathfrak{C}'\,\mathfrak{S}\mathfrak{C}z+\cdots=\sum_{k=1}^{n}\lambda_k\,x_k\,y_k+\cdots.$$

Die quadratischen Glieder von H haben dadurch die Normalform erhalten.

Hat die Potenzreihe $H(w)$ lauter reelle Koeffizienten, so sind die Matrizen $\mathfrak{S}$ und $\mathfrak{A}=\mathfrak{J}\mathfrak{S}$ reell. Damit auch w reell wird, hat man z wieder der Bedingung $\mathfrak{C}z=\overline{\mathfrak{C}}\,\overline{z}$ zu unterwerfen. Nun ist $\mathfrak{C}$ durch die Gleichungen (14), (15) noch nicht eindeutig festgelegt, sondern kann noch mit einer beliebigen symplektischen Diagonalmatrix von $2n$ Reihen

$$\mathfrak{R}=\begin{pmatrix}\mathfrak{R}_0 & 0\\ 0 & \mathfrak{R}_0^{-1}\end{pmatrix}, \qquad \mathfrak{R}_0=[r_1,\ldots,r_n]$$

rechtsseitig multipliziert werden. Man kann nun folgendermaßen durch geeignete Wahl von $\mathfrak{R}$ die Realitätsbedingung für z vereinfachen. Zunächst sei ein Eigenwert $\lambda_k\ (k\leq n)$ nicht rein imaginär und $\lambda_l=\bar{\lambda}_k\ (l=l_k)$. Ist dabei $l>n$, so ist $\lambda_k \neq -\lambda_l=\lambda_{l-n}$ und auch $\lambda_k \neq \lambda_l$; dann vertausche man λ_{l-n}, λ_l und kommt auf den anderen Fall $l\leq n$. Man kann also bereits $l\leq n$ voraussetzen, und dann wird auch $\lambda_{l+n}=\bar{\lambda}_{k+n}$. Ist aber λ_k rein imaginär, so ist $\bar{\lambda}_k=-\lambda_k=\lambda_{k+n}$. Bedeuten wieder $c^{(1)}, \ldots, c^{(2n)}$ die Spalten von $\mathfrak{C}$, so folgt aus $\mathfrak{C}'\mathfrak{J}\mathfrak{C}=\mathfrak{J}$ die Beziehung

$$c^{(k)'}\mathfrak{J}\,c^{(k+n)}=1 \qquad (k=1,\ldots,n).$$

Ist dann λ_k nicht rein imaginär, so ergibt (6) die Formel

$$(22) \qquad 1 = c^{(l)\,\prime}\,\mathfrak{J}\,c^{(l+n)} = \varrho_k\,\overline{c^{(k)}}{}'\,\mathfrak{J}\,\overline{c^{(k+n)}}\,\varrho_{k+n} = \varrho_k\,\varrho_{k+n};$$

ist jedoch λ_k rein imaginär, so gilt $l_k = k + n$ und

$$(23) \qquad -1 = -(c^{(k)\,\prime}\,\mathfrak{J}\,c^{(k+n)})' = c^{(k+n)\,\prime}\,\mathfrak{J}\,c^{(k)} = \varrho_k\,\overline{c^{(k)}}{}'\,\mathfrak{J}\,\overline{c^{(k+n)}}\,\varrho_{k+n} = \varrho_k\,\varrho_{k+n}.$$

Ersetzt man nun $\mathfrak{C}\mathfrak{R}$ wieder durch $\mathfrak{C}$, so werden die ursprünglichen Spalten $c^{(k)}$, $c^{(k+n)}$ mit den skalaren Faktoren r_k, r_k^{-1} multipliziert. Ist λ_k nicht rein imaginär, so hat man dann ϱ_k zufolge (6) mit dem Faktor $r_l\bar{r}_k^{-1}$ zu multiplizieren. Falls außerdem λ_k nicht reell und $k < l_k$ ist, so wähle man $r_k = \bar{\varrho}_k$, $r_l = 1$ und erreicht $\varrho_k = 1$; nach (7), (22) gilt dann auch $\varrho_{k+n} = 1$, $\varrho_l = 1$, $\varrho_{l+n} = 1$. Ist λ_k reell, also $k = l_k$, so ist nach (7) die Zahl ϱ_k vom absoluten Betrage 1; dann setze man $r_k = \varrho_k^{-\frac{1}{2}}$ und erreicht das Entsprechende. Ist endlich λ_k rein imaginär, so nimmt ϱ_k den positiven Faktor $(r_k\bar{r}_k)^{-1}$ an, während nach (7), (23) die Gleichung $\bar{\varrho}_k = -\varrho_k$ besteht, also ϱ_k rein imaginär ist. Deswegen kann man in diesem Falle $\varrho_k = \varrho_{k+n} = \pm i$ erreichen. Vertauscht man noch λ_k mit λ_{k+n}, so hat man $c^{(k)}$, $c^{(k+n)}$ etwa durch $c^{(k+n)}$, $-c^{(k)}$ zu ersetzen, damit $\mathfrak{C}$ symplektisch bleibt. Da dann ϱ_k durch $-\varrho_{k+n}$ zu ersetzen ist, so kann man also stets $\varrho_k = -i$ erreichen. Damit sind dann die Faktoren $\varrho_k = -i$ für sämtliche rein imaginären Eigenwerte λ_k und sonst $\varrho_k = 1$. Die Realitätsbedingung $\mathfrak{C}z = \overline{\mathfrak{C}}\,\bar{z}$ ist mit $\bar{z}_k = \varrho_k z_{l_k}$ gleichbedeutend, also $x_l = \bar{x}_k$, $y_l = \bar{y}_k$ für $\lambda_l = \bar{\lambda}_k \neq -\lambda_k$ $(k = 1, \ldots, n)$ und $y_k = i\bar{x}_k$ für $\bar{\lambda}_k = -\lambda_k$.

Beachtet man in (20) auf der rechten Seite nur das lineare Glied, so gewinnt man das lineare System $\dot{z} = \mathfrak{L}z$ oder genauer

$$\dot{x}_k = \lambda_k x_k, \qquad \dot{y}_k = -\lambda_k y_k \qquad (k = 1, \ldots, n)$$

mit der vollständigen Lösung

$$x_k = \xi_k e^{\lambda_k t}, \qquad y_k = \eta_k e^{-\lambda_k t},$$

wobei ξ_k, η_k Integrationskonstanten sind. Ist eines der λ_k rein imaginär, etwa λ_1, so haben wir in

$$x_k = y_k = 0 \qquad (k = 2, \ldots, n), \qquad x_1 = \xi_1 e^{\lambda_1 t}, \qquad y_1 = \eta_1 e^{-\lambda_1 t}$$

eine periodische Lösung des linearen Systems. Damit w reell wird, hat man noch $\eta_1 = i\,\bar{\xi}_1$ zu wählen. Das Ziel der nächsten beiden Paragraphen ist es, von dieser Lösung zu einer periodischen Lösung des allgemeinen nichtlinearen HAMILTONschen Systems (11) zu gelangen.

Es kann übrigens bei nicht-HAMILTONschen Systemen von Differentialgleichungen (1) sehr wohl vorkommen, daß sie außer der Gleichgewichtslösung keine periodische Lösung besitzen, während das entsprechende lineare System (2) auch nicht-konstante periodische Lösungen hat.

Dies zeigt das Beispiel des Systems

$$(24) \qquad \dot{x} = -y + x(x^2 + y^2)^g, \qquad \dot{y} = x + y(x^2 + y^2)^g$$

mit zwei unbekannten Funktionen x, y, wobei g eine gegebene natürliche Zahl sei. Das zugehörige lineare System $\dot{x} = -y$, $\dot{y} = x$ hat nur periodische Lösungen, nämlich $x = \alpha \cos t + \beta \sin t$, $y = \alpha \sin t - \beta \cos t$ mit konstanten α, β. Dies sind konzentrische Kreise in der (x, y)-Ebene, die mit konstanter Geschwindigkeit 1 durchlaufen werden und den Mittelpunkt im Ursprung haben. Schreibt man andererseits das gegebene System (24) mittels $x = r \cos \varphi$, $y = r \sin \varphi$ auf Polarkoordinaten um, so wird

$$r\dot{r} = x\dot{x} + y\dot{y} = (x^2 + y^2)^{g+1} = r^{2g+2}, \qquad r^2 \dot{\varphi} = x\dot{y} - y\dot{x} = x^2 + y^2 = r^2.$$

Liegt nicht die triviale Gleichgewichtslösung $r = 0$ vor, so wird

$$\dot{r} = r^{2g+1}, \qquad r = (a - 2g\,t)^{-\frac{1}{2g}}, \qquad \dot{\varphi} = 1, \qquad \varphi = b + t,$$

mit zwei Integrationskonstanten a, b. Diese Lösungen sind Spiralen, also sicher nicht periodisch. Das Beispiel zeigt insbesondere, daß die Eigenschaft des Systems $\dot{x} = -y$, $\dot{y} = x$, periodische Lösungen zu besitzen, schon verloren geht, wenn man nur Glieder von beliebig hoher Ordnung in x, y auf den rechten Seiten geeignet hinzufügt; denn der Parameter $g = 1, 2, \ldots$ ist in dem Beispiel noch frei wählbar. Jedoch ist das im Beispiel gegebene System nicht kanonisch. Wir werden nun weiterhin untersuchen, wie man bei HAMILTONschen Systemen zu einer periodischen Lösung gelangen kann, falls das entsprechende lineare System eine solche besitzt und außerdem noch eine gewisse Voraussetzung erfüllt ist.

§ 14. Ein Existenzsatz.

Es möge das HAMILTONsche System $w = \mathfrak{J} H_w$ denselben Bedingungen genügen wie im vorigen Paragraphen. Es ist also $H = \frac{1}{2} w' \mathfrak{S} w + \cdots$ eine mit quadratischen Gliedern beginnende reelle Potenzreihe, die in einer gewissen Umgebung von $w = 0$ konvergiert, und es mögen die $2n$ Eigenwerte $\lambda_1, \ldots, \lambda_n$, $-\lambda_1, \ldots, -\lambda_n$ von $\mathfrak{J} \mathfrak{S}$ sämtlich voneinander verschieden sein. Es handelt sich um den Beweis des folgenden Existenzsatzes:

Es sei λ_1 rein imaginär und keiner der $n - 1$ Quotienten $\dfrac{\lambda_2}{\lambda_1}, \ldots, \dfrac{\lambda_n}{\lambda_1}$ ganzzahlig. Dann gibt es eine Schar von reellen periodischen Lösungen des HAMILTONschen Systems, die analytisch von einem reellen Parameter ϱ abhängen und für $\varrho = 0$ in die Gleichgewichtslösung übergehen. Die Periode $\tau = \tau(\varrho)$ ist ebenfalls analytisch in ϱ und $\tau(0) = \dfrac{2\pi}{|\lambda_1|}$.

Zum Beweise dieses Satzes werden wir die gesuchten Lösungen in Form von Potenzreihen mit unbekannten Koeffizienten ansetzen. Wir rechnen zunächst wie bereits in § 4 mit formalen Potenzreihen und weisen die Konvergenz dieser Reihen erst im folgenden Paragraphen nach. Die Variabeln sind also jetzt als endlich viele Unbestimmte $z_1, \ldots, z_m$ anzusehen und haben keine Zahlwerte, während die Koeffizienten irgendwelche komplexen Zahlen sind. Definiert man Gleichheit, Summe und Produkt nach den Regeln, die im konvergenten Falle gelten, so bilden die Potenzreihen einen Ring $R(z)$ ohne Nullteiler. Führt man neue Variable $\zeta_1, \ldots, \zeta_q$ mittels einer Substitution durch Potenzreihen in $z_1, \ldots, z_m$ ein, welche kein konstantes Glied enthalten, so geht auch jede Potenzreihe in den neuen Variabeln ζ durch Umordnung in eine Potenzreihe in den alten Variabeln z über, und es wird dadurch $R(\zeta)$ isomorph auf einen Teilring von $R(z)$ abgebildet. Wir erklären ferner partielle Ableitungen nach $z_1, \ldots, z_m$, indem wir diese Operationen gliedweise in der Reihe ausführen, wobei zu beachten ist, daß die Differentiation eines Polynoms rein algebraisch erklärt wird. Es gelten dann auch in $R(z)$ die üblichen Regeln für die Ableitung von Summe und Produkt, und die Kettenregel bleibt gültig.

Zunächst betrachten wir anstatt eines HAMILTONschen Systems wieder das allgemeine nichtlineare System (13; 1) unter der einschränkenden Annahme, daß die Matrix $\mathfrak{A}$ zwei entgegengesetzt gleiche Eigenwerte $\lambda_1, \lambda_2 = -\lambda_1$ hat. Wir versuchen, eine partikuläre Lösung zu finden, indem wir $x_1, \ldots, x_m$ als Potenzreihen in zwei unbekannten Funktionen $\xi = \xi(t)$, $\eta = \eta(t)$ ansetzen. Dadurch geht (13; 1) über in

$$x_\xi \dot{\xi} + x_\eta \dot{\eta} = f(x).$$

Wird nun weiter für die Funktionen ξ, η vorausgesetzt, daß sie den beiden Differentialgleichungen

(1) $$\dot{\xi} = \alpha \xi, \quad \dot{\eta} = \beta \eta$$

genügen, wobei α, β Potenzreihen in ξ, η sind, so ist die Aufsuchung jener partikulären Lösung in zwei Schritte zerlegt. Zunächst hat man nämlich die lineare partielle Differentialgleichung

(2) $$x_\xi \xi \alpha + x_\eta \eta \beta = f(x)$$

für $x(\xi, \eta)$ bei geeigneter Wahl von $\alpha(\xi, \eta)$, $\beta(\xi, \eta)$ zu behandeln und sodann noch das System (1) zu integrieren. Ein Vorteil dieses Ansatzes ist jedenfalls, daß man bei der Diskussion von (2) im Ring der formalen Potenzreihen bleiben kann und sich nicht von vornherein um die Frage der Konvergenz zu kümmern braucht. Durch die lineare Substitution

$x = \mathfrak{C}\,y$ geht (2) über in

(3)
$$y_\xi \xi \alpha + y_\eta \eta \beta - \mathfrak{L}\,y = g(y),$$

wo die Potenzreihe

(4)
$$g(y) = \mathfrak{C}^{-1} f(\mathfrak{C}\,y) - \mathfrak{L}\,y$$

mit quadratischen Gliedern beginnt und wieder $\mathfrak{L} = [\lambda_1, \lambda_2, \ldots, \lambda_m]$ ist. Damit aus (3) die $m + 2$ Potenzreihen $y_k(\xi, \eta)$ $(k = 1, \ldots, m)$, $\alpha(\xi, \eta)$, $\beta(\xi, \eta)$ eindeutig mittels Koeffizientenvergleich bestimmt werden können, stellen wir noch folgende drei Forderungen: Es mögen die Reihen $y_1 - \xi$, $y_2 - \eta$ und y_k $(k = 3, \ldots, m)$ sämtlich mit quadratischen Gliedern anfangen; es soll in $y_1 - \xi$ kein Glied der Form $\xi(\xi\eta)^l$ und in $y_2 - \eta$ kein Glied der Form $\eta(\xi\eta)^l$ vorkommen; es sollen α und β Reihen in dem Produkte $\xi\eta = \omega$ allein sein. Die m Eigenwerte $\lambda_1, \lambda_2 = -\lambda_1, \lambda_3, \ldots, \lambda_m$ waren bereits als verschieden vorausgesetzt; jetzt wird noch gefordert, daß keines der $m - 2$ Verhältnisse $\dfrac{\lambda_3}{\lambda_1}, \ldots, \dfrac{\lambda_m}{\lambda_1}$ eine ganze Zahl ist.

Wir setzen die $m + 2$ Potenzreihen y_k, α, β mit unbestimmten Koeffizienten in (3) ein und vergleichen zunächst die linearen Glieder. Daraus folgt, daß α, β die konstanten Glieder λ_1, $-\lambda_1$ haben. Es sei nun s eine natürliche Zahl, und es werde angenommen, daß aus (3) durch Vergleich der Glieder der Ordnungen $\leq s$ bereits y bis zur s-ten Ordnung und α, β bis zur Ordnung $s - 1$ eindeutig berechnet seien. Nun vergleiche man in (3) die Koeffizienten der Glieder der Form $\xi^p \eta^q$ $(p + q = s + 1)$. Da $g(y)$ mit quadratischen Gliedern anfängt, so ist der betreffende Koeffizient in $g(y)$ ein Polynom in den bereits bekannten Koeffizienten von $y_1, \ldots, y_m$. Es sei γ der gesuchte Koeffizient von $\xi^p \eta^q$ in y_k. Dieses Glied ergibt zu dem entsprechenden Koeffizienten auf der linken Seite von (3) den Beitrag $\{\lambda_1(p - q) - \lambda_k\}\gamma$. Ist nun nicht zugleich $k = 1$ und $p = q + 1$ oder $k = 2$ und $q = p + 1$, so kommt links nur noch ein Polynom in den bereits bekannten Koeffizienten von y, α, β hinzu. Da dann der Faktor von γ von 0 verschieden ist, so ergibt sich γ eindeutig. Ist jedoch entweder $k = 1$, $p = q + 1$ oder $k = 2$, $q = p + 1$, so ist zufolge der zweiten obigen Forderung $\gamma = 0$; andererseits kommt aber dann links für $k = 1$ der unbekannte Koeffizient von ω^q in α und für $k = 2$ der unbekannte Koeffizient von ω^p in β hinzu, während wieder alle weiteren Glieder bereits bekannt sind. Damit gilt die Voraussetzung der Induktion auch für $s + 1$ statt s, und da sie für $s = 1$ erfüllt war, so folgt die eindeutige Lösbarkeit von (3) unter den oben gestellten Bedingungen.

Es werde nun angenommen, die Reihe $f(x)$ habe lauter reelle Koeffizienten. Ferner sei λ_1 rein imaginär, also $\lambda_2 = \bar{\lambda}_1$. Wir wollen untersuchen, was dies für die Reihen $y(\xi, \eta)$, $\alpha(\xi, \eta)$, $\beta(\xi, \eta)$ zur Folge hat.

Setzt man noch $\mathfrak{C}^{-1}\overline{\mathfrak{C}} = \mathfrak{T}$ und $\mathfrak{T}^{-1}y = y^*$, so hat die letztere Substitution wegen (13; 6), (13; 7) die einfache Gestalt

$$(5) \qquad\qquad y_l = \overline{\varrho}_l y_k^* \qquad (l = l_k;\ k = 1, \ldots, m)$$

und speziell ist $y_1 = \overline{\varrho}_1 y_2^*$, $y_2 = \overline{\varrho}_2 y_1^*$, $\overline{\varrho}_1 \varrho_2 = 1$. In der Identität (3) gehen wir nun zu den konjugiert komplexen Koeffizienten über, wobei die Unbestimmten ξ, η fest bleiben mögen. Mit $\overline{y} = \overline{y}(\xi, \eta)$ wird dann

$$\overline{\mathfrak{C}}^{-1}\overline{f}\,(\overline{\mathfrak{C}}\,\overline{y}) = \mathfrak{T}^{-1}\mathfrak{C}^{-1}f(\mathfrak{C}\,\mathfrak{T}\,\overline{y}),$$

und mit Rücksicht auf (4) bleibt also (3) erfüllt, wenn dort y, α, β durch $\mathfrak{T}\overline{y}, \overline{\alpha}, \overline{\beta}$ ersetzt werden. Die beiden ersten Komponenten des Vektors $\mathfrak{T}\overline{y}$ sind $\overline{\varrho}_1 \overline{y}_2 = \overline{\varrho}_1 \eta + \cdots$, $\overline{\varrho}_2 \overline{y}_1 = \overline{\varrho}_2 \xi + \cdots$, und die anderen beginnen wieder mit quadratischen Gliedern. Ersetzt man jetzt ξ, η durch $\varrho_1 \eta, \varrho_2 \xi$, so ergibt sich offenbar, daß die $\mathfrak{T}\overline{y}(\varrho_1 \eta, \varrho_2 \xi)$, $\overline{\beta}(\varrho_1 \eta, \varrho_2 \xi)$, $\overline{\alpha}(\varrho_1 \eta, \varrho_2 \xi)$ ebenfalls eine Lösung von (3) darstellen, welche die sämtlichen drei Forderungen erfüllt. Wegen der bewiesenen Eindeutigkeit folgt daraus

$$\mathfrak{C}\,y(\xi, \eta) = \overline{\mathfrak{C}}\,\overline{y}(\varrho_1 \eta, \varrho_2 \xi), \qquad \alpha(\xi, \eta) = \overline{\beta}(\varrho_1 \eta, \varrho_2 \xi).$$

Im Fall der Konvergenz sind also für $\overline{\xi} = \varrho_1 \eta$ die Werte $\alpha(\xi, \eta)$, $\beta(\xi, \eta)$ konjugiert komplex und $\mathfrak{C}\,y(\xi, \eta) = x(\xi, \eta)$ reell.

Analog läßt sich die Annahme behandeln, daß die Reihe $f(x)$ lauter reelle Koeffizienten hat und λ_1 reell ist, also $\overline{\lambda}_1 = \lambda_1$, $\lambda_2 = -\lambda_1 = \overline{\lambda}_2$. Jetzt wird $l_1 = 1$, $l_2 = 2$, und man kann $\varrho_1 = \varrho_2 = 1$ normieren, so daß $y_1 = y_1^*$, $y_2 = y_2^*$ gilt. Da dann die beiden ersten Komponenten von $\mathfrak{T}\overline{y}$ bereits die Form $\overline{y}_1 = \xi + \cdots$, $\overline{y}_2 = \eta + \cdots$ haben, so folgt diesmal

$$\mathfrak{C}\,y(\xi, \eta) = \overline{\mathfrak{C}}\,\overline{y}(\xi, \eta), \qquad \alpha(\xi, \eta) = \overline{\alpha}(\xi, \eta), \qquad \beta(\xi, \eta) = \overline{\beta}(\xi, \eta),$$

so daß für reelle ξ, η im Falle der Konvergenz die Werte $x(\xi, \eta)$, $\alpha(\xi, \eta)$, $\beta(\xi, \eta)$ ebenfalls reell werden.

Wir sehen zunächst wieder von der Realitätsforderung für $f(x)$ ab und betrachten den speziellen Fall eines HAMILTONschen Systems. Es soll gezeigt werden, daß dann $\alpha(\xi, \eta) = -\beta(\xi, \eta)$ ist. Die bisherigen Bezeichnungen sind in folgender Weise sinngemäß zu ändern. An die Stelle der m Variabeln $y_1, \ldots, y_m$ treten die $2n$ Variabeln $z_k = x_k$, $z_{k+n} = y_k$ ($k = 1, \ldots, n$), wobei insbesondere x_1, y_1 für y_1, y_2 stehen und entsprechend $\lambda_2 = -\lambda_1$ durch $\lambda_{n+1} = -\lambda_1$ zu ersetzen ist. Wir denken uns in der HAMILTONschen Funktion H bereits die lineare kanonische Transformation der Variabeln ausgeführt, welche für die quadratischen Glieder die in (13; 21) angegebene Normalform liefert. Statt (3), (4) gilt dann

$$z_\xi \xi \alpha + z_\eta \eta \beta = \mathfrak{J}H_z,$$

und daher ergibt sich für das formal gebildete Differential $dH = H_\xi d\xi + H_\eta d\eta$ der Ausdruck

$$dH = H_z' dz = (\alpha\xi z_\xi' + \beta\eta z_\eta')\, \Im(z_\xi d\xi + z_\eta d\eta) = (\alpha\xi d\eta - \beta\eta d\xi)\, z_\xi'\, \Im z_\eta.$$

Setzt man zur Abkürzung noch $z_\xi' \Im z_\eta = \Delta$, so folgt

$$H_\xi = -\beta\eta\Delta, \qquad H_\eta = \alpha\xi\Delta,$$

(6)
$$\alpha\xi H_\xi + \beta\eta H_\eta = 0,$$

wobei H jetzt als Potenzreihe in ξ, η anzusehen ist.

Wir wollen mit Hilfe von (6) zeigen, daß H eine Reihe in $\omega = \xi\eta$ allein ist. Es sei bereits bewiesen, daß in H die Glieder der Ordnungen $\leq s$ ein Polynom in ω bilden. Für $s = 2$ ist dies richtig, da

$$H = \sum_{k=1}^{n} \lambda_k x_k y_k + \cdots = \lambda_1 \omega + \cdots$$

ist. Es sei nun $\gamma\xi^p\eta^q$ $(p + q = s + 1)$ ein Glied der Ordnung $s + 1$. Wegen $\alpha = \lambda_1 + \cdots$, $\beta = -\lambda_1 + \cdots$ sind in der Identität

$$\lambda_1(\eta H_\eta - \xi H_\xi) = (\alpha - \lambda_1)\xi H_\xi + (\beta + \lambda_1)\eta H_\eta$$

die Faktoren $\alpha - \lambda_1$, $\beta + \lambda_1$ Potenzreihen in ω ohne konstantes Glied. Nach der Induktionsannahme bilden also die rechts stehenden Glieder der Ordnungen $\leq s + 2$ ein Polynom in ω allein. Der Koeffizient von $\xi^p\eta^q$ wird links $\lambda_1(q - p)\gamma$, also ist $\gamma = 0$ für $p \neq q$ und damit die Aussage auch für $s + 1$ statt s richtig.

Da H nur von ω abhängt, so folgt

$$H_\xi = \eta H_\omega, \qquad H_\eta = \xi H_\omega,$$

und (6) geht über in

$$(\alpha + \beta)\omega H_\omega = 0.$$

Nun ist aber $\omega H_\omega = \lambda_1\omega + \cdots$ nicht die Potenzreihe 0, so daß sich die Behauptung

(7)
$$\alpha + \beta = 0$$

ergibt.

Wir gehen nochmals zum allgemeinen Fall (2) zurück, wollen jedoch annehmen, daß für die gefundene Lösung auch (7) erfüllt ist. Im nächsten Paragraphen wird gezeigt werden, daß dann im Falle der Konvergenz von $f(x)$ die Reihen $y(\xi, \eta)$, α, β für komplexe ξ, η von genügend kleinem absoluten Betrage ebenfalls konvergieren. Dadurch bekommen die Differentialgleichungen (1) einen Sinn. Nach (7) wird nunmehr

$$\dot{\omega} = \dot{\xi}\eta + \xi\dot{\eta} = (\alpha + \beta)\xi\eta = 0,$$

also sind ω, α, β von t unabhängig. Daher folgt weiter

$$(8) \qquad \xi = \xi_0\, e^{\alpha t}, \qquad \eta = \eta_0\, e^{\beta t}.$$

Hat nun wiederum die Reihe $f(x)$ lauter reelle Koeffizienten und ist λ_1 rein imaginär, so wähle man die Anfangswerte ξ_0, η_0 von ξ, η für $t = 0$ gemäß der Bedingung $\bar{\xi}_0 = \varrho_1 \eta_0$ und $|\xi_0|$ genügend klein. Dann sind nach dem früheren Resultat die Zahlen $\alpha = \alpha(\xi, \eta) = \alpha(\xi_0, \eta_0)$ und $\beta = \beta(\xi, \eta) = \beta(\xi_0, \eta_0)$ konjugiert komplex, also nach (7) konjugiert rein imaginär. Zufolge (8) ist dann auch $\bar{\xi} = \varrho_1 \eta$ für alle reellen t und $|\xi| = |\xi_0|$, also nach dem erwähnten Resultat auch $x(\xi, \eta)$ reell. Demnach wird durch (8) eine Schar reeller periodischer Lösungen des in (13; 1) vorgelegten Systems von Differentialgleichungen geliefert, die den komplexen Parameter ξ_0 enthält. Da die rechten Seiten der Differentialgleichungen nicht von t explizit abhängen, so geht jede Lösungskurve in sich über, wenn t durch $t + c$ mit beliebigem reellen c ersetzt wird. Deswegen genügt es, $\xi_0 = \varrho \geqq 0$ zu wählen. Die Periode hat den Wert $\tau(\varrho) = \dfrac{2\pi}{|\alpha|}$ mit $\alpha = \lambda_1 + \cdots$; also ist $\tau(0) = \dfrac{2\pi}{|\lambda_1|}$. Da nach unserem Ansatz $y_1 = \xi + \cdots$, $y_2 = \eta + \cdots$ war, so folgt noch, daß y_1, y_2 für genügend kleine $\varrho > 0$ von t wirklich abhängen und dann $\tau(\varrho)$ primitive Periode ist. Die gefundenen Potenzreihen lassen sich vermöge (8) als FOURIERsche Reihen nach Vielfachen des Winkel $|\alpha| t$ schreiben. Sobald der noch fehlende Konvergenzbeweis im nächsten Paragraphen erbracht sein wird, folgen insbesondere die Behauptungen des Existenzsatzes.

Hat andererseits $f(x)$ reelle Koeffizienten und ist λ_1 reell, also auch $\lambda_2 = -\lambda_1$ reell, so wähle man die Anfangswerte ξ_0, η_0 reell und $|\xi_0|, |\eta_0|$ genügend klein. Jetzt sind die Zahlen $\alpha = \alpha(\xi, \eta) = \alpha(\xi_0, \eta_0)$ und $\beta = -\alpha$ reell, also nach (8) auch ξ, η reell für alle reellen t. Dann konvergiert $x(\xi, \eta)$ jedenfalls für genügend kleine $|t|$ und ist reell. Durch (8) wird in der (ξ, η)-Ebene eine von dem reellen Parameter $\xi_0 \eta_0$ abhängige Schar gleichseitiger Hyperbeln erklärt oder genauer, wenn man noch nach den Vorzeichen von ξ_0, η_0 unterscheidet, vier Scharen von Hyperbelästen. Man erhält damit vier einparametrige Scharen reeller Lösungskurven des Systems (13; 1). Ist etwa $\alpha > 0$ und $\beta = -\alpha < 0$, so geht $e^{\alpha t}$ bzw. $e^{\beta t}$ gegen ∞ für $t \to \infty$ bzw. $t \to -\infty$. Für $\xi_0 \eta_0 \neq 0$ bleibt also zufolge (8) der Punkt ξ, η nur für ein beschränktes Zeitintervall in einer gegebenen beschränkten Umgebung des Nullpunktes, während er für $\xi_0 = 0$, $\eta_0 \neq 0$ und $t \to \infty$ auf der η-Achse in den Nullpunkt hereinrückt und analog für $\xi_0 \neq 0$, $\eta_0 = 0$, $t \to -\infty$ auf der ξ-Achse. Entsprechend den beiden möglichen Vorzeichen von η_0 oder ξ_0 erhält man so vier Lösungen $x(t)$, die sich für $t \to \infty$ bzw. $t \to -\infty$ der Gleichgewichtslösung asymptotisch annähern. Dagegen haben die für $\xi_0 \eta_0 \neq 0$ gefundenen Lösungen $x(t)$ die Eigenschaft, daß sie nur für ein beschränktes

Zeitintervall in einer genügend kleinen Umgebung von $x = 0$ verweilen; sie werden also erst eingefangen und dann wieder herausgeworfen. Übrigens wird dadurch nicht die Möglichkeit ausgeschlossen, daß unter diesen Lösungen auch solche mit reeller Periode vorkommen, doch ist dann die Periodizität nicht mehr durch lokale Untersuchung festzustellen. Setzt man noch $e^{\alpha t} = q$, so sind die $x_k(t)$ $(k = 1, \dots, m)$ LAURENTsche Reihen der Variabeln q und haben in t die rein imaginäre Periode $\frac{2\pi i}{\alpha}$. Um dieses Resultat näher zu beleuchten, wollen wir zum Vergleich das in Analogie zu $(13; 24)$ gebildete System

$$\dot{x} = x + x(xy)^g, \quad \dot{y} = -y + y(xy)^g$$

heranziehen, wo wieder g eine gegebene natürliche Zahl sei. Es wird

$$(xy)^{\cdot} = 2(xy)^{g+1}, \quad y\dot{x} - x\dot{y} = 2xy.$$

Ist dann zunächst $xy \neq 0$, so folgt

$$xy = (a - 2gt)^{-\frac{1}{g}}, \quad x = bye^{2t}$$

mit zwei Integrationskonstanten $a, b \neq 0$ und hieraus

(9) $$x = b^{\frac{1}{2}}e^t(a - 2gt)^{-\frac{1}{2g}}, \quad y = b^{-\frac{1}{2}}e^{-t}(a - 2gt)^{-\frac{1}{2g}};$$

während man für $xy = 0$ die speziellen Lösungen $x = 0$, $y = ce^{-t}$ und $x = ce^t$, $y = 0$ mit konstantem c erhält. Im vorliegenden Falle ist $\lambda_1 = 1$, $\lambda_2 = -1$; jedoch hat keine Lösung aus der einparametrigen Schar (9) eine komplexe Periode. Hierdurch wird also auch für reelles λ_1 eine analytische Eigenschaft der Lösungen HAMILTONscher Systeme aufgezeigt, die im allgemeinen bei $(13; 1)$ nicht aufzutreten braucht.

Für die rekursive Berechnung der Koeffizienten von y, α, β mittels Koeffizientenvergleich war es wesentlich, daß die $m - 2$ Quotienten $\frac{\lambda_3}{\lambda_1}, \dots, \frac{\lambda_m}{\lambda_1}$ sämtlich nicht ganzzahlig sind. Im HAMILTONschen Fall ist diese Bedingung damit gleichbedeutend, daß keines der $n - 1$ Verhältnisse $\frac{\lambda_2}{\lambda_1}, \dots, \frac{\lambda_n}{\lambda_1}$ ganz ist. Wir wollen an einem Beispiel zeigen, daß diese Voraussetzung für die Gültigkeit des Existenzsatzes im allgemeinen nicht entbehrlich ist. Nehmen wir als HAMILTONsche Funktion das kubische Polynom

$$H = \frac{1}{2}(x_1^2 + y_1^2) - x_2^2 - y_2^2 + x_1 y_1 x_2 + \frac{1}{2}(x_1^2 - y_1^2)y_2,$$

so erhält man das zugehörige System

(10) $$\begin{cases} \dot{x}_1 = y_1 + x_1 x_2 - y_1 y_2, & \dot{y}_1 = -x_1 - y_1 x_2 - x_1 y_2, \\ \dot{x}_2 = -2y_2 + \frac{1}{2}(x_1^2 - y_1^2), & \dot{y}_2 = 2x_2 - x_1 y_1, \end{cases}$$

das offenbar die Gleichgewichtslösung $x_1 = x_2 = y_1 = y_2 = 0$ hat. Die zugehörigen Eigenwerte sind $\lambda_1 = -\lambda_3 = i$, $\lambda_2 = -\lambda_4 = 2i$. Legt man λ_2 als den im Existenzsatz benutzten rein imaginären Eigenwert zugrunde, so gilt auch die Voraussetzung, daß $\dfrac{\lambda_1}{\lambda_2} = \dfrac{1}{2}$ nicht ganzzahlig ist, also folgt die Existenz einer einparametrigen Schar periodischer Lösungen mit der angenäherten Periode $\dfrac{2\pi i}{\lambda_2} = \pi$. Diese Lösung läßt sich leicht direkt angeben. Für die Anfangswerte $x_1 = y_1 = 0$ ergibt nämlich der Eindeutigkeitssatz für Differentialgleichungen als allgemeine Lösung

$$x_1 = 0, \quad y_1 = 0, \quad x_2 = \alpha \cos 2t - \beta \sin 2t, \quad y_2 = \alpha \sin 2t + \beta \cos 2t$$

mit konstanten α, β, also einen Kreis in der (x_2, y_2)-Ebene, der in der Zeit π einmal durchlaufen wird. Dabei ist der Radius beliebig. Dies ist gerade die Lösung, die sich aus dem Existenzsatz ergibt, und zwar ist hier die Periode sogar genau gleich π, und nicht nur in erster Näherung. Verwendet man aber λ_1 als den im Existenzsatz benutzten Eigenwert, so gibt es, wie wir zeigen wollen, tatsächlich keine periodische Lösung mit der angenäherten Periode $\dfrac{2\pi i}{\lambda_1} = 2\pi$, wenn von der trivialen Gleichgewichtslösung abgesehen wird. Da in diesem Falle von den Voraussetzungen des Existenzsatzes nur die eine, daß nämlich $\dfrac{\lambda_2}{\lambda_1}$ nicht ganzzahlig sein soll, wegen $\dfrac{\lambda_2}{\lambda_1} = 2$ verletzt ist, so ist damit diese Voraussetzung als nicht unwesentlich erkannt. Wir sahen eben, daß alle Lösungen zu den Anfangswerten $x_1 = y_1 = 0$ die Periode π besitzen. Wir zeigen jetzt, daß alle anderen reellen Lösungen nicht periodisch sind. Nach dem Eindeutigkeitssatz für Differentialgleichungen ist für solche Lösungen jedenfalls dauernd die Größe $p = x_1^2 + y_1^2 > 0$. Setzt man noch $q = x_2^2 + y_2^2$, so erhält man aus (10) nach einfacher Rechnung, indem man etwa in geeigneter Weise die Glieder komplex zusammenfaßt, die Differentialgleichung

$$\ddot{p} = 4pq + p^2.$$

Wegen $p^2 > 0$, $4pq \geqq 0$ folgt hieraus, daß p eine im strengen Sinne konvexe Funktion von t ist, also keinesfalls periodisch. Folglich gibt es tatsächlich im vorliegenden Falle außer den angegebenen Kreislösungen überhaupt keine weiteren periodischen Lösungen.

§ 15. Der Konvergenzbeweis.

Wir zeigen nunmehr die Konvergenz der im vorigen Paragraphen formal gebildeten Potenzreihen mit Hilfe der Majorantenmethode, die wir schon in § 4 verwendeten. Dabei werde noch vorausgesetzt, daß sich bei der Lösung von (14; 3) die Beziehung $\alpha + \beta = 0$ ergibt. Diese

Voraussetzung ist jedenfalls für HAMILTONsche Systeme zufolge (14; 7) erfüllt.

Ist $h = h(\xi, \eta)$ eine Potenzreihe in ξ, η, so möge mit $\{h\}_{pq}$ der Koeffizient von $\xi^p \eta^q$ in $h(\xi, \eta)$ bezeichnet werden. Nach (14; 3) gilt dann

$$\{(y_\xi \xi - y_\eta \eta)\alpha - \mathfrak{L} y\}_{pq} = \{g(y)\}_{pq},$$

wobei also für y und α die gefundenen Reihen einzutragen sind. Da

$$\alpha = \lambda_1 + \sum_{r=1}^{\infty} \{\alpha\}_{rr} (\xi \eta)^r$$

eine Potenzreihe in $\xi \eta$ allein ist, so folgt genauer

$$(1) \quad ((p - q)\lambda_1 - \lambda_k)\{y_k\}_{pq} + \sum_{r=1}^{\infty} (p - q)\{\alpha\}_{rr} \{y_k\}_{p-r, q-r} = \{g_k(y)\}_{pq}$$

für $k = 1, \ldots, m$; dabei bricht die Summe mit dem Gliede $r = \mathrm{Min}\,(p, q)$ ab. Zunächst sei nicht zugleich $k = 1$, $p = q + 1$ oder $k = 2$, $q = p + 1$; dann ist also $(p - q)\lambda_1 - \lambda_k \neq 0$, und es gibt eine von k, p, q unabhängige Zahl $c_1 > 0$, so daß

$$\left| \frac{1}{(p - q)\lambda_1 - \lambda_k} \right| < c_1, \quad \left| \frac{p - q}{(p - q)\lambda_1 - \lambda_k} \right| < c_1$$

wird. Aus (1) folgt unter der genannten Voraussetzung, daß dann

$$(2) \quad |\{y_k\}_{pq}| \leq c_1 |\{g_k(y)\}_{pq}| + c_1 \sum_{r=1}^{\infty} |\{\alpha\}_{rr} \{y_k\}_{p-r, q-r}|$$

ist. In den restlichen Fällen $k = 1$, $p = q + 1$ oder $k = 2$, $q = p + 1$ gilt stets $\{y_k\}_{pq} = 0$ für $p + q > 1$, während $\{y_1\}_{10} = \{y_2\}_{01} = 1$ ist, so daß aus (1) dann

$$(3) \quad \begin{cases} |\{\alpha\}_{qq}| = |\{g_1(y)\}_{pq}| & (p = q + 1 > 1), \\ |\{\alpha\}_{pp}| = |\{g_2(y)\}_{pq}| & (q = p + 1 > 1) \end{cases}$$

folgt. Bedeutet h wieder eine Potenzreihe in ξ, η, so möge

$$\overline{|h|} = \sum_{p,q} |\{h\}_{pq}| \, \xi^p \eta^q$$

gesetzt werden. Es geht also $\overline{|h|}$ dadurch aus h hervor, daß man alle Koeffizienten durch ihre absoluten Beträge ersetzt. Ferner werden noch die Abkürzungen $y_1^* = y_1 - \xi$, $y_2^* = y_2 - \eta$, $y_k^* = y_k$ $(k = 3, \ldots, m)$, $\alpha^* = \alpha - \lambda_1$ eingeführt. Multipliziert man in (2), (3) mit $\xi^p \eta^q$ und summiert über k, p, q, so folgt die Majorantenbeziehung

$$(4) \quad (\xi + \eta)\overline{|\alpha^*|} + \sum_{k=1}^{m} \overline{|y_k^*|} < c_1 \left(\sum_{k=1}^{m} \overline{|g_k(y)|} + \overline{|\alpha^*|} \sum_{k=1}^{m} \overline{|y_k^*|} \right),$$

in der keine Ableitungen mehr auftreten.

Wir benötigen eine Abschätzung für $\overline{g_k(y)}$ und wollen mit $c_2, \ldots, c_8$ geeignete positive Konstanten bezeichnen. Nach Voraussetzung sind die m Funktionen $f_k(x)$ $(k = 1, \ldots, m)$ in einer Umgebung von $x = 0$ regulär, also auch die durch (14; 4) definierten Funktionen $g_k(y)$ bei $y = 0$. Ist nun $g_k(y)$ für $|y_l| \leq c_2$ $(l = 1, \ldots, m)$ regulär und absolut $\leq c_3$, so folgt nach der Abschätzungsformel von CAUCHY die Beziehung

$$g_k(y) < c_3 \prod_{l=1}^{m} \left(1 - \frac{y_l}{c_2}\right)^{-1},$$

wobei $y_1, \ldots, y_m$ noch als unabhängige Variable gelten. Mit der Abkürzung $s = y_1 + \cdots + y_m$ ist ferner

$$\prod_{l=1}^{m} \left(1 - \frac{y_l}{c_2}\right)^{-1} < \left(1 - \frac{s}{c_2}\right)^{-m} < \frac{c_4}{1 - c_5 s}.$$

Da $g_k(y)$ erst mit quadratischen Gliedern beginnt, so ergibt sich

$$(5) \qquad g_k(y) < \frac{c_6 s^2}{1 - c_5 s} \qquad (k = 1, \ldots, m).$$

Setzt man noch

$$(6) \qquad \sum_{k=1}^{m} \overline{y_k^*} = S,$$

so ist andererseits

$$\overline{s} < \xi + \eta + S.$$

Aus (4), (5), (6) erhält man

$$(7) \qquad (\xi + \eta) \overline{\alpha^*} + S < c_1 \left(\frac{c_6 (\xi + \eta + S)^2}{1 - c_5(\xi + \eta + S)} + \overline{\alpha^*} \, S\right).$$

Wegen (6) genügt es, die Konvergenz von S und $\overline{\alpha^*}$ in einer Umgebung von $\xi = 0$, $\eta = 0$ zu beweisen, und da jetzt alle Koeffizienten ≥ 0 sind, so genügt es, den Fall $\xi = \eta$ zu behandeln. Weil S ebenfalls mit quadratischen Gliedern in ξ, η anfängt, so wird dann

$$2 \overline{\alpha^*} + \xi^{-1} S = U$$

eine Potenzreihe in ξ ohne konstantes Glied mit nicht-negativen Koeffizienten, und (7) liefert

$$U < c_7 \left(\frac{\xi (1 + U)^2}{1 - 2 c_5 \xi (1 + U)} + U^2\right).$$

Setzt man noch

$$\xi + U + \xi U = V,$$

so ist

$$2 \xi U + 2 \xi U^2 + U^2 < V^2,$$

also

$$V < \xi + U + V^2 < \xi + V^2 + c_7 \left(\frac{\xi + V^2}{1 - 2 c_5 V} + V^2\right)$$

$$(8) \qquad V < c \frac{2 \xi + V^2}{4 - c V}, \qquad c = c_8,$$

und es genügt, die Konvergenz von V für genügend kleine positive ξ zu beweisen. Man betrachte nun statt (8) die Gleichung

$$(9) \qquad W = c\, \frac{2\xi + W^2}{4 - cW}$$

für eine unbekannte Potenzreihe

$$W = W(\xi) = \sum_{l=1}^{\infty} \gamma_l \xi^l.$$

Entwickelt man die rechte Seite von (9) nach Potenzen von W und setzt die Reihe $W(\xi)$ ein, so ergeben sich durch Koeffizientenvergleich alle γ_l rekursiv eindeutig, und aus den Rekursionsformeln ersieht man zufolge (8), daß W eine Majorante von V ist. Aus (9) folgt aber

$$cW^2 - 2W + c\xi = 0, \qquad (1 - cW)^2 = 1 - c^2\xi,$$

also

$$2cW < (1 - cW)^{-2} - 1 = \frac{c^2\xi}{1 - c^2\xi}\,,$$

womit die Konvergenz von $W(\xi)$ für $|\xi| < c^{-2}$ bewiesen ist. Um die Rechnungen möglichst kurz zu gestalten, haben wir auf die Bestimmung eines expliziten Ausdrucks für c verzichtet. Indem man an einigen Stellen genauer abschätzt, kann man auf dem vorstehenden Wege auch ein praktisch brauchbares Resultat erhalten.

§ 16. Anwendung auf die Lösungen von LAGRANGE.

Wir wollen den in § 14 formulierten Existenzsatz auf das Dreikörperproblem in der Ebene anwenden und damit periodische Lösungen in der Nähe der kreisförmigen Lösungen von LAGRANGE nachweisen. Wir benutzen wieder die Bezeichnungen aus § 12. Danach sind q_{2k-1}, q_{2k} ($k = 1, 2, 3$) die Koordinaten der drei Massenpunkte in der festen Ebene. Die Bewegungsgleichungen lauten in HAMILTONscher Form

$$\dot{q}_k = E_{p_k}, \qquad \dot{p}_k = -E_{q_k} \qquad (k = 1, \dots, 6),$$

wo $E = T - U$ durch (12; 1) erklärt ist. Die kanonische Transformation (12; 3), (12; 4) entspricht einer Drehung des Koordinatensystems in der betrachteten Ebene mit der konstanten Winkelgeschwindigkeit ω, und die transformierten Differentialgleichungen waren

$$(1) \qquad \dot{x}_k = F_{y_k}, \qquad \dot{y}_k = -F_{x_k} \qquad (k = 1, \dots, 6)$$

mit

$$(2) \quad F = E + \omega Q = T - U + \omega Q, \qquad Q = \sum_{k=1}^{3} (x_{2k}\, y_{2k-1} - x_{2k-1}\, y_{2k}),$$

$$(3) \qquad T = \frac{1}{2} \sum_{k=1}^{3} m_k^{-1} (y_{2k-1}^2 + y_{2k}^2).$$

Als zugehörige Gleichgewichtslösungen hatten sich die gleichseitige und die geradlinige LAGRANGEsche Lösung ergeben, wobei ω gemäß den Bedingungen (12; 7) und (12; 10) zu wählen war. Offenbar bedeutet es keine Beschränkung der Allgemeinheit, wenn weiterhin $\omega = 1$ gesetzt wird.

Um den Existenzsatz aus § 14 auf das System (1) anzuwenden, müssen wir die Funktion $F = F(x, y)$ in der Umgebung der betreffenden Gleichgewichtslösung $x_k = x_{k0}$, $y_k = y_{k0}$ ($k = 1, \ldots, 6$) in eine Potenzreihe entwickeln und die quadratischen Glieder berechnen. Setzen wir $z_k = x_k - x_{k0}$, $z_{k+6} = y_k - y_{k0}$, so hat die TAYLORsche Entwicklung die Form

$$F(x, y) = F(x_0, y_0) + \frac{1}{2} \sum_{k, l=1}^{12} s_{kl} z_k z_l + \cdots,$$

worin die Matrix $\mathfrak{S} = (s_{kl})$ symmetrisch gewählt ist. Nach § 13 bestimmen sich die in Betracht kommenden Eigenwerte λ_k aus der Gleichung zwölften Grades $|\lambda \mathfrak{E} - \mathfrak{J} \mathfrak{S}| = 0$, für die auch $|\lambda \mathfrak{J} + \mathfrak{S}| = 0$ geschrieben werden kann. Wir werden nachträglich die Berechnung der Determinante wirklich durchführen, nehmen aber zunächst das Ergebnis vorweg. Man erhält im gleichseitigen Fall

(4) $$|\lambda \mathfrak{J} + \mathfrak{S}| = \lambda^2 (\lambda^2 + 1)^3 (\lambda^4 + \lambda^2 + \gamma)$$

mit

(5) $$\gamma = \frac{27}{4} \frac{m_1 m_2 + m_2 m_3 + m_1 m_3}{(m_1 + m_2 + m_3)^2}$$

und im geradlinigen Fall, wenn P_2 zwischen P_1 und P_3 liegt,

(6) $$|\lambda \mathfrak{J} + \mathfrak{S}| = \lambda^2 (\lambda^2 + 1)^3 (\lambda^4 + (1 - \alpha) \lambda^2 - \alpha (2\alpha + 3))$$

mit

(7) $$\alpha = \frac{m_1 (1 + \varrho^{-1} + \varrho^{-2}) + m_3 (1 + \sigma^{-1} + \sigma^{-2})}{m_1 + m_2 (\varrho^{-2} + \sigma^{-2}) + m_3},$$

wobei $\sigma = 1 - \varrho$ und ϱ wieder die Lösung von (12; 10) ist. In beiden Fällen bekommen wir also $\lambda = 0$ als doppelten Eigenwert und $\lambda = \pm i$ sogar als dreifachen Eigenwert, während für den Existenzsatz Voraussetzung war, daß die λ_k sämtlich einfach sind.

Wir hätten die Wurzel $\pm i$ auch ohne Rechnung von vornherein erwarten können. Geht man nämlich auf die Koordinaten q im ruhenden Koordinatensystem zurück, so haben sie für die betrachtete Gleichgewichtslösung von (1) offenbar die zeitliche Periode 2π. Ersetzt man nun die Koordinaten q_{2k-1}, q_{2k} durch $q_{2k-1} + a$, $q_{2k} + b$ ($k = 1, 2, 3$), wobei a und b beliebige lineare Funktionen von t sind, so bleiben die Bewegungsgleichungen erfüllt. Vermöge (12; 3), (12; 4) erhält man so aus jeder Gleichgewichtslösung x_{k0}, y_{k0} die Lösung

$$(8) \quad \begin{cases} x_{2k-1} = x_{2k-1,0} + ac + bs, & y_{2k-1} = y_{2k-1,0} + \dot{a}c + \dot{b}s, \\ x_{2k} = x_{2k,0} - as + bc, & y_{2k} = y_{2k,0} - \dot{a}s + \dot{b}c \\ & (k = 1, 2, 3). \end{cases}$$

Diese besitzt die Periode 2π, wenn a und b konstant gewählt werden, und dann ist (8) trivialerweise eine Entwicklung nach Potenzen von $e^{\lambda t}$ und $e^{-\lambda t}$ mit $\lambda = i$. Andererseits liefert der Existenzsatz aus § 14 ja gerade eine Reihenentwicklung der Lösungen nach Potenzen von $e^{\alpha t}$ und $e^{-\alpha t}$ mit $\alpha = \lambda + \cdots$, wobei λ ein rein imaginärer Eigenwert ist. Durch die Lösung (8) wird also das Auftreten des Eigenwertes $\pm i$ plausibel. Übrigens ließe sich die Tatsache, daß $\pm i$ sogar mehrfacher Eigenwert ist, damit in Zusammenhang bringen, daß in (8) für a und b auch lineare Funktionen von t gesetzt werden können; doch läßt sich diese Bemerkung hier nicht näher motivieren, da wir die Theorie in § 14 nur für einfache Eigenwerte ausgeführt haben. Auch das Auftreten des Eigenwertes $\lambda = 0$ hat einen inneren Grund. Wir werden nämlich nachher zeigen, daß hierfür das Flächenintegral verantwortlich gemacht werden kann.

Um den Existenzsatz aus § 14 anwenden zu können, müssen wir versuchen, die mehrfachen Eigenwerte fortzuschaffen, und dies gelingt nun gerade durch Reduktion des HAMILTONschen Systems (1) mit Hilfe der Schwerpunktsintegrale und des Flächenintegrals. Zunächst führen wir analog zu (7; 4), (7; 5) eine lineare kanonische Substitution durch, indem wir vermöge

$$(9) \quad \begin{cases} \xi_{2k-1} = x_{2k-1} - x_5, & \xi_{2k} = x_{2k} - x_6 \quad (k = 1, 2), \\ \xi_5 = x_5, \quad \xi_6 = x_6, \quad \eta_k = y_k \quad (k = 1, \ldots, 4), \\ \eta_5 = y_1 + y_3 + y_5, \quad \eta_6 = y_2 + y_4 + y_6 \end{cases}$$

Relativkoordinaten von P_1 und P_2 bezüglich P_3 einführen. Die neuen Bewegungsgleichungen werden dann

$$(10) \qquad \dot{\xi}_k = F_{\eta_k}, \quad \dot{\eta}_k = -F_{\xi_k} \quad (k = 1, \ldots, 6).$$

Da U nur von den Differenzen der ursprünglichen Koordinaten abhängt, so treten die neuen Variabeln ξ_5, ξ_6 nicht in U auf. Nach (2), (3) findet man $F = T - U + Q$ mit

$$(11) \qquad Q = \sum_{k=1}^{3} (\xi_{2k} \eta_{2k-1} - \xi_{2k-1} \eta_{2k}),$$

$$(12) \quad T = \tfrac{1}{2} m_3^{-1} \big((\eta_5 - \eta_3 - \eta_1)^2 + (\eta_6 - \eta_4 - \eta_2)^2 \big) + \tfrac{1}{2} \sum_{k=1}^{2} m_k^{-1} (\eta_{2k-1}^2 + \eta_{2k}^2).$$

Wegen $Q_{\xi_5} = \eta_5$, $Q_{\xi_6} = -\eta_6$ liefert (10) speziell

$$(13) \qquad \dot{\eta}_5 = \eta_6, \qquad \dot{\eta}_6 = -\eta_5;$$

dies enthält den Schwerpunktsatz für das rotierende Koordinatensystem. Nehmen wir nun an, daß der Schwerpunkt im ursprünglichen Koordinatensystem ruht, wie es ja für die LAGRANGEsche Lösung der Fall ist, so wird $\eta_5 = 0$, $\eta_6 = 0$. Damit ist die Lösung von (10) auf die Integration des reduzierten HAMILTONschen Systems

$$(14) \qquad \dot{\xi}_k = F_{\eta_k}, \qquad \dot{\eta}_k = -F_{\xi_k} \qquad (k = 1, \ldots, 4)$$

und die nachfolgende Bestimmung von ξ_5, ξ_6 durch Quadratur aus

$$(15) \quad \dot{\xi}_5 = F_{\eta_5} = \xi_6 - m_3^{-1}(\eta_3 + \eta_1), \qquad \dot{\xi}_6 = F_{\eta_6} = -\xi_5 - m_3^{-1}(\eta_4 + \eta_2)$$

zurückgeführt. Aus (13), (15) folgt ohne weitere Rechnung, daß unter den Eigenwerten für die Gleichgewichtslösung des reduzierten Systems (14) die Zahlen $i, -i$ nur noch einfach auftreten. Nach Ausführung dieser Reduktion ist also in den charakteristischen Polynomen (4) und (6) der Faktor $(\lambda^2 + 1)^3$ durch die erste Potenz $\lambda^2 + 1$ zu ersetzen. Es bleibt aber noch λ^2 stehen, und nun werden wir auch noch diesen störenden Faktor mittels des Flächenintegrals Q beseitigen. Wegen $\eta_5 = \eta_6 = 0$ wird dabei

$$(16) \qquad Q = \sum_{k=1}^{2} (\xi_{2k} \eta_{2k-1} - \xi_{2k-1} \eta_{2k}).$$

Vorher wollen wir zeigen, daß die doppelte Wurzel $\lambda = 0$ ihren Grund im Vorhandensein dieses von t unabhängigen Integrals Q hat. Wir betrachten allgemeiner wieder das System

$$(17) \qquad \dot{x}_k = f_k(x) \qquad (k = 1, \ldots, m),$$

für das $x = 0$ eine Gleichgewichtslösung sei. Die $f_k(x)$ seien bei $x = 0$ regulär, so daß eine Reihenentwicklung $f(x) = \mathfrak{A} x + \cdots$ besteht. Ferner werde angenommen, daß ein bei $x = 0$ analytisches Integral $\psi(x)$ von (17) existiert, welches nicht explizit von t abhängt. Es sei $\psi(x) = \psi(0) + cx + \cdots$ die Reihe für $\psi(x)$, wobei also c einen Zeilenvektor bedeutet. Aus der partiellen Differentialgleichung

$$\sum_{k=1}^{m} \psi_{x_k} f_k(x) = 0$$

für ψ folgt durch Koeffizientenvergleich der linearen Glieder, daß $c\mathfrak{A} = 0$ wird. Ist nun $c \neq 0$, so folgt hieraus $|\mathfrak{A}| = 0$, und die charakteristische Gleichung $|\lambda \mathfrak{E} - \mathfrak{A}| = 0$ hat dann die Wurzel $\lambda = 0$. Mittels der Ausdrücke (2), (11), (16) von Q ersieht man sofort, daß die partiellen Ableitungen erster Ordnung nicht sämtlich für die Gleichgewichtslösung verschwinden, so daß also die Bedingung $c \neq 0$ erfüllt wird. Dadurch ist das Auftreten des Faktors λ in (4) und (6) erklärt, und da $|\lambda \mathfrak{J} + \mathfrak{S}|$ eine gerade Funktion von λ ist, so muß sogar der Faktor λ^2 auftreten. Es ist noch zu beachten, daß die Schwerpunktsintegrale in dem rotierenden Koordinatensystem nicht mehr von t unabhängig sind; sie können also nicht in der vorhergehenden Überlegung statt Q verwendet werden.

Zur Beseitigung des Faktors λ^2 werden wir also eine nochmalige Reduktion des HAMILTONschen Systems der Bewegungsgleichungen vermöge des Flächenintegrals versuchen. Hierzu werden wir eine kanonische Substitution bestimmen, welche Q als eine neue Variable einführt. Diesen Gedankengang hat schon JACOBI durchgeführt, sogar für das räumliche Dreikörperproblem, wo man dieses Verfahren als Elimination des Knotens bezeichnet. Um die Idee zu erklären, betrachten wir zunächst ein beliebiges HAMILTONsches System $\dot{x}_k = H_{y_k}$, $\dot{y}_k = -H_{x_k}$ mit den unbekannten Funktionen x_k, y_k $(k = 1, \ldots, n)$ und nehmen an, es besitze ein von t unabhängiges Integral $\psi(x, y)$. Wir führen nun wie in (3; 4) mittels einer erzeugenden Funktion $w = w(\xi, y)$ durch den Ansatz

$$(18) \qquad \eta_k = w_{\xi_k}, \quad x_k = w_{y_k} \quad (k = 1, \ldots, n), \qquad |w_{\xi_k y_l}| \neq 0$$

eine kanonische Transformation von x, y in ξ, η durch und wollen dabei erreichen, daß $\eta_n = \psi(x, y)$ wird. Dies führt auf die partielle Differentialgleichung

$$(19) \qquad\qquad w_{\xi_n} = \psi(w_y, y).$$

Wir nehmen an, wir besitzen eine Lösung von (19), die der Bedingung $|w_{\xi_k y_l}| \neq 0$ genügt. Bezeichnet man die Spalten der Variabeln x, y und ξ, η mit z und ζ sowie die Funktionalmatrix ζ_z mit $\mathfrak{M}$, so ist $\mathfrak{M}$ symplektisch, also auch $\mathfrak{M} \mathfrak{J} \mathfrak{M}' = \mathfrak{J}$, und ferner gilt $H_z = \mathfrak{M}' H_\zeta$, $\psi_z = \mathfrak{M}' \psi_\zeta$. Demnach bleibt der Ausdruck

$$(20) \qquad\qquad \sum_{k=1}^{n} (\psi_{x_k} H_{y_k} - \psi_{y_k} H_{x_k}) = \psi_z' \mathfrak{J} H_z$$

beim Übergang von z zu ζ invariant; andererseits verschwindet er identisch, da $\psi(x, y)$ ein Integral ist. Wegen (18), (19) ist aber $\psi = \eta_n$ und folglich $\psi_{\zeta_n} = 1$, während die anderen partiellen Ableitungen von ψ als Funktion von ζ sämtlich 0 sind. Aus (20) folgt daher $H_{\xi_n} = 0$, und somit ist H nach Einsetzen der ξ, η von ξ_n unabhängig. Nimmt man noch an, daß das gegebene System eine Gleichgewichtslösung besitzt, in deren Umgebung die HAMILTONsche Funktion und die kanonische Transformation (18) analytisch sind, so folgt aus den neuen Differentialgleichungen

$$(21) \qquad\qquad \dot{\xi}_k = H_{\eta_k}, \quad \dot{\eta}_k = -H_{\xi_k} \qquad (k = 1, \ldots, n),$$

daß in der zugehörigen Matrix $\mathfrak{A}$ die der Variabeln η_n entsprechende Zeile und die der Variabeln ξ_n entsprechende Spalte beide 0 sind. Dies setzt wieder den Faktor λ^2 von $|\lambda \mathfrak{E} - \mathfrak{A}|$ in Evidenz. Beim Übergang zu dem reduzierten System

$$(22) \qquad \dot{\xi}_k = H_{\eta_k}, \quad \dot{\eta}_k = - H_{\xi_k} \qquad (k = 1, \ldots, n-1)$$

fällt dieser Faktor fort. Ist schließlich (22) integriert, so ergibt sich die noch fehlende Funktion ξ_n aus der Differentialgleichung $\dot{\xi}_n = H_{r_n}$ durch Quadratur.

Dies wenden wir auf das HAMILTONsche System (14) an, wobei $\xi, \eta, u, v, Q, 4$ an die Stelle von x, y, ξ, η, ψ, n treten. Da Q nach (11) bilinear in ξ, η ist, so versuchen wir für $w(u, \eta)$ den linearen Ansatz

$$w = \sum_{k=1}^{4} g_k \eta_k, \qquad g_k = g_k(u),$$

wodurch die partielle Differentialgleichung (19) übergeht in

$$\sum_{k=1}^{4} g_{k u_4} \eta_k = \sum_{k=1}^{2} (g_{2k} \eta_{2k-1} - g_{2k-1} \eta_{2k}),$$

also

$$(23) \qquad g_{2k-1, u_4} = g_{2k}, \qquad g_{2k, u_4} = - g_{2k-1} \qquad (k = 1, 2).$$

Die partikuläre Lösung

$$g_1 = u_1 c, \qquad g_2 = - u_1 s, \qquad g_3 = u_2 c + u_3 s, \qquad g_4 = - u_2 s + u_3 c,$$
$$c = \cos u_4, \qquad s = \sin u_4$$

von (23) genügt für $u_1 \neq 0$ der Bedingung $|w_{u_k \eta_l}| \neq 0$, da $|w_{u_k \eta_l}| = |g_{l u_k}| = - u_1$ wird. Unter dieser Voraussetzung wird dann nach (18) die gesuchte kanonische Transformation

$$(24) \quad \xi_1 = u_1 c, \quad \xi_2 = - u_1 s, \quad \xi_3 = u_2 c + u_3 s, \quad \xi_4 = - u_2 s + u_3 c,$$

$$(25) \quad \begin{cases} v_1 = \eta_1 c - \eta_2 s, \quad v_2 = \eta_3 c - \eta_4 s, \quad v_3 = \eta_3 s + \eta_4 c, \\[2mm] v_4 = \displaystyle\sum_{k=1}^{2} (\xi_{2k} \eta_{2k-1} - \xi_{2k-1} \eta_{2k}) = Q. \end{cases}$$

Durch Umformung der letzten Gleichung erhalten wir

$$v_4 = u_3 v_2 - u_2 v_3 - u_1 (\eta_1 s + \eta_2 c),$$

also

$$(26) \qquad\qquad \eta_1 s + \eta_2 c = v_0,$$

wobei

$$v_0 = u_1^{-1} (u_3 v_2 - u_2 v_3 - v_4)$$

definiert ist. Daß die HAMILTONsche Funktion F in den neuen Koordinaten u, v nicht mehr von u_4 abhängt, ergibt sich nun auch leicht durch direkte Rechnung. Nach (25), (26) wird nämlich

$$v_2^2 + v_3^2 = \eta_3^2 + \eta_4^2, \qquad v_1^2 + v_0^2 = \eta_1^2 + \eta_2^2,$$

$$(v_1 + v_2)^2 + (v_3 + v_0)^2 = (\eta_1 + \eta_3)^2 + (\eta_2 + \eta_4)^2,$$

und wegen $\eta_5 = \eta_6 = 0$ ergibt (12) die Formel

$$T = \frac{1}{2} \left\{ m_1^{-1} (v_1^2 + v_0^2) + m_2^{-1} (v_2^2 + v_3^2) + m_3^{-1} ((v_1 + v_2)^2 + (v_3 + v_0)^2) \right\},$$

so daß T und $Q = v_4$ von u_4 frei sind. Um dasselbe für U zu zeigen, beachten wir, daß nach (24) die Transformation der ξ_k ($k = 1, \ldots, 4$) in die u_k eine Drehung durch den Winkel $-u_4$ um den Massenpunkt P_3 als Drehpunkt bedeutet, wobei die Punkte (ξ_1, ξ_2), (ξ_3, ξ_4) in $(u_1, 0)$, (u_2, u_3) übergeführt werden. Es sind also $(u_1, 0)$, (u_2, u_3) die Koordinaten von P_1, P_2 in dem rechtwinkligen kartesischen System mit dem Ursprung P_3, dessen Abszissenachse durch P_1 geht; insbesondere ist demnach $u_1 \neq 0$. Da nun U nur von den Abständen der drei Massenpunkte abhängt, so wird U eine Funktion von u_1, u_2, u_3 allein. Das HAMILTONsche System (14) zerfällt jetzt durch Einführung der neuen Koordinaten in das weiter reduzierte System

$$(27) \qquad\qquad \dot{u}_k = F_{v_k}, \quad \dot{v}_k = -F_{u_k} \qquad (k = 1, 2, 3)$$

und den trivialen Rest

$$(28) \qquad\qquad \dot{u}_4 = F_{v_4}, \quad \dot{v}_4 = 0.$$

Für v_4 werde die Konstante gewählt, die der ursprünglichen Gleichgewichtslösung entspricht. Ist dann (27) integriert, so ergibt sich u_4 aus (28) durch Quadratur. Für das HAMILTONsche System (27) erhält man offenbar als charakteristische Polynome $(\lambda^2 + 1)(\lambda^4 + \lambda^2 + \gamma)$ und $(\lambda^2 + 1)(\lambda^4 + (1 - \alpha)\lambda^2 - \alpha(2\alpha + 3))$, entsprechend dem gleichseitigen und dem geradlinigen Fall der Gleichgewichtslösung, mit den in (5) und (7) gegebenen Werten von γ und α.

Wir diskutieren zuerst den gleichseitigen Fall. Setzt man

$$\sqrt{\frac{1}{4} - \gamma} = \varrho, \qquad a_1 = \frac{1}{2} + \varrho, \qquad a_2 = \frac{1}{2} - \varrho,$$

so wird

$$(\lambda^2 + 1)(\lambda^4 + \lambda^2 + \gamma) = (\lambda^2 + 1)(\lambda^2 + a_1)(\lambda^2 + a_2).$$

Da $\gamma > 0$ ist, so tritt ein mehrfacher Eigenwert nur auf für $\gamma = \frac{1}{4}$; dieser Fall möge ausgeschlossen werden. Ist $\gamma > \frac{1}{4}$, so sind a_1, a_2 konjugiert komplex und verschieden; für $\gamma < \frac{1}{4}$ ist $0 < a_2 < a_1 < 1$. Nach dem Existenzsatz aus § 14 entspricht also den Eigenwerten $\lambda_3 = i$, $\lambda_6 = -i$

eine einparametrige Schar periodischer Lösungen von (27), welche in der Nähe der Gleichgewichtslösung liegen und angenähert die Periode 2π haben. Diese Lösungen sind uns aber bereits bekannt. Sie werden nämlich von den allgemeineren Lagrangeschen Lösungen am Schluß von § 12 geliefert, indem man dort von Ellipsenbahnen ausgeht, die in der Nähe der kreisförmigen Lagrangeschen Lösungen liegen. Benutzt man die bekannten Formeln für die Lösung des Zweikörperproblems, so ist leicht ersichtlich, daß auch bei dem vorgeschriebenen festen Wert des Flächenintegrals v_4 noch eine Schar elliptischer Lösungen existiert, als deren Parameter man etwa die Umlaufzeit τ wählen kann. Setzt man jetzt $c = \cos(t - u_4)$, $s = \sin(t - u_4)$, so erhält man aus (12; 3), (12; 4), (9), (24) nach einfacher Rechnung

$$q_1 - q_5 = u_1 c, \quad q_2 - q_6 = u_1 s, \quad q_3 - q_5 = u_2 c - u_3 s, \quad q_4 - q_6 = u_2 s + u_3 c,$$

$$p_1 = v_1 c - v_0 s, \quad p_2 = v_1 s + v_0 c, \quad p_3 = v_2 c - v_3 s, \quad p_4 = v_2 s + v_3 c,$$

so daß $u_1, c, s, u_2, u_3, v_1, v_2, v_3$ dann tatsächlich die Periode τ besitzen. Deshalb können wir uns nunmehr auf die beiden anderen rein imaginären Eigenwertpaare $\lambda_1, \lambda_4 = -\lambda_1$ und $\lambda_2, \lambda_5 = -\lambda_2$ beschränken, die für $\gamma < \frac{1}{4}$ vorhanden sind, also für

$$27(m_1 m_2 + m_2 m_3 + m_3 m_1) < (m_1 + m_2 + m_3)^2.$$

Diese Ungleichung ist offenbar eine wirkliche Bedingung für m_1, m_2, m_3; sie ist z.B. nicht erfüllt, wenn $m_1 = m_2 = m_3$ ist. Damit ist übrigens nicht gesagt, daß es in diesem Falle keine weiteren periodischen Lösungen gibt; sie lassen sich nur nicht mit dem Ansatz aus § 12 und § 14 gewinnen.

Mit $\lambda_1^2 = -a_1$, $\lambda_2^2 = -a_2$ wollen wir jetzt untersuchen, ob die weitere Bedingung erfüllt ist, daß der Quotient $\frac{\lambda_k}{\lambda_1}$ für $k = 2, 3$ keinen ganzzahligen Wert hat. Es ist $-\lambda_3^2 = 1 > -\lambda_1^2 = a_1 > \frac{1}{2} > a_2 = -\lambda_2^2 > 0$, also $0 < \left(\frac{\lambda_2}{\lambda_1}\right)^2 < 1$ und $1 < \left(\frac{\lambda_3}{\lambda_1}\right)^2 < 2$. Daher ist jene Bedingung tatsächlich erfüllt, und nach dem Existenzsatz erhält man nun eine Schar von periodischen Lösungen mit der angenäherten Periode $\frac{2\pi i}{\lambda_1}$. Um entsprechend das Verhältnis $\frac{\lambda_k}{\lambda_2}$ für $k = 1, 3$ zu untersuchen, werde $\frac{\lambda_3}{\lambda_2} = \varkappa_2$ gesetzt, also $\lambda_2^2 = -\varkappa_2^{-2}$, woraus $\varkappa_2^{-4} - \varkappa_2^{-2} + \gamma = 0$ folgt. Man hat daher zu fordern, daß für alle ganzen Zahlen $g > 1$ die Ungleichung

$$(29) \qquad\qquad \gamma \neq g^{-2} - g^{-4}$$

erfüllt ist. Setzt man analog $\frac{\lambda_1}{\lambda_2} = \varkappa$, also $\lambda_1^2 = \varkappa^2 \lambda_2^2$, so wird $\varkappa^2 > 1$ und $(\varkappa \lambda_2)^4 + (\varkappa \lambda_2)^2 + \gamma = 0$, was wegen $\lambda_2^4 + \lambda_2^2 + \gamma = 0$ zu $(\varkappa^4 - 1) \lambda_2^4 + (\varkappa^2 - 1) \lambda_2^2 = 0$, $(\varkappa^2 + 1) \lambda_2^2 + 1 = 0$, $(\varkappa^2 + 1)^{-2} - (\varkappa^2 + 1)^{-1} + \gamma = 0$ führt. Also

7*

hat man ferner

$$(30) \qquad\qquad \gamma \neq (g + g^{-1})^{-2}$$

für alle ganzen $g > 1$ zu fordern. Sind für γ die abzählbar vielen Bedingungen (29), (30) erfüllt, so liefert der Existenzsatz eine zweite Schar periodischer Lösungen mit der angenäherten Periode $\dfrac{2\pi i}{\lambda_2}$.

In ähnlicher Weise diskutiert man periodische Lösungen in der Nähe der geradlinigen Gleichgewichtslösung. In diesem Fall hat man zunächst wieder wie oben die Schar der LAGRANGEschen elliptischen Lösungen, die in der Nähe der kreisförmigen liegen und dem Eigenwertpaar $i, -i$ zugeordnet sind. Die anderen Eigenwerte ergeben sich aus den Wurzeln λ_1^2, λ_2^2 der quadratischen Gleichung

$$(31) \qquad\qquad x^2 + (1 - \alpha)\, x - \alpha\, (2\alpha + 3) = 0,$$

wobei α durch (7) erklärt ist. Da nun $\alpha > 0$ ist, so sind ihre Wurzeln reell und von entgegengesetztem Vorzeichen, so daß man etwa $\lambda_1^2 < 0$, $\lambda_2^2 > 0$ voraussetzen kann. Außer $\pm \lambda_3 = \pm i$ erhält man also diesmal nur noch ein weiteres rein imaginäres Eigenwertpaar, nämlich $\pm \lambda_1$. Da die linke Seite von (31) für $x = -1$ den negativen Wert $-2\alpha\,(\alpha + 1)$ hat, so ist die negative Wurzel $\lambda_1^2 < -1 = \lambda_3^2 < 0$, also der Quotient $\dfrac{\lambda_3}{\lambda_1}$ keine ganze Zahl. Man erhält daher im vorliegenden Falle eine einfache Schar von periodischen Lösungen in der Nähe der geradlinigen Lösung von LAGRANGE, wobei die Periode ungefähr $\dfrac{2\pi i}{\lambda_1}$ ist. Dem reellen Eigenwertpaar $\pm \lambda_2$ entsprechen ferner zufolge § 14 vier Lösungen des Dreikörperproblems, die für $t \to \infty$ bzw. $t \to -\infty$ asymptotisch in die Gleichgewichtslösung übergehen, außerdem eine Schar von Lösungen, die nur für ein beschränktes Zeitintervall in einer kleinen festen Umgebung der Gleichgewichtslösung verbleiben.

Die periodischen Lösungen, von denen wir hiermit die Existenz nachgewiesen haben, lassen sich durch den in § 14 besprochenen Ansatz explizit in FOURIERsche Reihen entwickeln.

Wir haben schließlich noch die Berechnung der Determinante $|\lambda \mathfrak{F} + \mathfrak{S}|$ nachzutragen. Im gleichseitigen Fall benutzen wir die Relativkoordinaten ξ_k, η_k $(k = 1, \ldots, 6)$ und bezeichnen mit ξ_k^*, η_k^* ihre Werte für die LAGRANGEsche Lösung. Man kann nach geeigneter Drehung $\xi_1^* = -\xi_3^* = \dfrac{r}{2},\ \xi_2^* = \xi_4^* = \dfrac{r}{2}\sqrt{3}$ annehmen. Wir ersetzen dann ξ, η durch $\xi + \xi^*,\ \eta + \eta^*$ und entwickeln zunächst U nach Potenzen der ξ_k $(k = 1, \ldots, 6)$. Mit den Abkürzungen

$$s_{kl} = 2r^{-2}\{(x_k - x_l)(x_k^* - x_l^*) + (x_{k+3} - x_{l+3})(x_{k+3}^* - x_{l+3}^*)\},$$

$$q_{kl} = r^{-2}\{(x_k - x_l)^2 + (x_{k+3} - x_{l+3})^2\}$$

für $1 \leq k < l \leq 3$ wird

$$(32) \quad r_{kl}^{-1} = r^{-1}(1 + s_{kl} + q_{kl})^{-\frac{1}{2}} = r^{-1}\left(1 - \frac{1}{2}s_{kl} - \frac{1}{2}q_{kl} + \frac{3}{8}s_{kl}^2 + \cdots\right),$$

und so erhält man für die in den ξ_k quadratischen Glieder von $-2U$ den Ausdruck

$$V = \frac{m_1 m_3}{4r^3}(\xi_1^2 - 6\sqrt{3}\,\xi_1\xi_2 - 5\xi_2^2) + \frac{m_2 m_3}{4r^3}(\xi_3^2 + 6\sqrt{3}\,\xi_3\xi_4 - 5\xi_4^2) +$$

$$+ \frac{m_1 m_2}{r^3}\{(\xi_2 - \xi_4)^2 - 2(\xi_1 - \xi_3)^2\}.$$

Nach (11), (12) ist dann $\mathfrak{S}$ die Matrix der quadratischen Form $V + 2Q + 2T$ in den zwölf Variabeln ξ_k, η_k $(k = 1, \ldots, 6)$. Setzt man noch $m_k^{-1} = \mu_k$ $(k = 1, 2, 3)$ und führt die vierreihigen Matrizen

$$\mathfrak{A} = \frac{m_1 m_2 m_3}{4r^3}\begin{pmatrix} \mu_2 - 8\mu_3 & -3\sqrt{3}\mu_2 & 8\mu_3 & 0 \\ -3\sqrt{3}\mu_2 & 4\mu_3 - 5\mu_2 & 0 & -4\mu_3 \\ 8\mu_3 & 0 & \mu_1 - 8\mu_3 & 3\sqrt{3}\mu_1 \\ 0 & -4\mu_3 & 3\sqrt{3}\mu_1 & 4\mu_3 - 5\mu_1 \end{pmatrix},$$

$$\mathfrak{B} = \begin{pmatrix} \lambda & -1 & 0 & 0 \\ 1 & \lambda & 0 & 0 \\ 0 & 0 & \lambda & -1 \\ 0 & 0 & 1 & \lambda \end{pmatrix}, \qquad \mathfrak{C} = \begin{pmatrix} -\lambda & 1 & 0 & 0 \\ -1 & -\lambda & 0 & 0 \\ 0 & 0 & -\lambda & 1 \\ 0 & 0 & -1 & -\lambda \end{pmatrix},$$

$$\mathfrak{D} = \begin{pmatrix} \mu_1 + \mu_3 & 0 & \mu_3 & 0 \\ 0 & \mu_1 + \mu_3 & 0 & \mu_3 \\ \mu_3 & 0 & \mu_2 + \mu_3 & 0 \\ 0 & \mu_3 & 0 & \mu_2 + \mu_3 \end{pmatrix}$$

ein, so wird

$$|\lambda\mathfrak{J} + \mathfrak{S}| = (\lambda^2 + 1)^2 \begin{vmatrix} \mathfrak{A} & \mathfrak{B} \\ \mathfrak{C} & \mathfrak{D} \end{vmatrix}.$$

Wegen

$$\begin{pmatrix} \mathfrak{E} & -\mathfrak{B}\mathfrak{D}^{-1} \\ 0 & \mathfrak{E} \end{pmatrix}\begin{pmatrix} \mathfrak{A} & \mathfrak{B} \\ \mathfrak{C} & \mathfrak{D} \end{pmatrix} = \begin{pmatrix} \mathfrak{A} - \mathfrak{B}\mathfrak{D}^{-1}\mathfrak{C} & 0 \\ \mathfrak{C} & \mathfrak{D} \end{pmatrix}$$

ist

$$\begin{vmatrix} \mathfrak{A} & \mathfrak{B} \\ \mathfrak{C} & \mathfrak{D} \end{vmatrix} = |\mathfrak{D}\mathfrak{A} - \mathfrak{D}\mathfrak{B}\mathfrak{D}^{-1}\mathfrak{C}|,$$

woraus dann durch direkte Berechnung der vierreihigen Determinante das in (4), (5) angegebene Resultat folgt.

Im geradlinigen Fall kann man für die Koordinaten $x_{2k-1} = x^*_{2k-1}$ ($k = 1, 2, 3$) der Gleichgewichtslösung die in (12; 8) gefundenen Werte setzen, während $x^*_{2k} = 0$ ist. Definiert man

$$(33) \quad \begin{cases} u_k = x_{2k-1} - x^*_{2k-1}, & u_{k+3} = x_{2k} - x^*_{2k}, \\ u_{k+6} = y_{2k-1} - y^*_{2k-1}, & u_{k+9} = y_{2k} - y^*_{2k} \end{cases} \quad (k = 1, 2, 3)$$

und entwickelt F nach Potenzen von $u_1, \ldots, u_{12}$, so wird

$$F(x, y) = F(x^*, y^*) + \frac{1}{2} \sum_{k,l=1}^{12} r_{kl}\, u_k u_l + \cdots$$

mit einer zwölfreihigen symmetrischen Matrix $(r_{kl}) = \mathfrak{R}$. Da die lineare Substitution (33) kanonisch ist, so wird $|\lambda \mathfrak{J} + \mathfrak{S}| = |\lambda \mathfrak{J} + \mathfrak{R}|$; andererseits findet man unter Benutzung von (32), daß

$$\lambda \mathfrak{J} + \mathfrak{R} = \begin{pmatrix} -2\mathfrak{W} & 0 & \lambda \mathfrak{E} & -\mathfrak{E} \\ 0 & \mathfrak{W} & \mathfrak{E} & \lambda \mathfrak{E} \\ -\lambda \mathfrak{E} & \mathfrak{E} & \mathfrak{M}^2 & 0 \\ -\mathfrak{E} & -\lambda \mathfrak{E} & 0 & \mathfrak{M}^2 \end{pmatrix}$$

mit

$$\mathfrak{W} = m_1 m_2 m_3 a^{-3} \begin{pmatrix} \mu_2 + \mu_3 \varrho^{-3} & -\mu_3 \varrho^{-3} & -\mu_2 \\ -\mu_3 \varrho^{-3} & \mu_3 \varrho^{-3} + \mu_1 \sigma^{-3} & -\mu_1 \sigma^{-3} \\ -\mu_2 & -\mu_1 \sigma^{-3} & \mu_2 + \mu_1 \sigma^{-3} \end{pmatrix},$$

$$\mathfrak{E} = \begin{pmatrix} 1 & 0 & 0 \\ 0 & 1 & 0 \\ 0 & 0 & 1 \end{pmatrix}, \qquad \mathfrak{M} = \begin{pmatrix} \mu_1^{\frac{1}{2}} & 0 & 0 \\ 0 & \mu_2^{\frac{1}{2}} & 0 \\ 0 & 0 & \mu_3^{\frac{1}{2}} \end{pmatrix}$$

wird, wobei a, ϱ, σ die in § 12 angegebene Bedeutung haben. Die mit der Matrix $(m_1 m_2 m_3)^{-1} a^3 \mathfrak{W}$ gebildete quadratische Form von drei reellen Variabeln w_1, w_2, w_3 wird

$$\mu_1 \sigma^{-3} (w_2 - w_3)^2 + \mu_2 (w_3 - w_1)^2 + \mu_3 \varrho^{-3} (w_1 - w_2)^2 \geq 0;$$

sie ist also nicht-negativ, aber geartet, da sie für $w_1 = w_2 = w_3$ verschwindet. Hieraus folgt $|\mathfrak{W}| = 0$. Für die zwölfreihige Diagonalmatrix

$$\mathfrak{N} = \begin{pmatrix} \mathfrak{M} & 0 & 0 & 0 \\ 0 & \mathfrak{M} & 0 & 0 \\ 0 & 0 & \mathfrak{M}^{-1} & 0 \\ 0 & 0 & 0 & \mathfrak{M}^{-1} \end{pmatrix}$$

wird $|\mathfrak{N}| = 1$ und

$$|\lambda\mathfrak{J} + \mathfrak{N}| = |\mathfrak{N}(\lambda\mathfrak{J} + \mathfrak{N})\,\mathfrak{N}| = \begin{vmatrix} -2\mathfrak{G} & 0 & \lambda\mathfrak{E} & -\mathfrak{E} \\ 0 & \mathfrak{G} & \mathfrak{E} & \lambda\mathfrak{E} \\ -\lambda\mathfrak{E} & \mathfrak{E} & \mathfrak{E} & 0 \\ -\mathfrak{E} & -\lambda\mathfrak{E} & 0 & \mathfrak{E} \end{vmatrix}, \qquad \mathfrak{G} = \mathfrak{M}\,\mathfrak{W}\,\mathfrak{M}.$$

Da die zwölfreihige Determinante aus dreireihigen Matrizen aufgebaut ist, die alle miteinander vertauschbar sind, so kann man sie formal wie eine vierreihige Determinante berechnen und erhält

$$(34) \qquad \begin{cases} |\lambda\mathfrak{J} + \mathfrak{S}| = |(\lambda^2 + 1)^2\,\mathfrak{E} + (1 - \lambda^2)\,\mathfrak{G} - 2\mathfrak{G}^2| \\[2mm] \qquad\qquad = \prod_{k=1}^{3} \big((\lambda^2 + 1)^2 + (1 - \lambda^2)\,\gamma_k - 2\gamma_k^2\big), \end{cases}$$

wenn $\gamma_1, \gamma_2, \gamma_3$ die Eigenwerte von $\mathfrak{G}$ sind. Wegen $|\mathfrak{W}| = 0$ ist auch $|\mathfrak{G}| = 0$, also ein Eigenwert gleich 0, etwa $\gamma_3 = 0$. Um γ_1 und γ_2 zu bestimmen, beachte man, daß aus der Existenz des Flächenintegrals das Verschwinden von $|\lambda\mathfrak{J} + \mathfrak{S}|$ für $\lambda = 0$ abgeleitet worden war. Bei geeigneter Numerierung von γ_1, γ_2 wird daher

$$0 = 1 + \gamma_2 - 2\gamma_2^2 = (1 + 2\gamma_2)\,(1 - \gamma_2).$$

Mit $\mathfrak{W}$ ist nun auch $\mathfrak{G}$ nicht-negativ, also $\gamma_2 \geqq 0$ und folglich $\gamma_2 = 1$. Da $\mathfrak{G}$ die Spur

$$(35) \quad \gamma_1 + \gamma_2 + \gamma_3 = \gamma = a^{-3}\big(m_1(1 + \varrho^{-3}) + m_2(\varrho^{-3} + \sigma^{-3}) + m_3(1 + \sigma^{-3})\big)$$

besitzt, so wird $\gamma_1 = \gamma - 1$. Trägt man die gefundenen Werte von γ_1, γ_2, γ_3 in (34) ein, so erhält man mit der Abkürzung $\alpha = \gamma - 2$ die Formel

$$(36) \qquad |\lambda\mathfrak{J} + \mathfrak{S}| = \lambda^2(\lambda^2 + 1)^3\,\big(\lambda^4 + (1 - \alpha)\,\lambda^2 - \alpha\,(2\alpha + 3)\big).$$

Wegen $x_3^* - x_1^* = \varrho\,a$, $x_5^* - x_3^* = \sigma a$ und (12; 8) gilt

$$(37) \qquad -1 = m_3(\varrho\,a)^{-1}(\sigma\,a)^{-2} - m_3(\varrho\,a)^{-1}a^{-2} - (m_1 + m_2)\,(\varrho\,a)^{-3},$$

$$(38) \qquad -1 = m_1(\sigma\,a)^{-1}(\varrho\,a)^{-2} - m_1(\sigma\,a)^{-1}a^{-2} - (m_2 + m_3)\,(\sigma\,a)^{-3},$$

und mit Rücksicht auf $\varrho + \sigma = 1$ ergibt Addition von (35), (37), (38) die Beziehung

$$(39) \qquad \alpha = m_1 a^{-3}(1 + \varrho^{-1} + \varrho^{-2}) + m_3 a^{-3}(1 + \sigma^{-1} + \sigma^{-2}).$$

Addiert man schließlich die beiden Gleichungen (12; 9), so folgt

$$(40) \qquad a^3 = m_1 + m_2(\varrho^{-2} + \sigma^{-2}) + m_3.$$

Aus (36), (39), (40) erhält man dann das in (6), (7) angegebene Resultat.

§ 17. Das HILLsche Problem.

Wir wollen versuchen, für das Dreikörperproblem andere periodische Lösungen als im vorigen Paragraphen zu finden. Wir beschränken uns dabei wieder auf ebene Lösungen. Zunächst lassen wir den Massenpunkt P_2 fort und betrachten die Bewegung von nur zwei Massenpunkten P_1, P_3. Diese laufen auf Kegelschnitten, und wir wollen insbesondere annehmen, daß sie Kreisbahnen um ihren gemeinsamen Schwerpunkt P_0 beschreiben. Nun ersetzen wir P_1, P_3 beide durch P_0 und nehmen den dritten Massenpunkt P_2 wieder hinzu. Unter den möglichen Bewegungen von P_0 und P_2 betrachten wir insbesondere wieder den Fall der Kreisbahn. Wenn nun P_2 weit genug von den anderen Massen entfernt ist, so gelangt man ausgehend von dieser Näherungslösung wirklich zu einer strengen Lösung.

Wir kommen auf einen einfacher zu behandelnden Grenzfall des genannten Problems, indem wir an Stelle des allgemeinen Dreikörperproblems das sogenannte restringierte Dreikörperproblem zugrunde legen. Dies ist der Spezialfall des ebenen Dreikörperproblems, in welchem die Masse von P_3 gleich 0 ist und P_1, P_2 Kreisbahnen beschreiben. Um die Differentialgleichungen für die Bewegung von P_3 zu erhalten, führen wir in der gegebenen Ebene ein rotierendes Achsenkreuz mit dem Ursprung im Schwerpunkt von P_1 und P_2 ein, so daß im neuen Koordinatensystem P_1 und P_2 ruhen. Wir nehmen für die Winkelgeschwindigkeit ohne Beschränkung der Allgemeinheit den Wert $\omega = 1$ an und erhalten nach (12; 5) für die rechtwinkligen Koordinaten x_{2k-1}, x_{2k} von P_k ($k = 1, 2, 3$) im rotierenden System die Differentialgleichungen

$$\dot{x}_{2k-1} = m_k^{-1} y_{2k-1} + x_{2k}, \qquad \dot{y}_{2k-1} = U_{x_{2k-1}} + y_{2k},$$
$$\dot{x}_{2k} = m_k^{-1} y_{2k} - x_{2k-1}, \qquad \dot{y}_{2k} = U_{x_{2k}} - y_{2k-1},$$

woraus durch Elimination von y_{2k-1}, y_{2k} die Differentialgleichungen zweiter Ordnung

$$(1) \qquad \begin{cases} \ddot{x}_{2k-1} = 2\dot{x}_{2k} + x_{2k-1} + m_k^{-1} U_{x_{2k-1}}, \\ \ddot{x}_{2k} = -2\dot{x}_{2k-1} + x_{2k} + m_k^{-1} U_{x_{2k}}, \end{cases} \qquad (k = 1, 2, 3)$$

folgen. Dabei ist noch nicht m_3 durch 0 ersetzt, und auch P_1, P_2 brauchen noch nicht zu ruhen. Nun ist

$$(2) \quad m_k^{-1} U_{x_{2k-1}} = \sum_{l \neq k} m_l (x_{2l-1} - x_{2k-1}) r_{kl}^{-3}, \qquad m_k^{-1} U_{x_{2k}} = \sum_{l \neq k} m_l (x_{2l} - x_{2k}) r_{kl}^{-3},$$

und hierin sind die rechten Seiten auch für $m_3 = 0$ sinnvoll. In diesem Falle aber ergeben die Formeln (1) für $k = 1, 2$ gerade die Differentialgleichungen des Zweikörperproblems für die Massenpunkte P_1, P_2.

Indem wir noch die Normierung $m_1 + m_2 = 1$ treffen, setzen wir $m_1 = \mu$, $m_2 = 1 - \mu$ mit $0 < \mu < 1$ und erhalten als partikuläre Lösung $x_1 = 1 - \mu$, $x_2 = 0$, $x_3 = -\mu$, $x_4 = 0$, die eben den Kreisbahnen von P_1, P_2 im ruhenden Koordinatensystem entspricht. Als Bewegungsgleichungen für den dritten Punkt P_3 mit den Koordinaten $x_5 = x$, $x_6 = y$ erhält man dann

$$(3) \qquad \ddot{x} = 2\dot{y} + x + F_x, \qquad \ddot{y} = -2\dot{x} + y + F_y,$$

wobei

$$F = \frac{1 - \mu}{r_{23}} + \frac{\mu}{r_{13}} = (1 - \mu)\left((x + \mu)^2 + y^2\right)^{-\frac{1}{2}} + \mu\left((x + \mu - 1)^2 + y^2\right)^{-\frac{1}{2}}$$

zu setzen ist. Dies sind die Differentialgleichungen des restringierten Dreikörperproblems. Obwohl dieses System nur von vierter Ordnung ist, so sind wir doch von einer vollständigen Lösung noch weit entfernt. Es ist vorteilhaft, die Differentialgleichungen (3) auf die konjugiert komplexen Variabeln

$$(4) \qquad p = (x + \mu - 1) + iy, \qquad q = \bar{p} = (x + \mu - 1) - iy$$

umzuschreiben; dabei stellt offenbar p in der komplexen Zahlenebene den Vektor von P_1 nach P_3 dar. Es wird nun

$$F = \frac{\mu}{\sqrt{pq}} + \frac{1 - \mu}{\sqrt{(1 + p)(1 + q)}}, \qquad F_x = F_p + F_q, \qquad F_y = i(F_p - F_q),$$

also

$$\ddot{p} = -2i\dot{p} + p - \mu + 1 + 2F_q, \qquad \ddot{q} = 2i\dot{q} + q - \mu + 1 + 2F_p,$$

und mit

$$G = pq + (1 - \mu)(p + q) + 2F = pq + (1 - \mu)(p + q) + \frac{2\mu}{\sqrt{pq}} + \frac{2 - 2\mu}{\sqrt{(1 + p)(1 + q)}}$$

bekommen die Differentialgleichungen die kürzere Form

$$(5) \qquad \ddot{p} = -2i\dot{p} + G_q, \qquad \ddot{q} = 2i\dot{q} + G_p.$$

Um eine periodische Lösung von (5) zu bestimmen, nehmen wir noch eine Vereinfachung vor, die von Hill herrührt und der Astronomie entnommen ist. Wählt man nämlich für P_2 die Sonne, für P_1 die Erde und für P_3 den Mond, so ist die Masse μ der Erde klein gegen die Masse $1 - \mu$ der Sonne; ferner bewegen sich Sonne und Erde angenähert auf Kreisbahnen um ihren gemeinsamen Schwerpunkt, und der Mond läuft ungefähr in der Ebene dieser Kreisbahn. Die Masse des Mondes ist außerdem klein gegen die Masse der Erde und werde als $m_3 = 0$ angenommen. Wir suchen nun eine periodische Lösung von (5) bei kleinen Werten von μ. Da $|p|$ die Entfernung des Mondes von der Erde bedeutet, die klein gegen den Abstand 1 zwischen Sonne und Erde ist, so suchen wir speziell eine periodische Lösung, für welche $|p|$ klein ist.

Lassen wir versuchsweise zunächst in (5) die Glieder $-2i\dot{p}, 2i\dot{q}$ fort und behalten in G auch nur das Hauptglied $2\mu(pq)^{-\frac{1}{2}}$ bei, so erhält man das System

$$(6) \qquad \ddot{p} = -\mu\, p\, (pq)^{-\frac{3}{2}}, \qquad \ddot{q} = -\mu\, q\, (pq)^{-\frac{3}{2}}.$$

Dies sind wieder die komplex geschriebenen Differentialgleichungen des Zweikörperproblems für P_1, P_3, wie sie auch schon in (12; 12) aufgetreten waren, und sie haben insbesondere die Kreislösung $p = \mu^{\frac{1}{3}} e^{it}$, $q = \bar{p} = \mu^{\frac{1}{3}} e^{-it}$, $|p| = |q| = \mu^{\frac{1}{3}}$. Hierdurch wird nahegelegt, in (5) die Variabelntransformation

$$(7) \qquad p = \mu^{\frac{1}{3}} u, \qquad q = \mu^{\frac{1}{3}} v$$

vorzunehmen. So erhält man

$$(8) \qquad \ddot{u} = -2i\dot{u} + H_v, \qquad \ddot{v} = 2i\dot{v} + H_u$$

mit

$$H = \mu^{-\frac{2}{3}} G = uv + \mu^{-\frac{1}{3}}(1-\mu)(u+v) + \frac{2}{\sqrt{uv}} + \frac{2\mu^{-\frac{2}{3}}(1-\mu)}{\sqrt{(1+\mu^{\frac{1}{3}}u)(1+\mu^{\frac{1}{3}}v)}}.$$

Die Entwicklung nach aufsteigenden Potenzen von $\mu^{\frac{1}{3}}$ ergibt

$$H = uv + \mu^{-\frac{1}{3}}(u+v) +$$
$$+ 2\mu^{-\frac{2}{3}}\left(1 - \frac{1}{2}\mu^{\frac{1}{3}}u + \frac{3}{8}\mu^{\frac{2}{3}}u^2\right)\left(1 - \frac{1}{2}\mu^{\frac{1}{3}}v + \frac{3}{8}\mu^{\frac{2}{3}}v^2\right) + 2(uv)^{-\frac{1}{2}} + \cdots$$
$$= 2\mu^{-\frac{2}{3}} + \frac{3}{4}(u+v)^2 + 2(uv)^{-\frac{1}{2}} + \cdots,$$

wobei die nicht hingeschriebenen Glieder nur positive Potenzen von $\mu^{\frac{1}{3}}$ enthalten. Da wir μ klein annehmen wollen, vernachlässigen wir diese weiteren Glieder und betrachten an Stelle von (8) das so entstehende System

$$(9) \quad \ddot{u} = -2i\dot{u} + \frac{3}{2}(u+v) - u(uv)^{-\frac{3}{2}}, \qquad \ddot{v} = 2i\dot{v} + \frac{3}{2}(u+v) - v(uv)^{-\frac{3}{2}}.$$

Dies sind die HILLschen Differentialgleichungen. Selbst hierfür ist die allgemeine Lösung nicht bekannt. Wir werden aber nun ähnlich wie in § 14 durch einen Ansatz mit Potenzreihen periodische Lösungen von (9) bestimmen.

Um diesen Ansatz zu finden, betrachten wir nochmals analog zu (6) das vereinfachte System

$$(10) \qquad \ddot{u} = -u(uv)^{-\frac{3}{2}}, \qquad \ddot{v} = -v(uv)^{-\frac{3}{2}},$$

das aus (9) durch Fortlassen der übrigen Glieder auf der rechten Seite entsteht. Wir suchen periodische Lösungen, für die $\bar{v} = u$ gilt, denn dann werden nach (4), (7) die Koordinaten x, y reell. Eine solche Lösung ist die Kreislösung $u = u_0 e^{\lambda t}$, $v = v_0 e^{-\lambda t}$ mit $\lambda^2 = -(uv)^{-\frac{3}{2}} = -(u_0 v_0)^{-\frac{3}{2}}$, $v_0 = \bar{u}_0$. Setzen wir noch zur Vermeidung von Wurzeln $u = \xi^4$, $v = \eta^4$, so wird $\xi = \xi_0 e^{\alpha t}$, $\eta = \eta_0 e^{-\alpha t}$, $\dot{\xi} = \alpha \xi$, $\dot{\eta} = -\alpha \eta$ mit $\alpha = \dfrac{\lambda}{4} = \pm \dfrac{i}{4} (\xi_0 \eta_0)^{-3}$,

$\eta_0 = \bar{\xi}_0$. Für die exakte Lösung von (9) versuchen wir nun in zwei neuen Variabeln ξ, η mit unbestimmten Koeffizienten a_{kl} den Ansatz

$$(11) \quad u = \xi^4 \Big(1 + \sum_{k,l} a_{kl} \xi^{3k+4l} \eta^{3k-4l}\Big), \qquad v = \eta^4 \Big(1 + \sum_{k,l} a_{kl} \xi^{3k-4l} \eta^{3k+4l}\Big);$$

dabei sollen k, l alle Paare ganzer Zahlen durchlaufen, die den Bedingungen $3k \geq 4|l|$, $k > 0$ genügen. Die spezielle Gestalt dieses Ansatzes wird erst später gerechtfertigt werden. Die neuen Unbekannten ξ, η sollen dann entsprechend der heuristischen Überlegung den Differentialgleichungen

$$(12) \qquad \dot{\xi} = \alpha \xi, \qquad \dot{\eta} = -\alpha \eta, \qquad \alpha = \pm \frac{i}{4} (\xi \eta)^{-3}$$

genügen, aus denen ja wieder $(\xi \eta)^{\cdot} = \alpha \xi \eta + \xi(-\alpha \eta) = 0$ und sodann

$$(13) \qquad \xi = \xi_0 e^{\alpha t}, \qquad \eta = \eta_0 e^{-\alpha t}, \qquad \alpha = \pm \frac{i}{4} (\xi_0 \eta_0)^{-3}$$

mit konstanten von 0 verschiedenen ξ_0, η_0 folgt.

Wir bilden formal die Ableitungen der Potenzreihen für u und v nach t durch gliedweise Differentiation, wobei wir $\dot{\xi}, \dot{\eta}$ gemäß (12) durch ξ, η ausdrücken. Mit der Abkürzung

$$(14) \qquad \zeta_{kl} = \xi^{3k+4l} \eta^{3k-4l}$$

wird dann

$$\dot{u} = 4\alpha \xi^4 \Big(1 + \sum (2l+1) a_{kl} \zeta_{kl}\Big), \qquad \dot{v} = -4\alpha \eta^4 \Big(1 + \sum (2l+1) a_{kl} \zeta_{k,-l}\Big)$$

$$\ddot{u} = (4\alpha)^2 \xi^4 \Big(1 + \sum (2l+1)^2 a_{kl} \zeta_{kl}\Big), \qquad \ddot{v} = (4\alpha)^2 \eta^4 \Big(1 + \sum (2l+1)^2 a_{kl} \zeta_{k,-l}\Big).$$

Hierbei soll, wie auch weiterhin in diesem Paragraphen, die Summe stets über die oben angegebenen Zahlenpaare k, l erstreckt werden, so daß also die Exponenten $3k+4l$, $3k-4l$ in (14) nicht-negativ sind und ihre Summe $6k$ positiv wird. Wir nennen k die Ordnung von ζ_{kl}. Es werde noch

$$A = -\sum a_{kl} \zeta_{kl}, \qquad B = -\sum a_{kl} \zeta_{k,-l}$$

gesetzt. Um in (9) negative Exponenten zu vermeiden, multiplizieren wir darin die erste Gleichung mit $\xi^2 \eta^6$ und erhalten wegen $4\alpha = \pm i (\xi \eta)^{-3}$ für die einzelnen Glieder

$$(15) \quad \begin{cases} -\ddot{u}\, \xi^2 \eta^6 = 1 + \sum (2l+1)^2 a_{kl} \zeta_{kl} \\[4pt] -2i\dot{u}\, \xi^2 \eta^6 = \pm 2 \big(\zeta_{10} + \sum (2l+1) a_{kl} \zeta_{k+1,l}\big) \\[4pt] \dfrac{3}{2}(u+v)\, \xi^2 \eta^6 = \dfrac{3}{2} \big(\zeta_{20} + \sum a_{kl} \zeta_{k+2,l}\big) + \dfrac{3}{2} \big(\zeta_{2,-1} + \sum a_{kl} \zeta_{k+2,l-1}\big) \\[4pt] -u^{-\frac{1}{2}} v^{-\frac{3}{2}} \xi^2 \eta^6 = -(1-A)^{-\frac{1}{2}} (1-B)^{-\frac{3}{2}}, \end{cases}$$

wobei in der Entwicklung

$$(16) \quad \begin{cases} (1-A)^{-\frac{1}{2}}(1-B)^{-\frac{3}{2}} \\ \quad = \left(1 + \frac{1}{2} A + \cdots\right)\left(1 + \frac{3}{2} B + \cdots\right) = 1 + \frac{1}{2} A + \frac{3}{2} B + \cdots \end{cases}$$

nach Potenzen von A und B für diese wiederum die Reihen in den ζ_{kl} einzutragen sind. Da $\zeta_{kl}\zeta_{gh} = \zeta_{k+g,l+h}$ ist, so wird dann auch die rechte Seite der letzten Zeile von (15) eine Reihe der Form $\sum c_{kl}\zeta_{kl}$, wie das für die anderen Zeilen ohnehin der Fall ist. Um die erste Differential-gleichung (9) formal zu erfüllen, brauchen wir dann die Konstanten a_{kl} nur so zu bestimmen, daß die Summe der Ausdrücke (15) identisch in den ζ_{kl} verschwindet.

Multipliziert man die zweite Gleichung (9) mit $\xi^6 \eta^2$, so erhält man für die einzelnen Glieder analoge Reihen wie in (15). Sie gehen nun aus den in (15) angegebenen gerade dadurch hervor, daß man ξ mit η vertauscht, also $\zeta_{k,-l}$ statt ζ_{kl} schreibt. Dabei ist noch zu beachten, daß auf der linken Seite der zweiten Gleichung $-2i\dot{u}\,\xi^2\eta^6$ durch $2i\dot{v}\,\xi^6\eta^2$ zu ersetzen ist und deswegen das rechts auftretende Vorzeichen $\pm$ ungeändert bleibt. So erkennt man, daß der Koeffizientenvergleich für die Koeffizienten von ζ_{kl} in der ersten Gleichung (9) genau dieselben Bedingungen für die a_{kl} liefert wie der entsprechende Vergleich bei $\zeta_{k,-l}$ in der zweiten Gleichung (9). Es genügt demnach, die unbekannten Koeffizienten a_{kl} so zu bestimmen, daß die Summe der vier rechten Seiten von (15) identisch in den ζ_{kl} verschwindet. Wir wollen zeigen, daß dies auf genau eine Weise möglich ist und daß die a_{kl} sämtlich rationale Zahlen sind.

Den Beweis dieser Behauptung geben wir durch vollständige Induk-tion nach k. Auf Grund unseres Ansatzes ist es klar, daß der Koeffi-zientenvergleich für das konstante Glied erfüllt ist. Nun sei $r \geq 1$, und es sei bereits gezeigt, daß für $0 < k \leq r-1$ sich alle a_{kl} auf genau eine Art so wählen lassen, daß der Koeffizientenvergleich für sämtliche Glieder der Ordnungen $1, 2, \ldots, r-1$ erfüllt ist; ferner mögen sich dabei diese a_{kl} als rationale Zahlen ergeben haben. Für $r = 1$ ist diese Annahme leer. Um zu zeigen, daß die Induktionsannahme auch für die a_{rl} ($4|l| \leq 3r$) richtig ist, beachten wir, daß die Reihenentwicklung des Ausdrucks

$$(17) \qquad D = (1-A)^{-\frac{1}{2}}(1-B)^{-\frac{3}{2}} - 1 - \frac{1}{2} A - \frac{3}{2} B$$

nach Potenzen von A, B mit quadratischen Gliedern anfängt. Trägt man darin für A und B ihre Reihen in den ζ_{kl} ein, so wird bei D der Koeffizient von ζ_{rl} ein Polynom in den a_{ks} mit $k < r$, welche ja bereits eindeutig festgelegt und rational sind. Die Koeffizienten jenes Polynoms sind ferner wohlbestimmte rationale Zahlen. Daher ist der Koeffizient von ζ_{rl} auf der rechten Seite der letzten Zeile von (15) gleich der Summe von $\frac{1}{2}a_{rl} + \frac{3}{2}a_{r,-l}$ und einer bereits bestimmten rationalen Zahl. Berücksichtigt man entsprechend die ersten drei Zeilen in (15), so liefert der Koeffizientenvergleich die Bedingung

$$(18) \qquad \left((2l+1)^2 + \frac{1}{2}\right)a_{rl} + \frac{3}{2}\,a_{r,-l} = \varrho_{rl}$$

mit einer bereits eindeutig festgelegten rationalen Zahl ϱ_{rl}. Für $l = 0$ folgt hieraus

$$(19) \qquad 3\,a_{r0} = \varrho_{r0};$$

also ist $a_{,0}$ als rationale Zahl bestimmt. Ist aber $l \neq 0$, so wechseln wir in (18) das Vorzeichen von l und erhalten die zweite Gleichung

$$(20) \qquad \frac{3}{2}\,a_{rl} + \left((-2l+1)^2 + \frac{1}{2}\right)a_{r,-l} = \varrho_{r,-l}\,.$$

Da die beiden linearen Gleichungen (18), (20) für a_{rl}, $a_{r,-l}$ die positive Determinante

$$(21) \qquad \left((2l+1)^2 + \frac{1}{2}\right)\left((-2l+1)^2 + \frac{1}{2}\right) - \left(\frac{3}{2}\right)^2 = 4l^2(4l^2 - 1)$$

haben und ihre Koeffizienten rational sind, so erhält man daraus a_{rl}, $a_{r,-l}$ eindeutig, und zwar als rationale Zahlen. Damit ist die Induktion durchgeführt.

Wir werden nachher beweisen, daß die gefundenen Reihen für u, v absolut konvergieren, wenn $|\xi|$, $|\eta|$ genügend klein sind. Ist außerdem $\eta = \bar{\xi}$, so sind wegen der Realität der a_{kl} die beiden Größen u, v konjugiert komplex, also die ursprünglichen Koordinaten x, y reell. In (13) hat man also $\eta_0 = \bar{\xi}_0$ zu wählen.

Zum Konvergenzbeweis bedienen wir uns wie in § 15 der Majorantenmethode. Ist

$$\varphi = \sum c_{kl}\zeta_{kl} = \sum c_{kl}\,\xi^{3k+4l}\,\eta^{3k-4l}$$

eine formale Reihe mit konstanten Koeffizienten c_{kl}, so möge zur Abkürzung $c_{kl} = \{\varphi\}_{kl}$ gesetzt werden. Indem wir nochmals die zum Koeffizientenvergleich benutzte Formel aufschreiben, bekommen wir nach (15), (17) die Beziehung

$$(22) \qquad \begin{cases} \varrho_{kl} = \Big\{ D \mp 2\left(\zeta_{10} + \sum (2l+1)\,a_{kl}\zeta_{k+1,l}\right) + \\ \qquad - \frac{3}{2}\zeta_{20}(1+A) - \frac{3}{2}\zeta_{2,-1}(1+B)\Big\}_{kl}; \end{cases}$$

andererseits gilt

$$(23) \qquad a_{k0} = \frac{1}{3}\varrho_{k0}, \qquad a_{kl} = \frac{\left((1-2l)^2 + \frac{1}{2}\right)\varrho_{kl} - \frac{3}{2}\varrho_{k,-l}}{4l^2(4l^2-1)} \qquad (l \neq 0).$$

Um nun die absolute Konvergenz der Potenzreihen u und v in einer komplexen Umgebung von $\xi = 0$, $\eta = 0$ nachzuweisen, wähle man insbesondere $\xi = \eta$. Dann wird $\zeta_{kl} = \xi^{3k+4l} \eta^{3k-4l} = \xi^{6k} = \zeta^k$ mit $\zeta = \xi^6$, und es genügt dann nach (11), die Konvergenz von

$$Z = \sum |a_{kl}| \zeta^k$$

für ein $\zeta > 0$ nachzuweisen. Zu diesem Zwecke majorisieren wir zunächst D. Wegen $\xi = \eta$ wird $A = B < Z$, wobei jetzt ζ als Unbestimmte gilt. Da ferner die Entwicklung von $(1-A)^{-\frac{4}{3}}(1-B)^{-\frac{2}{3}}$ nach Potenzen von A, B lauter positive Koeffizienten hat, so folgt weiter

$$(24) \quad D < (1-Z)^{-2} - 1 - 2Z = \frac{3Z^2}{(1-Z)^2} - \frac{2Z^3}{(1-Z)^2} < \frac{3Z^2}{(1-Z)^2} < \frac{3Z^2}{1-2Z},$$

und außerdem ist

$$(25) \qquad -\frac{3}{2}\zeta_{20}(1+A) - \frac{3}{2}\zeta_{2,-1}(1+B) < 3\zeta^2(1+Z).$$

Wegen $|2l+1| \geq 1$ folgt dann aus (22), (24), (25) die Abschätzung

$$(26) \qquad \sum_{k,l} \left| \frac{\varrho_{kl}}{2l+1} \right| \zeta^k < \frac{3Z^2}{1-2Z} + 3\zeta^2(1+Z) + 2\zeta(1+Z).$$

Beachtet man nun, daß die beiden Quotienten

$$\frac{(2l+1)((1-2l)^2 + \frac{1}{2})}{4l^2(4l^2-1)}, \qquad \frac{\frac{3}{2}(2l+1)}{4l^2(4l^2-1)}$$

für alle ganzen $l \neq 0$ beschränkt sind, so ergeben (23) und (26) die Beziehung

$$Z < c_1 \left(\frac{Z^2}{1-2Z} + \zeta^2(1+Z) + \zeta(1+Z) \right).$$

Dabei bedeutet c_1, wie auch weiterhin $c_2, \dots, c_5$, eine positive absolute Konstante. Mit Hilfe von $1 + Z < (1-2Z)^{-1}$ folgt

$$Z < c_1 \frac{Z^2 + \zeta^2 + \zeta}{1-2Z} < c_1 \frac{\zeta + (\zeta + Z)^2}{1 - 2(\zeta + Z)},$$

und für $V = \zeta + Z$ erhält man dann

$$V < c_2 \frac{2\zeta + V^2}{4 - c_2 V},$$

woraus sich die Konvergenz von V für $\zeta < c_3$ nach der in § 15 benutzten Schlußweise ergibt. Also sind die Potenzreihen u und v für $|\xi| < c_4$, $|\eta| < c_4$ absolut konvergent.

     Wir fassen das Ergebnis zusammen. Bei den Lösungen

$$(27) \qquad \xi = \xi_0 e^{\alpha t}, \qquad \eta = \eta_0 e^{-\alpha t}$$

der Differentialgleichungen (12) werde $\eta_0 = \bar{\xi}_0$ gewählt, und es sei $0 < |\xi_0| = \varrho < c_4$. Dann wird die Größe

$$\alpha = \pm \frac{i}{4} (\xi_0 \eta_0)^{-3} = \pm \frac{i}{4} \varrho^{-6}$$

rein imaginär und folglich $\eta = \bar{\xi}$, $|\xi| = \varrho$ für alle reellen t. Demnach konvergieren die Potenzreihen u und v, und es gilt $v = \bar{u}$, so daß die Lösung in den ursprünglichen Koordinaten x, y reell wird. Ferner werden ξ, η, also auch $\xi^4 = \xi_0^4 e^{4\alpha t}$, $\eta^4 = \eta_0^4 e^{-4\alpha t}$ und $\zeta_{kl} = \xi_0^{3k+4l} \eta_0^{3k-4l} e^{8l\alpha t}$, periodische Funktionen von t. Setzt man diese Funktionen in die Potenzreihen (11) ein, so erhält man u, v und auch x, y als periodische Funktionen von t mit der Periode $\left| \frac{2\pi i}{4\alpha} \right| = 2\pi \varrho^6$. Durch geeignete Verschiebung der Zeitvariabeln t kann man wegen (27) offenbar erreichen, daß $\xi_0 = \eta_0 = \varrho$ wird. Wir setzen noch $\varrho^2 = \sigma$ und können dann diese Größe als freien Parameter im Intervall $0 < \sigma < c_4^2 = c_5$ wählen. Die Reihen für x, y werden Fouriersche Reihen in $e^{4\alpha t}$, und die Fourierschen Koeffizienten sind Potenzreihen in σ, welche ebenfalls für $|\sigma| < c_5$ absolut konvergieren. Ersetzt man t durch $-t$, so vertauschen sich ξ und η, also auch u und v, so daß der Punkt x, y in den spiegelbildlich zur x-Achse gelegenen Punkt $x, -y$ übergeht. Dies drückt sich in der Fourierschen Entwicklung dadurch aus, daß x eine Kosinusreihe und y eine Sinusreihe wird. Insbesondere liegt also die Bahnkurve symmetrisch zur x-Achse. Man hat somit eine Schar von solchen symmetrischen Lösungen, die von dem reellen Parameter σ abhängen und die Periode $2\pi \sigma^3$ haben. Da wir in (12) beide Möglichkeiten für das Vorzeichen von α zugelassen haben, die auch bei dem Vorzeichen $\pm$ in der zweiten Gleichung (15) zum Ausdruck kommen, so gewinnen wir zwei verschiedene Scharen von periodischen Lösungen, die verschiedenem Umlaufsinn des Mondes P_3 um die Erde P_1 entsprechen; nämlich für das positive Vorzeichen erhält man denselben Umlaufsinn wie den der Erde um die Sonne und für das negative den entgegengesetzten. Die Bahnkurven der beiden Lösungsscharen sind wirklich voneinander verschieden.

Diese Lösungen u, v der Differentialgleichungen (9) wurden 1878 von Hill [1] entdeckt. Er fand sie jedoch auf einem anderen Wege, indem er die Periode der Lösungen als Parameter einführte und direkt die Fourierschen Reihen mit unbestimmten Koeffizienten ansetzte. Durch Koeffizientenvergleich erhielt er ein System von unendlich vielen Gleichungen, wobei in jede Gleichung unendlich viele Unbekannten eingehen. Mittels Potenzreihenentwicklung nach dem Parameter kam er dann zu Rekursionsformeln, welche mit den durch (18), (19) gegebenen gleichwertig sind. Allerdings bewies Hill nicht die Konvergenz der von ihm aufgestellten Reihen. Ein Konvergenzbeweis wurde 1925 von Wintner [2] gegeben.

§ 18. Verallgemeinerung des Hillschen Problems.

Während wir im vorigen Paragraphen nur Näherungslösungen für das Dreikörperproblem gefunden haben, wollen wir jetzt exakte periodische Lösungen aufsuchen, welche die Hillsche Lösung als Grenzfall enthalten. Dabei werden wir uns aber auf das ebene Dreikörperproblem beschränken und an die heuristische Überlegung vom Beginn des § 17 anknüpfen. Ersetzt man die Massenpunkte P_1, P_3 durch ihren gemeinsamen Schwerpunkt P_0 mit der Masse $m_1 + m_3 = \mu$, so kann man für die Bewegung von P_0, P_2 insbesondere eine Kreislösung annehmen, die mit der Winkelgeschwindigkeit $\omega = 1$ durchlaufen wird. Wir wollen noch die Masseneinheit so normieren, daß $m_1 + m_2 + m_3 = 1$, also $m_2 = 1 - \mu$ und $0 < \mu < 1$ wird. Wie die frühere Betrachtung zeigt, müssen wir dann den Abstand von P_0 und P_2 gleich 1 wählen. Wir nehmen ferner den Abstand von P_1 und P_3 klein gegen 1 an und lassen auch P_1, P_3 Kreisbahnen um ihren Schwerpunkt P_0 beschreiben. Nun soll nachgewiesen werden, daß in der Nähe dieser Kreisbahnen strenge Lösungen des Dreikörperproblems liegen.

Da es sich um ein ebenes Problem handelt, führen wir wie schon gelegentlich in § 12 für die Lage der Massenpunkte komplexe Koordinaten z_k $(k = 0, 1, 2, 3)$ ein, so daß Realteil und Imaginärteil von z_k Abszisse und Ordinate von P_k bedeuten. Dabei möge das Achsenkreuz mit der Winkelgeschwindigkeit 1 um den Schwerpunkt der drei Massenpunkte P_1, P_2, P_3 rotieren. Es ist dann

$$m_1 z_1 + m_2 z_2 + m_3 z_3 = 0, \quad \mu z_0 = m_1 z_1 + m_3 z_3 = - m_2 z_2,$$

woraus

$$z_2 = \mu (z_2 - z_0), \quad \mu (z_0 - z_3) = m_1 (z_1 - z_3)$$

folgt. Aus (17; 1), (17; 2) ergeben sich die Bewegungsgleichungen

$$(1) \qquad \ddot{z}_k + 2 i \dot{z}_k - z_k = \sum_{l \neq k} m_l (z_l - z_k) |z_l - z_k|^{-3} \qquad (k = 1, 2, 3).$$

Da wir annehmen wollen, daß der Abstand r_{13} klein gegen 1 ist und die Abstände r_{12}, r_{23} ungefähr gleich 1 sind und daß außerdem die Punkte P_0, P_2 im rotierenden Koordinatensystem ungefähr in Ruhe sind, so machen wir den Ansatz

$$z_1 - z_3 = x, \quad z_0 - z_2 = 1 + y,$$

wobei x und y zwei neue komplexe Variable bezeichnen. Man erhält dann z_0, z_1, z_2, z_3 als lineare Funktionen von x und y, nämlich

$$z_0 = (1 - \mu)(1 + y), \quad z_1 = (1 - \mu)(1 + y) + \frac{m_3}{\mu} x,$$

$$z_2 = - \mu (1 + y), \quad z_3 = (1 - \mu)(1 + y) - \frac{m_1}{\mu} x,$$

und für $x = y = 0$ wird $z_0 = z_1 = z_3 = 1 - \mu$, $z_2 = -\mu$. Man wird also in Verallgemeinerung des HILLschen Problems nach periodischen Lösungen von (1) suchen, für welche die absoluten Beträge von x und y genügend klein bleiben. Setzt man noch zur Abkürzung

$$m_1 = \delta_1 \mu, \qquad m_3 = \delta_3 \mu, \qquad \delta_3 = \delta, \qquad \delta_1 = 1 - \delta,$$

so wird $0 < \delta < 1$ und

$$z_1 - z_2 = 1 + y + \delta_3 x, \qquad z_3 - z_2 = 1 + y - \delta_1 x.$$

Für x, y erhält man zufolge (1) die beiden Differentialgleichungen

$$\ddot{x} + 2i\dot{x} - x = m_2(z_2 - z_1)\, r_{12}^{-3} + m_2(z_3 - z_2)\, r_{23}^{-3} + \mu(z_3 - z_1)\, r_{13}^{-3},$$
$$\ddot{y} + 2i\dot{y} - y = 1 + \delta_1(z_2 - z_1)\, r_{12}^{-3} + \delta_3(z_2 - z_3)\, r_{23}^{-3},$$

worin die rechten Seiten durch x, y auszudrücken sind. Nun ist

$$r_{13}^2 = x\,\bar{x}, \qquad r_{23}^2 = (1 + y - \delta_1 x)(1 + \bar{y} - \delta_1 \bar{x}),$$
$$r_{12}^2 = (1 + y + \delta_3 x)(1 + \bar{y} + \delta_3 \bar{x}),$$

und Potenzreihenentwicklung liefert

$$(z_3 - z_2)\, r_{23}^{-3} = (1 + y - \delta_1 x)^{-\frac{1}{2}}(1 + \bar{y} - \delta_1 \bar{x})^{-\frac{3}{2}}$$
$$= 1 - \frac{1}{2}(y - \delta_1 x) - \frac{3}{2}(\bar{y} - \delta_1 \bar{x}) + \cdots,$$

$$(z_1 - z_2)\, r_{12}^{-3} = (1 + y + \delta_3 x)^{-\frac{1}{2}}(1 + \bar{y} + \delta_3 \bar{x})^{-\frac{3}{2}}$$
$$= 1 - \frac{1}{2}(y + \delta_3 x) - \frac{3}{2}(\bar{y} + \delta_3 \bar{x}) + \cdots.$$

Wegen $\delta_3 = \delta$, $\delta_1 = 1 - \delta$ konvergieren die Reihen für $|x| + |y| < 1$, $0 \leq \delta \leq 1$, und zwar gleichmäßig in x, y, δ für $|x| + |y| \leq \vartheta$ bei jedem festen positiven $\vartheta < 1$. Durch Einsetzen der Potenzreihen folgt dann nach einfacher Zwischenrechnung

$$(2) \quad \begin{cases} \ddot{x} + 2i\dot{x} + \dfrac{1}{2}(\mu - 3)\,x + \dfrac{3}{2}(\mu - 1)\,\bar{x} + \mu\, x^{-\frac{1}{2}} \bar{x}^{-\frac{3}{2}} = P, \\[2mm] \ddot{y} + 2i\dot{y} - \dfrac{3}{2}(y + \bar{y}) = Q. \end{cases}$$

Dabei sind P, Q Potenzreihen in $x, y, \bar{x}, \bar{y}$, die mit quadratischen Gliedern beginnen und für $|x| + |y| < 1$ konvergieren. Die Koeffizienten dieser Reihen ergeben sich als Polynome in μ und δ mit rationalen Zahlenkoeffizienten.

Wir wollen für das System (2) periodische Lösungen angeben und setzen dazu $x, \bar{x}, y, \bar{y}$ wieder als Potenzreihen in zwei neuen Variabeln ξ, η an. Dabei sollen ξ, η wie im vorigen Paragraphen den Differentialgleichungen

$$(3) \qquad \dot{\xi} = \alpha \xi, \qquad \dot{\eta} = -\alpha \eta, \qquad \alpha = \pm \frac{i}{4}(\xi \eta)^{-3}$$

genügen. Diesmal führen wir die Bezeichnungen

$$\zeta_{kl} = \xi^{k+2l}\eta^{k-2l}, \qquad \zeta_k = \zeta_{k0} = (\xi\eta)^k$$

ein und machen den Ansatz

$$x = \mu^{\frac{1}{3}}(1 \mp 2\zeta_3)^{\frac{1}{3}}\xi^4\Big(1 + \sum_{k>4} a_{kl}\zeta_{kl}\Big), \qquad \bar{x} = \mu^{\frac{1}{3}}(1 \mp 2\zeta_3)^{\frac{1}{3}}\eta^4\Big(1 + \sum_{k>4} a_{kl}\zeta_{k,-l}\Big),$$

$$y = \mu^{\frac{2}{3}}\sum_{k>3} b_{kl}\zeta_{kl}, \qquad\qquad\qquad \bar{y} = \mu^{\frac{2}{3}}\sum_{k>3} b_{kl}\zeta_{k,-l};$$

dabei sind die Summen auch stets über l mit $2|l| \leq k$ zu erstrecken. Die Wahl des Vorzeichens in dem Faktor

$$(1 \mp 2\zeta_3)^{\frac{1}{3}} = \gamma$$

von x und $\bar{x}$ ist der Wahl des Vorzeichens von α in (3) zugeordnet. Die spezielle Form dieses Ansatzes wird durch den folgenden Koeffizienten-vergleich gerechtfertigt. Wir bilden die Ableitungen von x, y nach t und drücken darin $\dot{\xi}$, $\dot{\eta}$ entsprechend den Gleichungen (3) durch ξ, η aus, wobei zu beachten ist, daß der Faktor γ nicht von t abhängig ist. Man erhält

$$\dot{x} = \mu^{\frac{1}{3}}\gamma\,\xi^4(\pm i\zeta_3^{-1})\Big(1 + \sum_{k>4}(l+1)\,a_{kl}\zeta_{kl}\Big),$$

$$\ddot{x} = \mu^{\frac{1}{3}}\gamma\,\xi^4(-\zeta_6^{-1})\Big(1 + \sum_{k>4}(l+1)^2\,a_{kl}\zeta_{kl}\Big),$$

$$\dot{y} = \mu^{\frac{2}{3}}(\pm i\zeta_3^{-1})\sum_{k>3} l\,b_{kl}\zeta_{kl}, \qquad \ddot{y} = \mu^{\frac{2}{3}}(-\zeta_6^{-1})\sum_{k>3} l^2\,b_{kl}\zeta_{kl}.$$

Wir setzen nun die Reihen für x, y, $\bar{x}$, $\bar{y}$ und die Ableitungen von x, y in die Differentialgleichungen (2) ein, multiplizieren die erste Gleichung mit $-\mu^{-\frac{1}{3}}\gamma^2\xi^{-4}\zeta_6$ und die zweite mit $-\mu^{-\frac{2}{3}}\zeta_6$ und erhalten nach einigen leichten Umformungen

$$(4) \quad (1 \mp 2\zeta_3)\Big(\sum_{k>4}(l+1)^2\,a_{kl}\zeta_{kl} \pm 2\sum_{k>4}(l+1)\,a_{kl}\zeta_{k+3,l}\Big) + \tfrac{1}{2}A + \tfrac{3}{2}B = f,$$

$$(5) \quad \sum_{k>3} l^2\,b_{kl}\zeta_{kl} \pm 2\sum_{k>3} l\,b_{kl}\zeta_{k+3,l} + \tfrac{3}{2}\sum_{k>3}(b_{kl} + b_{k,-l})\zeta_{k+6,l} = g;$$

darin ist noch

$$A = \sum_{k>4} a_{kl}\zeta_{kl}, \qquad B = \sum_{k>4} a_{kl}\zeta_{k,-l},$$

$$(6) \quad \begin{cases} f = \Big\{(1+A)^{-\frac{1}{2}}(1+B)^{-\frac{3}{2}} - 1 + \tfrac{1}{2}A + \tfrac{3}{2}B\Big\} + \\[2mm] \qquad + 4\zeta_6 + \tfrac{1}{2}(1 \mp 2\zeta_3)\big((\mu-3)\zeta_6(1+A) + 3(\mu-1)\zeta_{6,-2}(1+B)\big) + \\[2mm] \qquad - \mu^{-\frac{1}{3}}(1 \mp 2\zeta_3)^{\frac{2}{3}}\zeta_{4,-1}\,P, \end{cases}$$

$$(7) \qquad\qquad\qquad g = -\mu^{-\frac{2}{3}}\zeta_6\,Q.$$

gesetzt. Entwickelt man noch $(1+A)^{-\frac{1}{2}}(1+B)^{-\frac{3}{2}}$ nach Potenzen von A, B und trägt in P, Q für x, y, $\bar{x}$, $\bar{y}$ die angesetzten Reihen ein, so werden auch f und g Potenzreihen in ξ und η von der Form

$$f = \sum_{k \geq 0} f_{kl} \zeta_{kl}, \qquad g = \sum_{k \geq 0} g_{kl} \zeta_{kl}.$$

Dabei sind die Koeffizienten f_{kl}, g_{kl} Polynome in den $a_{\varkappa\lambda}$, $b_{\varkappa\lambda}$, $\mu^{\frac{1}{3}}$, δ mit rationalen Zahlenkoeffizienten; denn P, Q beginnen in der Entwicklung nach x, y, $\bar{x}$, $\bar{y}$ mit quadratischen Gliedern und x, $\bar{x}$ bzw. y, $\bar{y}$ enthalten nach unserem Ansatz $\mu^{\frac{1}{3}}$ bzw. $\mu^{\frac{2}{3}}$ als Faktor. Wir wollen diese Polynome näher untersuchen.

Für den Ausdruck $\zeta_{kl} = \xi^{k+2l} \eta^{k-2l}$ ist der Grad gleich $2k$, und es werde k als das Gewicht von ζ_{kl} bezeichnet. Da P als Potenzreihe in x, y, $\bar{x}$, $\bar{y}$ mit Gliedern von mindestens zweitem Grade anfängt und andererseits die Entwicklungen von x, y, $\bar{x}$, $\bar{y}$ nach Potenzen von ξ, η mit Gliedern beginnen, deren Gewicht mindestens 2 ist, so treten in der Entwicklung von P nach Potenzen von ξ, η keine Glieder der Gewichte < 4 auf. Dasselbe gilt für Q, und zufolge (7) ist dann $g_{kl} = 0$ für $k < 10$. Entsprechend beginnt die Entwicklung von $\zeta_{4,-1} P$ mit Gliedern vom Gewichte ≥ 8. Da ferner A und B nach Definition keine Glieder der Gewichte < 5 enthalten, so beginnt die geschweifte Klammer in (6) mit Gliedern vom Gewichte ≥ 10. Aus (6) folgt dann, daß $f_{kl} = 0$ ist für $k < 8$ mit Ausnahme von f_{60} und $f_{6,-2}$. Wir wollen noch feststellen, durch welche $a_{\varkappa\lambda}$, $b_{\varkappa\lambda}$ sich die Koeffizienten f_{kl}, g_{kl} ausdrücken. Dazu beachten wir, daß P als Potenzreihe in x, y, $\bar{x}$, $\bar{y}$ mit quadratischen Gliedern beginnt und andererseits x, y, $\bar{x}$, $\bar{y}$ als Reihen in ξ, η mit Gliedern vom Gewichte ≥ 2. Trägt man also die Potenzreihen für x, y, $\bar{x}$, $\bar{y}$ in $\zeta_6 Q$ ein, so kann ein $b_{\varkappa\lambda}$, das in y oder $\bar{y}$ auftritt, nur in ein solches Glied von $\zeta_6 Q$ eingehen, dessen Gewicht mindestens $\varkappa + 6 + 2 = \varkappa + 8$ ist. Daher gilt für die $b_{\varkappa\lambda}$, die in g_{kl} auftreten, die Ungleichung $\varkappa \leq k - 8$. Berücksichtigt man noch, daß die Reihe für x bzw. $\bar{x}$ den Faktor $\xi^4 = \zeta_{21}$ bzw. $\eta^4 = \zeta_{2,-1}$ enthält, so ersieht man, daß in g_{kl} nur solche $a_{\varkappa\lambda}$ eingehen können, für welche $\varkappa \leq k - 10$ ist. Bezeichnen wir also zur Abkürzung mit $\mathfrak{P}(r, s)$ jedes Polynom in $a_{\varkappa\lambda}$, b_{kl}, $\mu^{\frac{1}{3}}$, δ mit $\varkappa \leq r$, $k \leq s$ und rationalen Zahlenkoeffizienten, so gilt

$$(8) \qquad g_{kl} = \mathfrak{P}(k - 10, k - 8) \qquad (k \geq 10).$$

Genau so schließt man, daß der Koeffizient von ζ_{kl} in $\zeta_{4,-1} P$ die Form $\mathfrak{P}(k-8, k-6)$ besitzt. Da A, B nur die a_{kl} enthalten und dabei $k \geq 5$ ist, so haben die Koeffizienten von ζ_{kl} in der geschweiften Klammer bei (6) die Form $\mathfrak{P}(k-5, 0)$. Zufolge (6) gilt also

$$(9) \qquad f_{kl} = \mathfrak{P}(k-5, k-6) \qquad (k \geq 6).$$

Wir vergleichen jetzt die Koeffizienten in (4) und in (5). Mit den Abkürzungen

$$(10) \quad F_{kl} = \left((l+1)^2 + \frac{1}{2}\right) a_{kl} + \frac{3}{2} a_{k,-l} \mp 2l(l+1) a_{k-3,l} - 4(l+1) a_{k-6,l} - f_{kl},$$

$$(11) \quad G_{kl} = l^2 b_{kl} \pm 2l\, b_{k-3,l} + \frac{3}{2}(b_{k-6,l} + b_{k-6,-l}) - g_{kl}$$

haben wir dann die Bedingungen

$$(12) \qquad\qquad F_{kl} = 0, \qquad G_{kl} = 0$$

für alle ganzen k, l mit $2|l| \leq k$ zu erfüllen. Dabei ist $a_{\varkappa\lambda} = 0$, $b_{\varkappa\lambda} = 0$ zu setzen, wenn $2|\lambda| > \varkappa$ ist; ferner ist nach unserem Ansatz noch $a_{\varkappa\lambda} = 0$ für $\varkappa < 5$ und $b_{\varkappa\lambda} = 0$ für $\varkappa < 4$ zu definieren. Da $g_{kl} = 0$ ist für $k < 10$, so sind die Bedingungen $G_{k0} = 0$ für $k < 10$ erfüllt und auch die Bedingungen $G_{kl} = 0$ für $k < 4$. Aus analogem Grunde ist $F_{kl} = 0$ erfüllt für $k < 5$. Nach (10), (11) gilt speziell

$$(13) \qquad F_{k0} = 3 a_{k0} - 4 a_{k-6,0} - f_{k0}, \qquad G_{k0} = 3 b_{k-6,0} - g_{k0},$$

ferner

$$(14) \quad \begin{cases} F_{k1} = \dfrac{9}{2} a_{k1} + \dfrac{3}{2} a_{k,-1} \mp 4 a_{k-3,1} - 8 a_{k-6,1} - f_{k1}, \\[2mm] F_{k,-1} = \dfrac{3}{2} a_{k1} + \dfrac{1}{2} a_{k,-1} - f_{k,-1} \end{cases}$$

und daher auch

$$(15) \qquad F_{k+3,1} - 3 F_{k+3,-1} = \mp 4 a_{k1} - 8 a_{k-3,1} - f_{k+3,1} + 3 f_{k+3,-1}.$$

Für $l \neq 0, \pm 1$ benutzen wir außerdem

$$(16) \quad \begin{cases} F_{k,-l} = \dfrac{3}{2} a_{kl} + \left((1-l)^2 + \dfrac{1}{2}\right) a_{k,-l} + \\[2mm] \qquad\qquad \pm 2l(1-l) a_{k-3,-l} - 4(1-l) a_{k-6,-l} - f_{k,-l} \end{cases}$$

und fassen (10), (16) als zwei lineare Gleichungen für $a_{kl}, a_{k,-l}$ auf. Analog wie in (17; 21) ergibt sich für die Determinante der Ausdruck

$$\left((l+1)^2 + \frac{1}{2}\right)\left((1-l)^2 + \frac{1}{2}\right) - \left(\frac{3}{2}\right)^2 = l^2(l^2-1) > 0 \qquad (l^2 > 1).$$

Der Induktionsschluß verläuft jetzt folgendermaßen. Es sei r eine natürliche Zahl. Wir betrachten die sämtlichen Gleichungen

$$(17) \qquad G_{kl} = 0 \quad (l \neq 0), \qquad G_{k+6,0} = 0,$$

$$(18) \qquad F_{kl} = 0 \quad (l \neq 1), \qquad F_{k+3,1} - 3 F_{k+3,-1} = 0$$

für $k < r$. Ihre linken Seiten sind zufolge (8), (9), (10), (11), (13), (14), (15) Polynome in den $a_{\varkappa\lambda}$, $b_{\varkappa\lambda}$ mit $\varkappa < r$, und wir setzen bereits voraus, daß diese Gleichungen genau eine Lösung besitzen. Diese Voraussetzung ist für $r < 5$ durch die Vorschrift $a_{\varkappa\lambda} = 0$ $(\varkappa < 5)$, $b_{\varkappa\lambda} = 0$ $(\varkappa < 4)$ in trivialer Weise erfüllt, da $g_{kl} = 0$ $(k < 10)$, $f_{kl} = 0$ $(k < 6)$, $f_{6l} = 0$ $(l \neq 0, -2)$ gilt. Für $r = 5$ ergeben sich b_{4l} $(l \neq 0)$ und b_{40} eindeutig aus $G_{4l} = 0$ $(l \neq 0)$ und $G_{10,0} = 0$, während die Gleichungen (18) mit $k = 4$ wegen $f_{7l} = 0$ wieder trivial erfüllt sind. Nun sei $r > 5$. Zufolge (8), (11), (13) erhält man wieder b_{rl} $(l \neq 0)$ und b_{r0} eindeutig aus (17) mit $k = r$. Wegen (9), (10), (13), (16) ergeben sich die a_{rl} $(l \neq \pm 1)$ eindeutig aus $F_{rl} = 0$ $(l \neq \pm 1)$ und nach (9), (14), (15) auch a_{r1}, $a_{r,-1}$ eindeutig aus $F_{r+3,1} - 3 F_{r+3,-1} = 0$, $F_{r,-1} = 0$. Damit ist unsere obige Annahme für $r + 1$ statt r bewiesen und deshalb für alle r richtig. Aus (17), (18) folgt nun $G_{kl} = 0$ für $k \geq 0$, $l \neq 0$ und für $k \geq 6$, $l = 0$, sowie $F_{kl} = 0$ für $k \geq 0$, $l \neq 1$ und für $k \geq 3$, $l = 1$, während in den restlichen Fällen $k < 6$, $l = 0$ bzw. $k < 3$, $l = 1$ die Bedingungen (12) bereits trivial erfüllt sind. Da die f_{kl}, g_{kl} Polynome in den $a_{\varkappa\lambda}$, $b_{\varkappa\lambda}$, $\mu^{\frac{1}{3}}$, δ mit rationalen Zahlenkoeffizienten waren und die rekursive Berechnung der a_{kl}, b_{kl} aus (17), (18) nur die Auflösung von linearen Gleichungen mit rationalen Koeffizienten in den homogenen Bestandteilen erforderte, so erhält man also die sämtlichen a_{kl}, b_{kl} eindeutig als Polynome in $\mu^{\frac{1}{3}}$, δ mit rationalen Zahlenkoeffizienten, und insbesondere sind sie alle reell.

Der Konvergenzbeweis für die gefundenen Reihen $x, y, \bar{x}, \bar{y}$ läßt sich analog wie bei der Hillschen Lösung mit der Majorantenmethode führen und soll hier nicht durchgeführt werden, da dazu keine neue Idee erforderlich ist. Man findet [1], daß die Reihen absolut und gleichmäßig im Gebiet $0 \leq \mu \leq 1$, $0 \leq \delta \leq 1$, $|\xi| < c$, $|\eta| < c$ konvergieren, wobei c eine absolute positive Konstante bedeutet.

In die Potenzreihen für $x, y, \bar{x}, \bar{y}$ setzen wir nun die Lösung

$$\xi = \varrho\, e^{\alpha t}, \qquad \eta = \varrho\, e^{-\alpha t}, \qquad \alpha = \pm \frac{i}{4}\, \varrho^{-6} \qquad (0 < \varrho < c)$$

von (3) ein, wobei noch eine Verschiebung der Zeitvariabeln zu unserer Verfügung bleibt. Dann sind ξ, η konjugiert komplex, also $\zeta_{k,-l} = \bar{\zeta}_{kl}$, und tatsächlich auch die Werte der Reihen $\bar{x}, \bar{y}$ konjugiert komplex zu x, y, da sich die Koeffizienten a_{kl}, b_{kl} reell ergaben. Damit haben wir also entsprechend der Wahl des Vorzeichens von α zwei Scharen von Lösungen des ebenen Dreikörperproblems gefunden, die noch von dem Parameter ϱ $(0 < \varrho < c)$ abhängen und in dem rotierenden Koordinatensystem die Periode $\left|\dfrac{\pi i}{2\alpha}\right| = 2\pi\, \varrho^6$ haben. Es sei noch hervorgehoben, daß diese Lösungen für beliebige Wahl von μ, δ aus den Intervallen $0 \leq \mu \leq 1$, $0 \leq \delta \leq 1$ existieren, so daß also keine Beschränkung für die Verhältnisse der drei Massen gefordert wird. So ist also z.B. der Fall $\mu = \frac{2}{3}$, $\delta = \frac{1}{2}$ zulässig, in welchem die Massen einander gleich sind.

Für den Grenzfall $\mu = 0$, $\delta = 0$ findet man die Hillsche Lösung, die wir im vorigen Paragraphen herleiteten. Dort ist die Diskussion der

Rekursionsformeln für die Koeffizienten deswegen einfacher, weil $2l$ an die Stelle von l tritt und der Sonderfall $l = \pm 1$ fortfällt. Für $\delta = 0$ und $0 < \mu < 1$ erhält man den Fall des restringierten Dreikörperproblems, bei dem also die Masse des Mondes gleich 0 gesetzt wird. Für diesen Fall wurde die periodische Lösung von BROWN [2] nach der HILLschen Methode aufgestellt. Die von uns angegebene allgemeinere Lösung wurde von MOULTON [3] auf einem anderen Wege gefunden, nämlich unter Benutzung der Kontinuitätsmethode von POINCARÉ. Diese Methode wird im folgenden Paragraphen behandelt werden.

§ 19. Die Kontinuitätsmethode.

In den ersten Paragraphen dieses Kapitels behandelten wir eine Methode zur Bestimmung von periodischen Lösungen eines HAMILTONschen Systems durch einen Potenzreihenansatz. In den beiden letzten Paragraphen gewannen wir auf ähnlichem Wege periodische Lösungen für das ebene Dreikörperproblem, die in der Mondtheorie von Bedeutung sind. Im vorliegenden Paragraphen wollen wir eine dritte Methode zur Bestimmung periodischer Lösungen eines Systems von Differentialgleichungen besprechen. In den meisten der folgenden Aussagen kommt man mit schwächeren Voraussetzungen an Stelle der Regularität aus; doch sei der Einfachheit halber diese Voraussetzung auch weiterhin beibehalten.

Wir betrachten ein System von Differentialgleichungen

$$(1) \qquad \dot{x}_k = f_k(x, \alpha) \qquad (k = 1, \ldots, m),$$

das noch von einem Parameter α abhängt. Die rechten Seiten f_k mögen in

$$(2) \qquad |x_l - \xi_l^*| < r \qquad (l = 1, \ldots, m), \qquad \alpha \in G$$

reguläre Funktionen der $m + 1$ komplexen Variabeln x_l, α sein, wobei G ein Gebiet der komplexen α-Ebene ist. Ferner gelte dort

$$(3) \qquad |f_k(x, \alpha)| \leq M \qquad (k = 1, \ldots, m).$$

Bevor wir uns der Kontinuitätsmethode zuwenden, wollen wir die Lösungen von (1) in Abhängigkeit vom Parameter α und den Anfangswerten $\xi_1, \ldots, \xi_m$ untersuchen.

Es seien $\xi_1, \ldots, \xi_m$ irgendwelche komplexe Größen, die den Bedingungen

$$(4) \qquad |\xi_l - \xi_l^*| < \frac{r}{2} \qquad (l = 1, \ldots, m)$$

genügen. Für

$$|x_l - \xi_l| < \frac{r}{2}, \qquad \alpha \in G$$

sind dann die $f_k(x, \alpha)$ reguläre Funktionen der Variabeln x_l, α, und es gilt dort die Abschätzung (3). Nach dem Existenzsatz von CAUCHY aus § 4 besitzt das System (1) eine Lösung $x(t, \xi, \alpha)$, für welche $x(0, \xi, \alpha) = \xi$ wird, und die $x_k(t, \xi, \alpha)$ $(k = 1, \ldots, m)$ sind im Kreise

$$|t| < \frac{r}{2(m+1)M} = \varrho$$

reguläre analytische Funktionen der komplexen Variabeln t. Dies gilt für jede Wahl von ξ im Gebiete (4) und jedes α in G. Wir wollen nun zeigen, daß die $x_k(t, \xi, \alpha)$ in

$$(5) \qquad |t| < \varrho, \qquad |\xi_l - \xi_l^*| < \frac{r}{2} \qquad (l = 1, \ldots, m), \qquad \alpha \in G$$

reguläre Funktionen aller $m + 2$ unabhängigen komplexen Variabeln t, ξ_l, α sind. Das folgt aus dem in § 4 gegebenen Beweis des Satzes von CAUCHY. Dabei ergaben sich nämlich im Koeffizientenvergleich die Koeffizienten α_{kn} der Reihenentwicklungen von $x_k(t, \xi, \alpha)$ nach Potenzen von t als Polynome in den Koeffizienten der TAYLORschen Entwicklungen für die $f_l(x, \alpha)$ $(l = 1, \ldots, m)$ nach Potenzen von $x_1 - \xi_1, \ldots, x_m - \xi_m$, und letztere Koeffizienten sind nach der TAYLORschen Formel analytische Funktionen von $\xi_1, \ldots, \xi_m, \alpha$ im Gebiete $|\xi_h - \xi_h^*| < \frac{r}{2}$ $(h = 1, \ldots, m)$, $\alpha \in G$. Da man andererseits für die Reihenentwicklungen der $x_k(t, \xi, \alpha)$ nach Potenzen von t Majoranten erhält, deren Koeffizienten allein von M und r abhängen, so konvergieren sie in jedem abgeschlossenen Teilbereich von $|t| < \varrho$ gleichmäßig bezüglich der ξ_h und α. Folglich sind die $x_k(t, \xi, \alpha)$ nach einem Satz von WEIERSTRASZ im Gebiete (5) regulär in allen $m + 2$ Veränderlichen.

Indem man für ein t aus dem Intervall $0 < t < \varrho$, etwa für $t = \varrho/2$, die Werte $x_k(t, \xi, \alpha)$ wiederum als Anfangswerte wählt, kann man eventuell die Lösung über den Punkt $t = \varrho$ hinaus analytisch fortsetzen. Wir nehmen an, daß die Lösung $x(t, \xi, \alpha)$ für feste $\xi = \xi^*$, $\alpha = \alpha^*$ als Funktion von t auf dem Intervall $0 \leq t \leq t_1$ fortsetzbar sei. Verläuft dann die Kurve $x(t, \xi^*, \alpha^*)$ für $0 \leq t \leq t_1$ ganz im Regularitätsgebiet der $f_1(x, \alpha), \ldots, f_m(x, \alpha)$, so folgt aus dem Überdeckungssatz durch wiederholte Anwendung der obigen Schlußweise, daß auch für eine hinreichend kleine Umgebung U von $\xi = \xi^*$, $\alpha = \alpha^*$ die Lösung $x(t, \xi, \alpha)$ in das Intervall $0 \leq t \leq t_1$ fortgesetzt werden kann und dort eine reguläre Funktion aller Variabeln t, ξ, α ist. Je größer t_1 gewählt wird, desto kleiner werden aber im allgemeinen die Umgebungen U, in denen diese Regularität der Fortsetzungen gewährleistet ist. Es sei noch angemerkt, daß sich die Überlegung auch durchführen läßt für solche Systeme von Differentialgleichungen

$$(6) \qquad \dot{x}_k = f_k(x, t, \alpha) \qquad (k = 1, \ldots, m),$$

in deren rechten Seiten die unabhängige Variable t explizit auftritt. Führt man nämlich noch eine Unbekannte x_0 ein und ersetzt das System (6) durch

$$\dot{x}_0 = 1, \qquad \dot{x}_k = f_k(x, x_0, \alpha) \qquad (k = 1, \ldots, m),$$

so enthalten die rechten Seiten dieser $m + 1$ Differentialgleichungen nicht mehr die Variable t.

Da die $x_k(t, \xi, \alpha)$ für $0 \le t \le t_1$ reguläre Funktionen der ξ_l in einer Umgebung von $\xi = \xi^*$ sind, so existieren dort insbesondere die partiellen Ableitungen $x_{k\xi_l}(t, \xi, \alpha)$. In der nun folgenden Überlegung kommt es gar nicht auf die Abhängigkeit von α an, indem nämlich ein fester Wert von α betrachtet wird, und deswegen sei bis auf weiteres das Symbol α aus dem Funktionszeichen fortgelassen. Wenn nun die Lösung $x(t, \xi)$ für ein festes System ξ_l^* $(l = 1, \ldots, m)$ von Anfangswerten bekannt ist, so lassen sich die partiellen Ableitungen $x_{k\xi_l} = x_{k\xi_l}(t, \xi^*)$ folgendermaßen aus den sogenannten Variationsgleichungen bestimmen. Da die ξ_l, t in $x_k(t, \xi)$ als unabhängige Variable zu betrachten sind, so folgt aus den Differentialgleichungen (1) durch Differentiation nach ξ_l, daß

$$\dot{x}_{k\xi_l} = \sum_{r=1}^{m} f_{kx_r} x_{r\xi_l}, \qquad f_{kx_r} = f_{kx_r}\big(x(t, \xi^*)\big) \qquad (k, l = 1, \ldots, m)$$

ist. Führt man die m-reihigen Matrizen $\mathfrak{X} = (x_{k\xi_l})$, $\mathfrak{F} = (f_{kx_l})$ ein, so erhält man für $\mathfrak{X}$ die Variationsgleichung

$$(7) \qquad\qquad\qquad \dot{\mathfrak{X}} = \mathfrak{F}\mathfrak{X},$$

wobei also $\mathfrak{F}$ bekannt ist. Wegen $x(0, \xi) = \xi$ wird $\mathfrak{X} = \mathfrak{E}$ für $t = 0$. Man erhält also die Matrix $\mathfrak{X} = \mathfrak{X}(t)$ durch Integration der linearen Differentialgleichung (7) unter der Anfangsbedingung $\mathfrak{X}(0) = \mathfrak{E}$. Diese Integration kann man etwa durch sukzessive Approximation unter Benutzung der Integralgleichung

$$\mathfrak{X} = \mathfrak{E} + \int_0^t \mathfrak{F}\mathfrak{X}\,dt$$

erreichen, indem man die Matrizenfolge

$$\mathfrak{X}_0 = \mathfrak{E}, \quad \mathfrak{X}_n = \mathfrak{E} + \int_0^t \mathfrak{F}\mathfrak{X}_{n-1}\,dt \qquad (n = 1, 2, \ldots)$$

bildet, oder auch durch Koeffizientenvergleich wie beim Existenzsatz von Cauchy ausführen.

Für die Determinante $\varDelta = |\mathfrak{X}|$ erhält man

$$(8) \qquad\qquad\qquad \dot{\varDelta} = \sum_{k, l=1}^{m} \dot{x}_{k\xi_l} X_{lk};$$

dabei bedeutet X_{lk} das Komplement des Elementes $x_{k\,\xi_l}$ in der Matrix $\mathfrak{X}$, also die mit dem Faktor $(-1)^{k+l}$ versehene Unterdeterminante von $x_{k\,\xi_l}$. Führt man noch die Matrix $\mathfrak{Y} = (X_{kl})$ der Komplemente der Elemente von $\mathfrak{X}$ ein, so läßt sich (8) in der Form

$$\dot{\varDelta} = \sigma(\dot{\mathfrak{X}}\,\mathfrak{Y})$$

schreiben, worin das Zeichen σ die Spur bezeichnen soll. Mit (7) folgt also

$$\dot{\varDelta} = \sigma(\mathfrak{F}\,\mathfrak{X}\,\mathfrak{Y}).$$

Andererseits ist $\mathfrak{X}\,\mathfrak{Y} = \varDelta\,\mathfrak{E}$, und es ergibt sich demnach

(9) $$\dot{\varDelta} = \varDelta\,\sigma(\mathfrak{F}) = \varDelta\,\sigma,$$

wo

$$\sigma = \sigma(\mathfrak{F}) = \sum_{k=1}^{m} f_{k\,x_k}(x)$$

und $x = x(t, \xi^*)$ zu setzen ist. Beachtet man noch für die Integration von (9), daß der Anfangswert $\varDelta(0)$ von $\varDelta = \varDelta(t, \xi^*) = \varDelta(t)$ wegen $\mathfrak{X}(0) = \mathfrak{E}$ gleich 1 ist, so folgt

$$\log \varDelta = \int\limits_0^t \sigma\, dt.$$

Man kann das System (1) als die Differentialgleichungen einer Flüssigkeitsströmung ansehen, indem man die x_k $(k = 1, \ldots, m)$ als Koordinaten der Flüssigkeitsteilchen auffaßt. Da die rechten Seiten die unabhängige Variable t nicht explizit enthalten, so handelt es sich dabei um eine stationäre Strömung. Für $t = 0$ wird die Lage der Flüssigkeitsteilchen durch die Koordinaten ξ_k beschrieben. Nach Verlauf der Zeit t ist ein solches Teilchen von ξ an die Stelle $x(t, \xi)$ gewandert, und dadurch ist eine Abbildung von ξ in x gegeben. Die Funktionalmatrix dieser Abbildung ist gerade $(x_{k\,\xi_l}) = \mathfrak{X}(t, \xi)$, und die Funktionaldeterminante wird $\varDelta$. Man erhält also eine inhaltstreue Abbildung, d. h. eine inkompressible Strömung, wenn $\varDelta$ konstant gleich 1 ist. Nach (9) bedeutet dies

(10) $$\sigma = \sum_{k=1}^{m} f_{k\,x_k} = 0.$$

Für HAMILTONsche Systeme

$$\dot{x}_k = E_{y_k}, \quad \dot{y}_k = -E_{x_k} \qquad (k = 1, \ldots, n)$$

wird

$$\sigma = \sum_{k=1}^{n} \big((E_{y_k})_{x_k} + (-E_{x_k})_{y_k}\big) = 0,$$

so daß dann (10) erfüllt ist.

Die von POINCARÉ [1] stammende Kontinuitätsmethode geht von folgendem Problem aus. Wir betrachten die Lösungen $x(t, \xi, \alpha)$ des Systems (1) wieder in Abhängigkeit von ξ und α, und wir nehmen an, es sei uns für $\alpha = \alpha^*$ eine periodische Lösung bekannt. Diese möge zum Anfangswert $\xi = \xi^*$ gehören, also $x = x(t, \xi^*, \alpha^*)$ sein. Wir wollen dabei voraussetzen, daß es sich nicht um eine Gleichgewichtslösung handelt. Es sei $\tau^* > 0$ eine Periode von $x(t, \xi^*, \alpha^*)$ bezüglich t, die nicht notwendigerweise die kleinste positive Periode zu sein braucht, und es möge die Kurve $x(t, \xi^*, \alpha^*)$ für $0 \leq t \leq \tau^*$ ganz in einem Regularitätsgebiet der Funktionen $f_1, \ldots, f_m$ von x und α enthalten sein. Dies gilt dann für alle reellen t, da

$$(11) \qquad\qquad x(t + \tau^*, \xi^*, \alpha^*) = x(t, \xi^*, \alpha^*)$$

ist. Nach dem Eindeutigkeitssatz für Differentialgleichungen ist ferner die Gleichung (11) für alle t erfüllt, wenn sie auch nur für einen Wert richtig ist, also etwa für $t = 0$. Wir stellen die Frage, ob das System (1) bei etwas abgeänderten Anfangswerten ξ, α ebenfalls periodische Lösungen besitzt.

Wir wollen zunächst nach periodischen Lösungen mit derselben Periode τ^* suchen. Damit $x(t, \xi, \alpha)$ die Periode τ^* besitzt, ist nach dem Eindeutigkeitssatz notwendig und hinreichend, daß $x(\tau^*, \xi, \alpha) = x(0, \xi, \alpha) = \xi$ gilt. Setzen wir

$$(12) \qquad\qquad \varphi_k(\xi, \alpha) = x_k(\tau^*, \xi, \alpha) - \xi_k,$$

so haben wir also die m analytischen Gleichungen

$$(13) \qquad\qquad \varphi_k(\xi, \alpha) = 0 \qquad (k = 1, \ldots, m)$$

zu erfüllen. Dies ist ein implizites System, das für $\xi = \xi^*$, $\alpha = \alpha^*$ wegen der Periodizität der Ausgangslösung erfüllt ist. Wenn also die m-reihige Funktionaldeterminante $|\varphi_{k\,\xi_l}|$ für $\xi = \xi^*$, $\alpha = \alpha^*$ nicht verschwindet, so kann man Lösungen des Systems (13) in der Nachbarschaft von $\alpha = \alpha^*$ finden, und es ergeben sich nach dem bekannten Existenzsatz für implizite Funktionen die m Differenzen $\xi_k - \xi_k^*$ als Potenzreihen in $\alpha - \alpha^*$ ohne konstantes Glied. Diese Aussage erweist sich jedoch als leer, da nämlich die Determinante $|\varphi_{k\,\xi_l}|$ notwendig stets verschwindet. Wir werden aber durch geringe Abänderung der Überlegung diese Schwierigkeit umgehen können. Dazu untersuchen wir, warum die Determinante verschwinden muß. Es sei $\alpha = \alpha^*$. Setzt man wieder $\mathfrak{X} = (x_{k\,\xi_l}(t, \xi))$ und führt noch die Matrix $\mathfrak{C}(t, \xi) = \mathfrak{X} - \mathfrak{E}$ ein, so wird vermöge (12) die Funktionalmatrix

$$(14) \qquad\qquad (\varphi_{k\,\xi_l}) = \mathfrak{C}(\tau^*, \xi^*) = \mathfrak{C}.$$

Ist andererseits ξ irgendein Punkt auf der Bahnkurve $x(t, \xi^*)$, so kann man

$$(15) \qquad \xi = x(t', \xi^*)$$

mit geeignetem t' setzen, und für variables t' ist dann ξ eine Funktion von t'. Da nun die rechten Seiten der Differentialgleichungen (1) nicht von t explizit abhängen, so ist

$$(16) \qquad x(t + t', \xi^*) = x(t, \xi).$$

Differentiiert man (16) nach t', so ergeben sich zufolge (1), (15) die Gleichungen

$$f_k\big(x(t, \xi)\big) = \sum_{l=1}^{m} x_{k\,\xi_l}(t, \xi)\, f_l(\xi) \qquad (k = 1, \ldots, m),$$

also

$$f(x) = \mathfrak{X} f(\xi), \qquad f(x) - f(\xi) = \mathfrak{C}(t, \xi)\, f(\xi),$$

wo $f(x)$ den Vektor mit den Komponenten $f_1(x), \ldots, f_m(x)$ bedeutet und $x = x(t, \xi)$ zu setzen ist. Für $\xi = \xi^*$, $t = \tau^*$ wird dann insbesondere $f(x) = f(\xi)$ und somit

$$(17) \qquad \mathfrak{C} f = 0, \qquad f = f(\xi^*).$$

Da die vorgelegte periodische Lösung $x(t, \xi^*)$ keine Gleichgewichtslösung ist, so ist $f(\xi^*)$ nicht der Nullvektor, also tatsächlich $|\mathfrak{C}| = 0$. Der Grund für das Verschwinden der Determinante von $\mathfrak{C}$ liegt demnach darin, daß man durch beliebige Verschiebung des Anfangswertes ξ auf der Bahnkurve $x(t, \xi^*)$ wieder zu einer periodischen Lösung gelangt, nämlich zu derselben Bahnkurve, für welche nur die Variable t um eine Konstante t' vermehrt ist. Dies wollen wir vermeiden, indem wir etwa die Anfangswerte ξ nur auf einer $(m-1)$-dimensionalen Ebene variieren lassen, die nicht die Bahnkurve im Anfangspunkt ξ^* berührt. Wir sahen, daß $f(\xi^*)$ nicht der Nullvektor ist, und denken dann die Bezeichnung etwa so gewählt, daß die letzte Komponente $f_m(\xi^*) \neq 0$ ist. Dann haben wir zufolge (1) in $x_m = \xi_m^*$ eine solche Ebene; wir wollen also $\xi_m = \xi_m^*$ setzen und nur die $m-1$ Anfangswerte $\xi_1, \ldots, \xi_{m-1}$ variieren. Da wir aber die m Gleichungen (13) zu erfüllen haben, so wollen wir jetzt auch die Periode τ der gesuchten periodischen Lösung als variabel annehmen.

Setzen wir nun

$$(18) \qquad \varphi_k(\tau, \xi, \alpha) = x_k(\tau, \xi, \alpha) - \xi_k,$$

so sind die m Gleichungen

$$(19) \qquad \varphi_k(\tau, \xi, \alpha) = 0 \qquad (k = 1, \ldots, m)$$

unter der zusätzlichen Bedingung $\xi_m = \xi_m^*$ zu erfüllen. Sie haben die bekannte Lösung $\tau = \tau^*$, $\xi = \xi^*$, $\alpha = \alpha^*$. In (19) betrachten wir jetzt $\xi_1, \ldots, \xi_{m-1}$ und τ als Unbekannte, α als unabhängige Veränderliche und haben dann die zugehörige m-reihige Funktionalmatrix $\mathfrak{B}$ zu untersuchen, die aus $\mathfrak{C}$ dadurch entsteht, daß man die letzte auf ξ_m bezügliche Spalte φ_{ξ_m} durch die Spalte $\varphi_\tau = \varphi_\tau(\tau^*, \xi^*, \alpha^*)$ ersetzt. Nach (1), (18) ist nun

$$\varphi_\tau = \dot{x}(\tau, \xi, \alpha) = f\big(x(\tau, \xi, \alpha), \alpha\big)$$

an der Stelle $\tau = \tau^*$, $\xi = \xi^*$, $\alpha = \alpha^*$, also

$$\varphi_\tau = f(\xi^*, \alpha^*) = f$$

und

(20) $$\mathfrak{B} = (\varphi_{\xi_1} \cdots \varphi_{\xi_{m-1}} f),$$

worin die ersten $m - 1$ Spalten $\varphi_{\xi_k} = \varphi_{\xi_k}(\tau^*, \xi^*, \alpha^*)$ $(k = 1, \ldots, m - 1)$ sind. Ist die Determinante $|\mathfrak{B}| \neq 0$, so kann man das Gleichungssystem (19) mit $\xi_m = \xi_m^*$ in einer Umgebung von $\alpha = \alpha^*$ nach $\tau, \xi_1, \ldots, \xi_{m-1}$ auflösen und erhält für die Differenzen $\tau - \tau^*$, $\xi_1 - \xi_1^*, \ldots, \xi_{m-1} - \xi_{m-1}^*$ Potenzreihen in $\alpha - \alpha^*$ ohne konstante Glieder. Man kann dann also zu allen Parameterwerten α in genügender Nähe von α^* die Anfangswerte $\xi_1, \ldots, \xi_{m-1}, \xi_m = \xi_m^*$ und die Periode τ so bestimmen, daß die Lösungen zu diesen Anfangswerten periodisch sind und die Periode τ besitzen. Um die Matrix $\mathfrak{B}$ zu berechnen, braucht man nach (14) nur das lineare System der Variationsgleichungen (7) zu integrieren, wobei für $x = x(t, \xi^*, \alpha^*)$ die als bekannt angenommene periodische Lösung mit den Anfangswerten $\xi = \xi^*$, $\alpha = \alpha^*$ zu nehmen ist. Man erkennt an einfachen Beispielen, daß $|\mathfrak{B}|$ im Gegensatz zu $|\mathfrak{C}|$ nicht stets verschwindet.

POINCARÉ hat seine Methode auch auf den allgemeineren Fall übertragen, daß die rechten Seiten der vorgelegten Differentialgleichungen noch von t explizit abhängen; sie sollen aber periodische Funktionen von t sein. Es wird dann angenommen, daß eine periodische Lösung mit der gleichen Periode existiert, und nun zeigt sich an Beispielen, daß die analog berechnete Determinante $|\mathfrak{C}|$ keineswegs mehr zu verschwinden braucht. Dies ist auch plausibel; denn die frühere Begründung des Verschwindens der Determinante machte ja wesentlich davon Gebrauch, daß die Strömung stationär war. Wir wollen aber auf die wichtigen und interessanten Fragen, die sich in der Theorie der Differentialgleichungen mit periodischen Koeffizienten ergeben, hier und im folgenden nicht weiter eingehen. Die bekannten Methoden und Resultate lassen sich zum größten Teil an dem von uns behandelten Fall der stationären Strömungen erläutern, und für die Inangriffnahme noch ungelöster Probleme wird man sich ohnehin auf den einfachsten nichttrivialen Fall beschränken.

Wir wollen nunmehr zeigen, daß man auch zu Parameterwerten α in der Nähe von α^* periodische Lösungen mit derselben Periode $\tau = \tau^*$ wie für die Ausgangslösung finden kann, falls man ein von t freies Integral $\psi(x, \alpha)$ kennt, das für $x = \xi^*$, $\alpha = \alpha^*$ nicht stationär ist. Wir nehmen dabei an, daß das Integral $\psi(x, \alpha)$ in einer Umgebung der periodischen Ausgangslösung $x(t, \xi^*, \alpha^*)$ und des Wertes α^* in x, α analytisch ist. Als Integral des Systems (1) genügt $\psi = \psi(x, \alpha)$ der partiellen Differentialgleichung

$$\sum_{k=1}^{m} \psi_{x_k} f_k(x, \alpha) = 0$$

identisch in x und α. Führen wir den Zeilenvektor ψ_x mit den Komponenten $\psi_{x_k}(\xi^*, \alpha^*)$ ein, so gilt also insbesondere

$$(21) \qquad \psi_x f = 0.$$

Es war nun vorausgesetzt worden, daß ψ nicht stationär bei $x = \xi^*$, $\alpha = \alpha^*$ ist; daher ist ψ_x nicht der Nullvektor. Da andererseits $f_m(\xi^*, \alpha^*) \neq 0$ ist, so können wegen (21) auch nicht die Größen $\psi_{x_k}(\xi^*, \alpha^*)$ für $k = 1, \ldots, m-1$ sämtlich 0 sein. Wir denken die Bezeichnung so gewählt, daß $\psi_{x_{m-1}}(\xi^*, \alpha^*) \neq 0$ ist. Weil $\psi(x, \alpha)$ als Integral auf jeder Bahnkurve konstant ist, gilt

$$(22) \qquad \psi\big(x(t, \xi, \alpha), \alpha\big) = \psi(\xi, \alpha)$$

identisch in t, ξ, α. Durch Differentiation nach ξ_l folgt hieraus

$$\sum_{k=1}^{m} \psi_{x_k}(x, \alpha)\, x_{k\xi_l} = \psi_{x_l}(\xi, \alpha) \qquad (l = 1, \ldots, m)$$

auf jeder Bahnkurve $x = x(t, \xi, \alpha)$. Setzt man hierin $t = \tau^*$, $\xi = \xi^*$, $\alpha = \alpha^*$, also $x = \xi^*$, so ergibt sich in vektorieller Schreibweise

$$(23) \qquad \psi_x \mathfrak{X}(\tau^*, \xi^*) - \psi_x = \psi_x \mathfrak{C} = 0.$$

Aus (14), (20), (21), (23) folgt nun zunächst $\psi_x \mathfrak{B} = 0$, so daß im Falle der Existenz eines nicht-stationären Integrals die Determinante $|\mathfrak{B}| = 0$ ist und damit die obige Methode nicht direkt anwendbar wird. Die Bedingungen dafür, daß $x(t, \xi, \alpha)$ periodische Lösung mit der Periode τ^* ist, sind durch die m Gleichungen (13) gegeben. Wir schreiben wieder $\xi_m = \xi_m^*$ vor und haben dann nur noch $m-1$ Unbekannte $\xi_1, \ldots, \xi_{m-1}$ zur Erfüllung dieser m Gleichungen. Wir lösen zunächst die $m-1$ Gleichungen

$$(24) \qquad \varphi_k(\xi, \alpha) = 0 \qquad (k \neq m-1)$$

für $\xi_l - \xi_l^*$ $(l = 1, \ldots, m-1)$ durch Potenzreihen in $\alpha - \alpha^*$ ohne konstante Glieder, wobei wir voraussetzen, daß die entsprechende Funktionaldeterminante nicht an der Stelle $\xi = \xi^*$, $\alpha = \alpha^*$ verschwindet. Die

betreffende $(m-1)$-reihige Funktionalmatrix $\mathfrak{A}$ entsteht aus $\mathfrak{C}$ durch
Streichen der letzten Spalte und der vorletzten Zeile. Unter der Vor-
aussetzung $|\mathfrak{A}| \neq 0$ sind dann also die Gleichungen (24) in der Umge-
bung von $\alpha = \alpha^*$ erfüllt. Es bleibt zu zeigen, daß wegen der Existenz
des Integrals $\psi(x, \alpha)$ auch die restliche Gleichung $\varphi_{m-1}(\xi, \alpha) = 0$ erfüllt
wird. Bilden wir zu den berechneten Anfangswerten $\xi_1, \ldots, \xi_{m-1}$ und
$\xi_m = \xi_m^*$ die Lösung $x = x(t, \xi, \alpha)$, so gilt auf dieser Bahnkurve die
Gleichung (22). Hierin setze man speziell $t = \tau^*$ und wende den Mittel-
wertsatz der Differentialrechnung auf die Funktion $\psi(x, \alpha)$ und die
Variable x_{m-1} an. Unter Berücksichtigung von (24) folgt dann

$$0 = \psi\big(x(\tau^*, \xi, \alpha), \alpha\big) - \psi(\xi, \alpha) = \psi_{x_{m-1}}(\tilde{x}, \alpha)\, \varphi_{m-1}(\xi, \alpha),$$

wobei $\tilde{x}_k = \xi_k$ $(k \neq m - 1)$ ist und $\tilde{x}_{m-1}$ zwischen ξ_{m-1} und $x_{m-1}(\tau^*, \xi, \alpha)$
liegt. Wegen der Annahme $\psi_{x_{m-1}}(\xi^*, \alpha^*) \neq 0$ ist aber auch $\psi_{x_{m-1}}(\tilde{x}, \alpha) \neq 0$,
falls α hinreichend nahe an α^* gelegen ist, und man erhält tatsächlich
die gewünschte Gleichung $\varphi_{m-1}(\xi, \alpha) = 0$. Unter der Voraussetzung
$|\mathfrak{A}| \neq 0$ haben wir damit für eine Umgebung von α^* die Existenz periodischer Lösungen mit der festen Periode τ^* nachgewiesen.

Jetzt betrachte man andererseits τ als Parameter und setze statt
dessen $\alpha = \alpha^*$. Sind die $m - 1$ Periodizitätsbedingungen

$$(25) \qquad \varphi_k(\tau, \xi, \alpha^*) = x_k(\tau, \xi, \alpha^*) - \xi_k = 0 \qquad (k \neq m - 1)$$

erfüllt, so folgt die restliche $\varphi_{m-1}(\tau, \xi, \alpha^*) = 0$ genau wie oben. Als
Funktionaldeterminante an der Stelle $\tau = \tau^*$, $\xi = \xi^*$ erhält man offenbar
wieder $|\mathfrak{A}|$. Folglich gibt es unter der Voraussetzung $|\mathfrak{A}| \neq 0$ auch peri-
odische Lösungen zum festen Parameter α^* mit jeder vorgeschriebenen
Periode τ, die genügend dicht bei τ^* liegt, und die Anfangswerte dieser
Lösungen lassen sich in Potenzreihen nach $\tau - \tau^*$ entwickeln. Für ge-
wisse Zwecke ist es vorteilhaft, an Stelle von τ den Wert $\psi(x, \alpha) = \gamma$
des Integrals auf der betrachteten geschlossenen Bahnkurve als neue
Variable einzuführen. Für die Ausgangslösung $x = x(t, \xi^*, \alpha^*)$ sei $\gamma = \gamma^*$.
Zu den $m - 1$ Gleichungen (25) tritt dann die weitere

$$(26) \qquad\qquad \psi(\xi, \alpha^*) - \gamma = 0$$

hinzu. Dies sind dann m Gleichungen für die m Unbekannten $\xi_1, \ldots,$
ξ_{m-1}, τ. Die Funktionalmatrix dieses Systems an der Stelle $\xi = \xi^*$,
$\tau = \tau^*$ entsteht aus der $(m + 1)$-reihigen Matrix

$$(27) \qquad\qquad \mathfrak{D} = \begin{pmatrix} \mathfrak{C} & f \\ \psi_x & 0 \end{pmatrix}$$

durch Streichen der m-ten Spalte und der $(m + 1)$-ten Zeile. Wegen
der Beziehungen (17), (21), (23) ist in $\mathfrak{D}$ die $(m - 1)$-te Zeile von den

übrigen abhängig, und das Entsprechende gilt für die m-te Spalte. Also ist das Nichtverschwinden unserer Funktionalmatrix gewährleistet, wenn die Matrix $\mathfrak{D}$ den Rang m hat. Unter diesen Voraussetzungen läßt sich also das obige System von Gleichungen in der Umgebung von $\gamma = \gamma^*$ durch Reihenentwicklung von $\xi_k - \xi_k^*$ $(k = 1, \ldots, m-1)$ und $\tau - \tau^*$ nach Potenzen von $\gamma - \gamma^*$ lösen. Das Erfülltsein der Gleichung $\varphi_{m-1}(\tau, \xi, \alpha^*) = 0$ und damit die Periodizität sind durch die Existenz des Integrals bedingt.

Unter den gleichen Voraussetzungen folgt schließlich die Existenz entsprechender Reihenentwicklungen nach Potenzen von $\alpha - \alpha^*$, wenn α als variabel und $\gamma = \gamma^*$ fest gewählt wird. Zu jedem α in der Nähe von α^* gibt es also dann eine periodische Lösung in der Umgebung der Ausgangslösung mit dem gleichen Wert des Integrals $\gamma = \gamma^*$.

Für die wirkliche Bestimmung der in Rede stehenden Entwicklungen in Potenzreihen ist es allerdings notwendig, bereits die volle Lösung $x(t, \xi)$ in der Umgebung von $\xi = \xi^*$, $t = \tau^*$ zu kennen, während für die Untersuchung des Nichtverschwindens der betreffenden Funktionaldeterminanten nur die Integration des linearen Systems (7) auf der als bekannt anzusehenden periodischen Ausgangslösung erforderlich ist.

Sind mehrere von t freie Integrale vorhanden, so läßt sich die Methode sinngemäß abändern, worauf aber nicht mehr eingegangen werden soll.

Wir wollen nun die Kontinuitätsmethode auf das restringierte Dreikörperproblem anwenden. Die Punkte P_1, P_2, P_3 haben dann die Massen $m_1 = \mu$, $m_2 = 1 - \mu$, $m_3 = 0$ mit $0 < \mu < 1$, und P_1, P_2 rotieren mit der Winkelgeschwindigkeit 1 um ihren Schwerpunkt. Wir führen wie in § 17 ein rotierendes Koordinatensystem ein, in dem P_1, P_2, P_3 die Koordinaten $(1 - \mu, 0)$, $(-\mu, 0)$, (x, y) haben. Setzt man noch $x_1 = x$, $x_2 = y$, $x_3 = \dot{x}$, $x_4 = \dot{y}$, so ergeben sich nach (17; 3) für P_3 die Bewegungsgleichungen

(28) $\quad \dot{x}_1 = x_3, \quad \dot{x}_2 = x_4, \quad \dot{x}_3 = 2x_4 + x_1 + F_{x_1}, \quad \dot{x}_4 = -2x_3 + x_2 + F_{x_2}$

mit

(29) $\quad F = (1 - \mu)\left((x_1 + \mu)^2 + x_2^2\right)^{-\frac{1}{2}} + \mu\left((x_1 + \mu - 1)^2 + x_2^2\right)^{-\frac{1}{2}}.$

Dieses System ist von der Form (1) mit dem Parameter $\alpha = \mu$ und $m = 4$. Für $\mu = 0$ verschwindet auch die Masse von P_1, und wir bekommen in

(30) $\quad x_1 = rc, \quad x_2 = rs, \quad x_3 = -r\omega s, \quad x_4 = r\omega c, \quad c = \cos(\omega t), \quad s = \sin(\omega t)$

bei reellem konstanten $\omega \neq 0$ eine periodische Lösung, falls $r^3(\omega + 1)^2 = 1$ ist. Ihre Periode ist $\tau^* = 2\pi|\omega|^{-1}$. Diese Lösung wollen wir als Ausgangslösung wählen, so daß also $\alpha^* = 0$ zu setzen ist. Dabei ist $r \neq 1$

anzunehmen; denn sonst liefe ja P_3 durch den Ort $(1, 0)$ von P_1, während andererseits der Punkt $x_1 = 1 - \mu$, $x_2 = 0$ für $\mu \neq 0$ eine Singularität des Systems (28) wäre, die für $\mu \to 0$ nach P_1 hereinrückt. Es ist also $\omega \neq -2, -1, 0$ vorauszusetzen. Wir fragen nun nach periodischen Lösungen von (28) für genügend kleine positive Werte von μ.

Bezeichnet man mit $f_k(x, \mu)$ $(k = 1, \ldots, 4)$ die rechten Seiten des Systems (28) und mit ξ_k^* die Anfangswerte $\xi_1^* = r$, $\xi_2^* = \xi_3^* = 0$, $\xi_4^* = r\omega$ der Ausgangslösung für $t = 0$, so wird $f_3(\xi^*, 0) = -r\omega^2 \neq 0$. An Stelle von $f_m \neq 0$ haben wir also jetzt $f_3 \neq 0$. Zwecks Anwendung der Kontinuitätsmethode hat man nun die Variationsgleichung (7) zu lösen. Man kann sie im vorliegenden Falle mit elementaren Funktionen integrieren, wobei man sich etwa der Substitutionen

$$y_{2k-1} = x_{2k-1} c + x_{2k} s, \qquad y_{2k} = -x_{2k-1} s + x_{2k} c \qquad (k = 1, 2)$$

bedienen wird. Dann bildet man die Matrix $\mathfrak{C} = \mathfrak{X} - \mathfrak{E}$ und daraus nach (20) die Matrix $\mathfrak{B}$, wobei aber nun die dritte Spalte von $\mathfrak{C}$ statt der letzten durch f zu ersetzen ist. Die Rechnung ergibt $|\mathfrak{B}| = 0$, so daß die zuerst angegebene Methode nicht anwendbar ist. Dies hat seinen Grund in der Existenz des sogenannten JACOBISchen Integrals

$$(31) \qquad \psi(x, \mu) = \frac{1}{2} (x_3^2 + x_4^2 - x_1^2 - x_2^2) - F$$

für das restringierte Dreikörperproblem. Es wird $\psi_{x_4}(\xi^*, 0) = r\omega \neq 0$, wodurch wir $\psi_{x_4} \neq 0$ an Stelle von $\psi_{x_{m-1}} \neq 0$ bekommen. Bilden wir dann die dreireihige Matrix $\mathfrak{A}$ durch Streichen der dritten Spalte und der vierten Zeile von $\mathfrak{C}$, so erhalten wir durch Ausführung der Rechnung den Wert

$$|\mathfrak{A}| = 24\pi \sin^2 \frac{\pi}{\omega}.$$

Damit diese Determinante nicht verschwindet, müssen wir außer $\omega \neq -2, -1, 0$ noch

$$(32) \qquad \omega \neq g^{-1} \qquad (g = \pm 1, \pm 2, \ldots)$$

fordern. Für den Radius r der Ausgangslösung sind entsprechend die sämtlichen Zahlen $(g^{-1} + 1)^{-\frac{2}{3}}$ und ihr Häufungswert 1 auszunehmen. Unter diesen Voraussetzungen gibt es also für genügend kleine positive μ periodische Lösungen des Systems (28) mit der Periode $\tau = \tau^* = 2\pi |\omega|^{-1}$.

Weiterhin sei $\mu = \mu^*$ eine genügend kleine positive Zahl, für welche die Existenz einer periodischen Lösung von (28) mit der Periode $\tau = \tau^* = 2\pi |\omega|^{-1}$ gewährleistet ist, und es sei γ^* der zugehörige Wert des JACOBISchen Integrals (31). Wir wollen mit der POINCARÉSchen Methode für jeden genügend dicht bei γ^* gelegenen Wert γ des Integrals die Existenz einer periodischen Lösung nachweisen, deren Periode in der Nähe von τ^* gelegen ist. Dazu untersuchen wir den Rang der jetzt fünfreihigen Matrix $\mathfrak{D}$ aus (27). Streicht man in $\mathfrak{D}$ die dritte Spalte und die vierte Zeile, so hat die entstehende Unterdeterminante für $\xi = \xi^*$, $\tau = \tau^*$, $\mu = 0$ den Wert $4r^2\omega^3 \sin^2 \dfrac{\pi}{\omega}$, verschwindet also unter der Voraussetzung (32) ebenfalls nicht. Wählt man nun bei festem ω die positive Zahl μ^* genügend klein, so wird der Rang der Matrix $\mathfrak{D}$ auch für $\mu = \mu^*$ und die betrachtete periodische Lösung noch gleich 4 sein. Folglich existiert zu jedem solchen Wert von μ^* eine von γ abhängige Schar periodischer Lösungen, deren Periode τ in der Umgebung von γ^* nach Potenzen von $\gamma - \gamma^*$ entwickelt werden kann und für $\gamma = \gamma^*$ den Ausgangswert τ^* hat. So gelangen wir ausgehend von $\mu = 0$ und der Kreislösung mit der Periode $\tau^* = 2\pi |\omega|^{-1}$ ($\omega \neq 0, -2, g^{-1}$) für kleine positive Werte von μ zunächst zu periodischen Lösungen von (28) mit derselben Periode und sodann unter Festhalten von μ zu der von dem Parameter γ abhängigen Schar periodischer Lösungen, wobei die Periode τ im allgemeinen $\neq \tau^*$ sein wird.

Die Kontinuitätsmethode liefert zunächst nur für genügend kleine Umgebungen der Parameterwerte γ periodische Lösungen. Es ist von Interesse, das Verhalten der Lösungen bei analytischer Fortsetzung bezüglich γ zu untersuchen. Wir betrachten dazu nur den Fall eines HAMILTONschen Systems

$$(33) \qquad \dot{x}_k = E_{y_k}, \qquad \dot{y}_k = -E_{x_k} \qquad (k = 1, \ldots, n),$$

so daß $\psi = E(x, y)$ ein Integral wird und $m = 2n$ zu setzen ist. Mit $n = 2$ und $y_1 = x_3 - x_2$, $y_2 = x_4 + x_1$ erhält man speziell das System (28), wenn noch ψ durch (31) erklärt wird. Es sei nun G ein Gebiet des reellen (x, y)-Raumes, in welchem die HAMILTONsche Funktion E regulär ist und keinen stationären Punkt besitzt. Wir gehen von einer in G gelegenen periodischen Lösung C aus, die dann keine Gleichgewichtslösung ist. Auf dieser ist auch das Integral $\psi = E$ nirgendwo stationär. Wir wollen annehmen, daß der Rang der entsprechenden Matrix $\mathfrak{D}$ aus (27) gleich m ist. Bedeutet γ^* den Parameterwert $E = \gamma$ für die gegebene Lösung, so ergibt die Kontinuitätsmethode eine Schar von γ abhängiger periodischer Lösungen C_γ, deren Anfangswerte $x = \xi$, $y = \eta$ und Periode τ sich in der Umgebung von γ^* nach Potenzen von $\gamma - \gamma^*$ entwickeln lassen. Dabei ist C_{γ^*} die Ausgangskurve C, und für hinreichend kleine absolute Beträge von $\gamma - \gamma^*$ liegt C_γ ebenfalls noch in G. Nun setzen wir diese Lösungen längs der reellen γ-Achse analytisch fort, indem wir wiederholt die Kontinuitätsmethode anwenden. Wir wollen annehmen, daß die Lösungen C_γ über das Intervall $\gamma^* \leq \gamma < \gamma_0$ fortgesetzt seien und sämtlich in G gelegen sind. Es ist das Verhalten von C_γ für $\gamma \to \gamma_0$ zu untersuchen. Gibt es dabei zu jedem abgeschlossenen beschränkten Teil H von G eine Zahl $\varepsilon > 0$, so daß für $\gamma_0 - \varepsilon < \gamma < \gamma_0$ kein C_γ ganz in H liegt, so sagen wir, die C_γ verlassen G für $\gamma \to \gamma_0$. Wir wollen annehmen, daß nicht dieser Fall vorliegt. Dann können wir nach dem Häufungsstellensatz ein H und eine Folge $\gamma \to \gamma_0$ so finden, daß die C_γ noch ganz in H liegen und die zugehörigen Anfangswerte ξ, η gegen einen Punkt ξ_0, η_0 von H konvergieren. Es wäre hierbei denkbar, daß für jede solche Folge stets die entsprechenden Perioden $\tau = \tau_\gamma$ von C_γ gegen ∞ streben. Dieser Fall werde ebenfalls ausgeschlossen. Man kann dann eine Teilfolge finden, für welche τ_γ einem endlichen Grenzwert τ_{γ_0} zustrebt. Dieser ist nicht 0, da wegen der stetigen Abhängigkeit der Lösungen von den Anfangswerten sonst der Punkt ξ_0, η_0 eine Gleichgewichtslösung von (33) ergäbe, während aber die stationären Punkte von E aus G ausgeschlossen waren. Nach denselben Stetigkeitssätzen streben dann die zur Folge gehörigen C_γ gegen eine Lösung C_{γ_0} durch ξ_0, η_0 mit der Periode τ_{γ_0}, und diese Lösung ist ebenfalls noch in H gelegen, also erst recht in G.

Wäre der Rang von $\mathfrak{D}$ für die Lösung C_{γ_0} wieder gleich m, so kann man offenbar die Lösungen C_γ über γ_0 hinaus fortsetzen. Es bleibt der Fall zu behandeln, daß der Rang kleiner als m ist. In der früheren Bezeichnung sind also nunmehr die m analytischen Gleichungen (25), (26) in der Nähe einer Stelle $\gamma = \gamma_0$, τ, ξ_k ($k \neq m - 1$) zu untersuchen, an welcher die Funktionaldeterminante bezüglich τ, ξ_k verschwindet, während man aber bereits für $\gamma \to \gamma_0$ eine einparametrige Schar reeller Lösungen besitzt. Unter Benutzung des WEIERSTRASZschen Vorbereitungssatzes läßt sich dann zeigen, daß eine Lösung durch Reihen nach Potenzen von $(\gamma_0 - \gamma)^{1/p}$ mit reellen Koeffizienten besteht, wobei p eine geeignete möglichst klein gewählte natürliche Zahl bedeutet. Es liegt dann also ein Verzweigungspunkt der Ordnung $p - 1$ vor, und man kann auch bei $\gamma = \gamma_0$ fortsetzen. Ist dabei p ungerade, so erhält man auch für $\gamma > \gamma_0$ wieder reelle Werte der Potenzreihen für τ, ξ_k. Ist dagegen p gerade, so hat die Wurzel $(\gamma_0 - \gamma)^{1/p}$ für $\gamma < \gamma_0$ zwei verschiedene reelle Werte. Läßt man also im letzteren Fall γ von γ_0 aus wieder mit dem anderen reellen Zweig von $(\gamma_0 - \gamma)^{1/p}$ zurücklaufen, so erhält man eine zweite Schar periodischer Lösungen, die von der ursprünglichen verschieden ist. Man kann also auch in diesem Falle das Verfahren weiterführen.

Eine analoge Überlegung gilt, wenn man γ von γ^* aus fallen läßt. Andererseits kann man den Fortsetzungsprozeß wiederum bei γ_0 beginnen lassen und erhält gegebenenfalls weitere Verzweigungspunkte $\gamma_1, \gamma_2, \ldots$ bei reeller Fortsetzung durch die Intervalle von γ_{k-1} nach γ_k ($k = 1, 2, \ldots$). Das Verfahren bricht nur ab, wenn einer der ausgeschlossenen Fälle eintritt, indem nämlich entweder die C_γ das Gebiet G verlassen oder aber τ_γ nicht beschränkt bleibt.

Beim restringierten Dreikörperproblem kann man für G den Raum aller reellen x_1, x_2, y_1, y_2 wählen, nachdem man die singulären Stellen $x_1 = -\mu$, $x_2 = 0$ und $x_1 = 1 - \mu$, $x_2 = 0$ sowie die fünf stationären Punkte von E entfernt hat. Wenn die Bahnkurven C_γ für $\gamma \to \gamma_1$ das Gebiet G verlassen, so bedeutet dies jetzt, daß die soeben entfernten Stellen Häufungspunkte von Punkten der C_γ sind. Für die stationären Punkte von E erhält man also durch Grenzübergang aus den C_γ Gleichgewichtslösungen. Für die singulären Stellen erkennt man durch eine geeignete regularisierende Transformation, daß durch Grenzübergang Kollisionsbahnen entstehen, und es zeigt sich dabei, daß man sogar über diese hinaus eine analytische Fortsetzung bezüglich γ herstellen kann. Der Prozeß der Fortsetzung periodischer Lösungen beim restringierten Dreikörperproblem wurde von E. STRÖMGREN und seinen Mitarbeitern numerisch durchgeführt. Die dabei auftretenden theoretischen Fragen sind von WINTNER [2] näher bearbeitet worden.

§ 20. Die Fixpunktmethode.

Auch die folgende Methode zur Bestimmung periodischer Lösungen geht auf POINCARÉ zurück. Wir betrachten wieder ein System von Differentialgleichungen

$$(1) \qquad \dot{x}_k = f_k(x) \qquad (k = 1, \ldots, m),$$

das jetzt nicht noch von einem Parameter abzuhängen braucht. Die Funktionen $f_k(x)$ seien auf einem Gebiet G des reellen x-Raumes regulär, und es bedeute wieder $x_k(t, \xi)$ $(k = 1, \ldots, m)$ die Lösung zu den Anfangswerten $x_k(0, \xi) = \xi_k$. Für $\xi = \xi^*$ möge $x(t, \xi^*)$ eine periodische Lösung sein, die ganz in G verläuft und keine Gleichgewichtslösung ist. Ihre Periode sei $\tau^* > 0$. Da nicht alle $f_k(\xi^*)$ gleich 0 sind, so können wir etwa annehmen, daß $f_m(\xi^*) \neq 0$ ist. Es durchsetzt dann also die periodische Lösung $x(t, \xi^*)$ die Ebene $x_m = \xi_m^*$ zu den Zeiten $t = 0$ und $t = \tau^*$ im Punkte $x = \xi^*$. Ändern wir nun die Anfangswerte ξ_k in der Ebene $\xi_m = \xi_m^*$ etwas ab, so wird die zugehörige Lösung $x(t, \xi)$ die Ebene $x_m = \xi_m^*$ zur Zeit $t = 0$ und darauf wiederum zu einer Zeit $t = \tau$ durchsetzen, die ungefähr gleich τ^* ist. Dadurch ist aber wegen der Stetigkeitssätze für die Lösungen von Differentialgleichungen eine Abbildung einer Umgebung des Punktes $x = \xi^*$ in der Ebene $x_m = \xi_m^*$ auf eine ebensolche Umgebung erklärt, wobei der periodischen Lösung ein Fixpunkt entspricht.

Wir wollen diese Betrachtung etwas verallgemeinern. Die Ausgangslösung $x(t, \xi^*)$ werde nämlich nicht als geschlossen vorausgesetzt, sondern es wird nur angenommen, daß sie zu einer Zeit $t = \tau^* > 0$ die Ebene $x_m = \xi_m^*$ wieder durchsetzt. Dies bedeutet, daß $x_m(\tau^*, \xi^*) = \xi_m^*$ und $f_m\big(x(\tau^*, \xi^*)\big) \neq 0$ ist. Außerdem liege die Lösung $x(t, \xi^*)$ für

$0 \leq t \leq \tau^*$ ganz in G. Die zu benachbarten Anfangswerten ξ_k mit $\xi_m = \xi_m^*$ gehörigen Lösungen $x(t, \xi)$ durchsetzen dann die Ebene $x_m = \xi_m^*$ nach einer Zeit $t = \tau$, die von τ^* wenig verschieden ist, wenn ξ genügend nahe an ξ^* gelegen ist. So erhält man eine analytische Abbildung einer Umgebung des Punktes ξ^* in der Ebene $x_m = \xi_m^*$ auf eine Umgebung des Punktes $x(\tau^*, \xi^*)$ in derselben Ebene.

Dieselbe Überlegung gilt noch allgemeiner, wenn man durch die Endpunkte ξ^*, $x(\tau^*, \xi^*)$ eines in G gelegenen Bahnkurvenstückes $x(t, \xi^*)$ $(0 \leq t \leq \tau^*)$ irgend zwei glatte Flächenstücke von $m - 1$ Dimensionen legt, die von der Bahnkurve nicht berührt werden. Wir setzen nun heuristisch voraus, es gebe ein glattes Flächenstück F in G, so daß für alle Punkte ξ von F die Lösung $x(t, \xi)$ ganz in G verläuft und F für $t > 0$ mindestens noch einmal trifft und dabei stets wirklich durchsetzt. Ist $t = \tau > 0$ der erste Zeitpunkt, für welchen $x(t, \xi)$ wieder F trifft, so wird durch die Zuordnung von $x(\tau, \xi) = S\xi$ zu ξ eine topologische Abbildung S von F in sich erklärt. Soll die Lösung $x(t, \xi)$ periodisch sein, so muß es eine natürliche Zahl n mit $S^n \xi = \xi$ geben, und es ist dann also ξ Fixpunkt der Abbildung S^n mit geeignetem n. Dadurch ist die Aufsuchung periodischer Lösungen auf die Bestimmung von Fixpunkten für die Iterierten von S zurückgeführt. Wie einfache Beispiele analytischer Abbildungen S von geeigneten Flächen in sich zeigen, kann es aber sehr wohl vorkommen, daß alle S^n fixpunktfrei sind. POINCARÉ erkannte, daß durch einfache zusätzliche Annahmen bereits die Existenz eines Fixpunktes von S gewährleistet wird. Er macht die folgenden Voraussetzungen. Es sei F ein ebener Kreisring, zu dem auch die beiden Ränder C_1 und C_2 gehören. Es sei die Zuordnung $\xi \to S\xi$ eine topologische und inhaltstreue Abbildung von F auf sich, welche jeden der beiden Ränder in sich transformiert. Wir erklären zu jedem Punkt ξ des Kreisringes als stetige Funktion von ξ den Winkel $\varphi(\xi)$, welchen die vom Mittelpunkte nach ξ und $S\xi$ gezogenen Strahlen miteinander bilden. Diese Definition ist bis auf ein von ξ unabhängiges Vielfaches von 2π eindeutig, und es werde noch vorausgesetzt, daß bei geeigneter Festlegung $\varphi(\xi) \geq 0$ auf C_1 und $\varphi(\xi) \leq 0$ auf C_2 sei. Dies bedeutet anschaulich, daß die beiden Ränder bei der Abbildung gegeneinander gedreht werden. Unter diesen Voraussetzungen behauptete nun POINCARÉ [1] die Existenz von mindestens zwei Fixpunkten der Abbildung S. Der Beweis wurde erst nach dem Tode von POINCARÉ durch BIRKHOFF [2] erbracht. Dieser Fixpunktsatz ist für das restringierte Dreikörperproblem von Interesse, da sich für genügend kleine Werte des Massenparameters μ und feste JACOBISCHE Konstante γ ein Flächenstück F mit den geforderten Eigenschaften angeben läßt, wie ebenfalls von POINCARÉ behauptet und von BIRKHOFF später gezeigt wurde. POINCARÉ glaubte ferner, daß aus seinem Satz auch die Existenz von mindestens zwei periodischen Lösungen des restringierten Drei-körperproblems für beliebiges μ des Intervalls $0 < \mu < 1$ gefolgert werden könnte; doch ist es bisher nicht gelungen, dann allgemein die Existenz der benötigten Schnittfläche F nachzuweisen. Wir gehen auf den POINCARÉschen Fixpunktsatz nicht weiter ein, da wir einen damit verwandten BIRKHOFFschen Satz ausführlich behandeln werden, der für die Anwendungen nützlicher zu sein scheint.

Zur Vorbereitung wollen wir jetzt die Bedingung der Inhaltstreue näher untersuchen. Es wird angenommen, daß für die Lösungen $x(t, \xi)$ von (1) die Abbildung $\xi \to x(t, \xi)$ für alle t inhaltstreu ist. Wie wir im vorigen Paragraphen bei (10) erkannten, ist die Bedingung

$$(2) \qquad \sum_{k=1}^{m} f_{k\,x_k} = 0$$

dafür notwendig und hinreichend. Wir setzen wieder voraus, daß $f_m(\xi^*) \neq 0$ ist und die in G gelegene Lösung $x(t, \xi^*)$ die Ebene $x_m = \xi_m^*$ für $t = \tau^* > 0$ nochmals schneidet. Wir betrachten eine genügend kleine Umgebung U von ξ^* auf der Ebene $x_m = \xi_m^*$ und verfolgen die von U zur Zeit $t = 0$ ausgehenden Lösungskurven. Man erhält dann auf jeder ungefähr zur Zeit τ^* einen weiteren Schnittpunkt mit der Ebene. Die neuen Schnittpunkte der Bahnkurven liefern eine Umgebung U_1 des Punktes $x(\tau^*, \xi^*)$ auf $x_m = \xi_m^*$, die bei der oben erklärten Abbildung das Bild von U ist. Wir bezeichnen ferner für genügend kleines $t_0 > 0$ mit B bzw. B_1 die Gebiete in G, die durch die Bedingungen $x = x(t, \xi)$, $0 \leq t \leq t_0$, $\xi \in U$ bzw. U_1 festgelegt sind. Anschaulich gesprochen sind B und B_1 Zylinder über den Basen U und U_1. Wir betrachten jetzt die Stromröhre R, nämlich die Punktmenge, welche aus den U mit U_1 verbindenden Bahnkurven gebildet wird. Lassen wir jeden Punkt von R entlang der durch ihn gehenden Stromlinie gemäß den Bewegungs-gleichungen (1) laufen, so ist R nach Ablauf der Zeit t_0 in das Gebiet $R + B_1 - B$ übergegangen. Aus der Inhaltstreue folgt aber, daß R und $R + B_1 - B$, also auch B und B_1, dasselbe m-dimensionale Volumen haben. Setzt man das Volumenelement $d x_1 \ldots d x_m = d x$, so ist daher

$$(3) \qquad \int_B d x = \int_{B_1} d x.$$

Führt man durch die Substitution $x_k = x_k(t, \xi)$ $(k = 1, \ldots, m; \; \xi_m = \xi_m^*)$ an Stelle von $x_1, \ldots, x_m$ die neuen Integrationsvariablen $\xi_1, \ldots, \xi_{m-1}$ und t ein, so hat die Funktionalmatrix die Zeilen $x_{k\,\xi_l}$ $(l = 1, \ldots, m-1)$, f_k für $k = 1, \ldots, m$. Die entsprechende Funktionaldeterminante hat für $t = 0$ den Wert $f_m(\xi) \neq 0$, da dort die m-reihige Matrix $(x_{k\,\xi_l}) = \mathfrak{E}$ wird. Dividiert man (3) durch t_0 und führt den Grenzübergang $t_0 \to 0$ aus, so folgt

$$\int_U f_m(\xi) \, d\xi = \int_{U_1} f_m(\xi) \, d\xi \qquad (d\xi = d\xi_1 \ldots d\xi_{m-1}).$$

Wir nehmen weiterhin noch an, es sei $\psi(x)$ ein zeitunabhängiges Integral des Systems (1) und die Ableitung $\psi_{x_{m-1}} \neq 0$ auf U und U_1. Es ist dann $\psi(x) = \gamma$ auf jeder Bahnkurve konstant. Führt man durch die Substitution $\psi(\xi) = \gamma$ an Stelle von ξ_{m-1} die neue Variable γ ein, so wird

$$\psi_{x_{m-1}}(\xi)\, d\xi_{m-1} = d\gamma.$$

Speziell sei U das Produkt einer $(m-2)$-dimensionalen Umgebung F von $\xi_k = \xi_k^*$ $(k = 1, \ldots, m-2)$ mit einem den Punkt $\psi(\xi^*) = \gamma^*$ enthaltenden Intervall. Wegen der Invarianz von $\psi(x)$ bleibt dies Intervall bei der Abbildung von U auf U_1 punktweise fest, während F für $\psi(\xi) = \gamma$ das Bild $F_1 = F_1(\gamma)$ haben möge. Setzt man noch

$$g = g(\xi_1, \ldots, \xi_{m-2}, \gamma) = \frac{f_m(\xi)}{\psi_{x_{m-1}}(\xi)} \qquad (\xi_m = \xi_m^*),$$

so wird

(4) $$\int_F g\, dv = \int_{F_1} g\, dv \qquad (dv = d\xi_1 \ldots d\xi_{m-2}).$$

Für ein HAMILTONsches System

$$\dot{x}_k = E_{y_k}, \qquad \dot{y}_k = -E_{x_k} \qquad (k = 1, \ldots, n)$$

ist $m = 2n$ zu setzen und die Bedingung (2) erfüllt. Man kann ferner als Integral $\psi(x, y) = E(x, y)$ wählen und erhält bei geeigneter Anordnung der Koordinaten $f_m = -E_{x_n}$, $\psi_{x_n} = E_{x_n}$, also $g = -1$. Zufolge (4) ist also die Abbildung von F auf F_1 inhaltstreu. Es sei nun insbesondere die zu den Anfangswerten $x = \xi^*$, $y = \eta^*$ gehörige Bahnkurve geschlossen mit der Periode τ^*. Unter der Voraussetzung $E_{x_n}(\xi^*, \eta^*) \neq 0$ gewinnt man dann durch Elimination von t, ξ_n, η_n aus den Gleichungen

$$y_n(t, \xi, \eta) = \eta_n^*, \qquad \eta_n = \eta_n^*, \qquad E(\xi, \eta) = E(\xi^*, \eta^*)$$

eine inhaltstreue analytische Abbildung

(5) $$\xi_k, \eta_k \rightarrow x_k(t, \xi, \eta), \; y_k(t, \xi, \eta) \qquad (k = 1, \ldots, n-1)$$

in der Umgebung des Fixpunktes ξ_k^*, η_k^*. Indem man statt der durch (3) ausgedrückten Invarianz des Volumens die analoge Eigenschaft gewisser anderer von POINCARÉ [3] eingeführten Differentialausdrücke benutzt, läßt sich sogar zeigen, daß die Abbildung (5) kanonisch ist. Für $n = 2$ besagt diese Aussage nur die bereits bewiesene Inhaltstreue. Wir wollen uns weiterhin auf den Fall $n = 2$ beschränken, der schon die wesentlichen Schwierigkeiten der allgemeinen Untersuchung aufweist. Die Diskussion der ebenen analytischen inhaltstreuen Abbildungen in der Umgebung eines Fixpunktes nehmen wir im folgenden Paragraphen vor.

§ 21. Inhaltstreue analytische Transformationen.

Wir betrachten weiterhin eine Abbildung in der (x, y)-Ebene, welche in der Umgebung eines Punktes analytisch ist und diesen als Fixpunkt hat. Indem wir ohne Beschränkung der Allgemeinheit diesen Punkt als Nullpunkt annehmen, können wir die Abbildung in der Form

$$(1) \qquad x_1 = f(x, y), \qquad y_1 = g(x, y)$$

schreiben, wobei

$$(2) \qquad f(x, y) = a x + b y + \cdots, \qquad g(x, y) = c x + d y + \cdots$$

reelle Potenzreihen ohne konstante Glieder sind. Zunächst wollen wir aber wie in § 14 mit formalen Potenzreihen ohne Rücksicht auf Konvergenz rechnen; dabei seien die Koeffizienten beliebig komplex und x, y Unbestimmte. Setzt man noch $a d - b c \neq 0$ voraus, so bilden dann alle Transformationen (1) eine Gruppe Γ. Sie besitzt als Untergruppe Δ die Menge derjenigen Transformationen, für welche die Gleichung

$$f_x g_y - f_y g_x = 1$$

im Sinne der Identität zwischen Potenzreihen gilt; diese mögen ebenfalls als inhaltstreu bezeichnet werden. Die Gruppe Γ_0 bzw. Δ_0, die nur aus den in irgendeiner Umgebung von $x = 0$, $y = 0$ konvergenten Potenzreihen in Γ bzw. Δ besteht, ist wieder eine Untergruppe von Γ bzw. Δ.

Indem wir die Spaltenvektoren $z = \begin{pmatrix} x \\ y \end{pmatrix}$, $z_1 = \begin{pmatrix} x_1 \\ y_1 \end{pmatrix}$ einführen, schreiben wir die formale Transformation (1) in der symbolischen Form

$$(3) \qquad z_1 = S z.$$

Wir machen nun eine simultane Substitution der Variabeln

$$x = \varphi(\xi, \eta) = \alpha \xi + \beta \eta + \cdots, \qquad y = \psi(\xi, \eta) = \gamma \xi + \delta \eta + \cdots,$$
$$x_1 = \varphi(\xi_1, \eta_1), \qquad\qquad\qquad y_1 = \psi(\xi_1, \eta_1)$$

mit $\alpha \delta - \beta \gamma \neq 0$, die wir symbolisch auch in der Form

$$z = C \zeta, \qquad z_1 = C \zeta_1, \qquad \zeta = \begin{pmatrix} \xi \\ \eta \end{pmatrix}, \qquad \zeta_1 = \begin{pmatrix} \xi_1 \\ \eta_1 \end{pmatrix}$$

schreiben werden. Dabei seien φ, ψ zunächst auch nur formale Potenzreihen ohne konstante Glieder. Ist S inhaltstreu, so betrachten wir nur solche Substitutionen C, für die außerdem noch

$$(4) \qquad \varphi_\xi \psi_\eta - \varphi_\eta \psi_\xi = \alpha \delta - \beta \gamma$$

gilt. Man sieht leicht, daß eine jede derartige Substitution sich aus einer linearen und einer inhaltstreuen Substitution zusammensetzen läßt. Wegen $\alpha\delta - \beta\gamma \neq 0$ existiert die Inverse C^{-1} von C; also geht (3) über in

$$\zeta_1 = C^{-1}z_1 = C^{-1}SC\zeta = T\zeta, \qquad T = C^{-1}SC.$$

Die Transformation T gehört dann ebenso wie S zu Γ bzw. Δ. Es ist übrigens leicht einzusehen, daß nicht für jedes inhaltstreue S die Transformation $C^{-1}SC$ auch wieder inhaltstreu ist, falls die feste Substitution C nicht die Bedingung (4) erfüllt. Es ist das Ziel dieses Paragraphen, bei gegebenem S durch geeignete Wahl von C eine Normalform von T herzustellen [**1**].

Zunächst wollen wir durch eine lineare Substitution die linearen Glieder in (1) auf eine Normalform bringen. Bezeichnet man die Koeffizientenmatrizen der linearen Glieder von Sz, $C\zeta$, $T\zeta$ mit $\mathfrak{S}, \mathfrak{C}, \mathfrak{T}$, so ist

$$\mathfrak{S} = \begin{pmatrix} a & b \\ c & d \end{pmatrix}, \qquad \mathfrak{C} = \begin{pmatrix} \alpha & \beta \\ \gamma & \delta \end{pmatrix}, \qquad \mathfrak{T} = \mathfrak{C}^{-1}\mathfrak{S}\mathfrak{C},$$

$$|\mathfrak{S} - \lambda\mathfrak{E}| = \lambda^2 - (a+d)\lambda + ad - bc,$$

und für die Eigenwerte λ, μ von $\mathfrak{S}$ gilt $\lambda + \mu = a + d$, $\lambda\mu = ad - bc$. Ist $\mathfrak{S}$ inhaltstreu, so ist insbesondere $ad - bc = 1$, also $\lambda\mu = 1$. Weiterhin mögen a, b, c, d als reell vorausgesetzt werden. Dann können folgende drei Fälle auftreten: Im hyperbolischen Fall sind λ, μ reell und verschieden; im parabolischen Fall ist $\lambda = \mu$; im elliptischen Fall ist $\bar{\lambda} = \mu \neq \lambda$. Wir wollen im folgenden der Einfachheit halber den parabolischen Fall ausschließen, also $\lambda \neq \mu$ annehmen. Dann kann man $\mathfrak{C}$ so bestimmen, daß $\mathfrak{T}$ die Normalform

$$\mathfrak{T} = \mathfrak{C}^{-1}\mathfrak{S}\mathfrak{C} = \begin{pmatrix} \lambda & 0 \\ 0 & \mu \end{pmatrix}$$

erhält. Im hyperbolischen Fall läßt sich dabei $\mathfrak{C}$ reell wählen, während im elliptischen Fall die beiden Spalten von $\mathfrak{C}$ zueinander konjugiert komplex genommen werden können.

Nach Ausführung der vorbereitenden linearen Substitution $z = \mathfrak{C}\zeta$ geht die Transformation $z_1 = Sz$ über in

$$(5) \quad \zeta_1 = T\zeta, \qquad \xi_1 = p(\xi, \eta) = \lambda\xi + \cdots, \qquad \eta_1 = q(\xi, \eta) = \mu\eta + \cdots.$$

Ist S reell, sind also die Koeffizienten von f und g sämtlich reell, so auch T im hyperbolischen Fall reell, während im elliptischen Fall die Beziehung

$$(6) \qquad \bar{p}(\xi, \eta) = q(\eta, \xi)$$

erfüllt ist. Dabei bedeutet $\bar{p}$ die Potenzreihe, die aus p dadurch hervorgeht, daß alle Koeffizienten durch die konjugiert komplexen Werte ersetzt werden. Durch eine lineare Substitution läßt sich also (1) in die Form (5) bringen, und T gehört wie S zu Γ bzw. Δ. Dabei bleibt auch die etwaige Konvergenz von f und g erhalten, so daß also T zu Γ_0 bzw. Δ_0 gehört, wenn das Entsprechende für S gilt. Indem wir statt ζ, ζ_1 wieder z, z_1 schreiben, erhalten wir

$$(7) \quad z_1 = T z, \quad x_1 = p(x, y) = \lambda x + \sum_{k=2}^{\infty} p_k, \quad y_1 = q(x, y) = \mu y + \sum_{k=2}^{\infty} q_k,$$

wobei p_k, q_k homogene Polynome in x, y vom Grade k bedeuten. Nunmehr unterwerfen wir T einer beliebigen nicht-linearen Substitution der Form

$$(8) \quad x = \varphi(\xi, \eta) = \xi + \sum_{k=2}^{\infty} \varphi_k, \quad y = \psi(\xi, \eta) = \eta + \sum_{k=2}^{\infty} \psi_k, \quad z = C\zeta, \quad z_1 = C\zeta_1;$$

dabei mögen φ_k, ψ_k wieder homogene Polynome in ξ, η vom k-ten Grade sein. In diesen Substitutionen sind die linearen Glieder bereits unverändert gelassen, da in (7) die linearen Bestandteile schon die Normalform haben.

Zunächst werde angenommen, daß die Bedingungen

$$(9) \qquad \lambda^p \mu^q \neq \lambda, \qquad \lambda^p \mu^q \neq \mu$$

für alle Paare ganzer Zahlen p, q mit $p \geq 0$, $q \geq 0$, $p + q > 1$ erfüllt sind. Wir wollen zeigen, daß es dann genau eine Substitution der Gestalt (8) gibt, für welche die Transformation $U = C^{-1} T C$ die Normalform

$$(10) \qquad \xi_1 = \lambda \xi, \qquad \eta_1 = \mu \eta$$

erhält. Zum Beweise machen wir Koeffizientenvergleich. Wir haben die Forderung $C U = T C$ zu erfüllen, also

$$(11) \quad \varphi(\lambda \xi, \mu \eta) = p\big(\varphi(\xi, \eta), \psi(\xi, \eta)\big), \qquad \psi(\lambda \xi, \mu \eta) = q\big(\varphi(\xi, \eta), \psi(\xi, \eta)\big).$$

Trägt man hierin die Potenzreihen aus (7), (8) ein, so stimmen schon die Koeffizienten der linearen Glieder beiderseits überein. Wir wollen annehmen, für ein $k > 1$ seien die Polynome φ_l, ψ_l ($l = 2, \ldots, k-1$) bereits eindeutig mittels der Bedingung berechnet, daß in (11) die Koeffizienten aller Glieder kleineren als k-ten Grades übereinstimmen. Dies ist für $k = 2$ richtig, und wir wollen diese Aussage für $k + 1$ statt k beweisen. Der Vergleich der Glieder k-ten Grades in (11) ergibt die Bedingungen

$$(12) \quad \varphi_k(\lambda \xi, \mu \eta) = \lambda \varphi_k(\xi, \eta) + \cdots, \qquad \psi_k(\lambda \xi, \mu \eta) = \mu \psi_k(\xi, \eta) + \cdots,$$

wo die nicht explizit hingeschriebenen Glieder homogene Polynome vom Grade k sind, deren Koeffizienten bereits bekannt sind. Setzt man noch

$$(13) \qquad \varphi_k(\xi, \eta) = \sum_{l=0}^{k} a_l \xi^{k-l} \eta^l, \qquad \psi_k(\xi, \eta) = \sum_{l=0}^{k} b_l \xi^{k-l} \eta^l,$$

so wird

$$(14) \quad \begin{cases} \varphi_k(\lambda\xi, \mu\eta) - \lambda\,\varphi_k(\xi, \eta) = \sum_{l=0}^{k} a_l(\lambda^{k-l}\mu^l - \lambda)\,\xi^{k-l}\eta^l, \\[2mm] \psi_k(\lambda\xi, \mu\eta) - \mu\,\psi_k(\xi, \eta) = \sum_{l=0}^{k} b_l(\lambda^{k-l}\mu^l - \mu)\,\xi^{k-l}\eta^l. \end{cases}$$

Da wegen (9) die Ausdrücke $\lambda^{k-l}\mu^l - \lambda$, $\lambda^{k-l}\mu^l - \mu$ sämtlich von 0 verschieden sind, so lassen sich tatsächlich die Koeffizienten a_l, b_l auf genau eine Art so wählen, daß den Bedingungen (12) genügt wird.

Weiterhin beschränken wir uns auf inhaltstreue Transformationen T. Dann ist $\lambda\mu = 1$, also die Voraussetzung (9) keineswegs erfüllt. Wir suchen jetzt eine andere Normalform $U = C^{-1}TC$, indem wir für U an Stelle von (10) den allgemeineren Ansatz

$$(15) \quad \xi_1 = u\xi, \quad \eta_1 = v\eta, \quad u = \sum_{k=0}^{\infty} \alpha_{2k}(\xi\eta)^k, \quad v = \sum_{k=0}^{\infty} \beta_{2k}(\xi\eta)^k$$

mit unbestimmten Koeffizienten α_{2k}, β_{2k} machen, wobei also u und v Potenzreihen in dem Produkt $\xi\eta = \omega$ sind. Für C setzen wir wieder die Reihenentwicklungen (8) an. Anstatt (11) haben wir dann die Funktionalgleichungen

$$(16) \quad \varphi(u\xi, v\eta) = p\big(\varphi(\xi, \eta), \psi(\xi, \eta)\big), \quad \psi(u\xi, v\eta) = q\big(\varphi(\xi, \eta), \psi(\xi, \eta)\big)$$

zu erfüllen. Durch Vergleich der linearen Glieder erhält man

$$(17) \quad\quad\quad\quad \alpha_0 = \lambda, \quad \beta_0 = \mu.$$

Wir definieren noch $\alpha_l = \beta_l = 0$ für ungerades $l > 0$ und nehmen für ein $k > 1$ an, daß durch Koeffizientenvergleich der Glieder kleineren als k-ten Grades bereits $\varphi_l, \psi_l, \alpha_{l-1}, \beta_{l-1}$ $(l < k)$ bestimmt seien. Für $k = 2$ ist dies richtig. Der Vergleich der Glieder k-ten Grades ergibt dann die Bedingungen

$$(18) \quad \begin{cases} \varphi_k(\lambda\xi, \mu\eta) + \alpha_{k-1}(\xi\eta)^{\frac{k-1}{2}}\xi = \lambda\,\varphi_k(\xi, \eta) + \cdots, \\[2mm] \psi_k(\lambda\xi, \mu\eta) + \beta_{k-1}(\xi\eta)^{\frac{k-1}{2}}\eta = \mu\,\psi_k(\xi, \eta) + \cdots, \end{cases}$$

worin wieder die nicht explizit hingeschriebenen Glieder homogene Polynome k-ten Grades mit bereits bekannten Koeffizienten sind. Wegen $\lambda\mu = 1$ ist nun

$$\lambda^{k-l}\mu^l - \lambda = \lambda(\lambda^{k-2l-1} - 1), \quad \lambda^{k-l}\mu^l - \mu = \lambda^{-1}(\lambda^{k-2l+1} - 1).$$

Setzt man weiterhin voraus, daß λ keine Einheitswurzel ist, so ist $\lambda^{k-2l\mp1} = 1$ nur für $k = 2l \pm 1$. Zufolge (14), (18) sind dann $\alpha_{k-1}, \beta_{k-1}$ und $a_l\big(l \mp \dfrac{k-1}{2}\big)$, $b_l\big(l \mp \dfrac{k+1}{2}\big)$ eindeutig festgelegt, während für ungerades $k = 2h + 1$ noch a_h, b_{h+1} willkürlich wählbar bleiben. Um die Bestimmung der Koeffizienten eindeutig zu machen, wollen wir noch verlangen, daß die Potenzreihen für

$$\varphi_\xi - \psi_\eta = \sigma(\xi, \eta), \qquad \varphi_\xi \psi_\eta - \varphi_\eta \psi_\xi - 1 = \tau(\xi, \eta) - 1$$

keine Potenzen von $\xi\eta = \omega$ enthalten. Es werde angenommen, daß dies für die Glieder der Grade unterhalb $k - 1$ bereits erfüllt sei. Für $k = 2$ ist dies richtig; ferner folgt trivialerweise die Richtigkeit für $k + 1$ statt k, falls k gerade ist. Für ungerades $k = 2h + 1$ erhält man als Koeffizienten von ω^h in σ den Wert $(h+1)(a_h - b_{h+1})$, also

$$(19) \qquad a_h = b_{h+1}.$$

Die Glieder vom Grade $k - 1$ in τ ergeben sich zu $\varphi_{k\xi} + \psi_{k\eta}$ plus einem Polynom mit bereits bekannten Koeffizienten. Damit der Koeffizient von ω^h gleich 0 wird, muß dann also $(h+1)(a_h + b_{h+1})$ einen gewissen vorgeschriebenen Wert bekommen. In Verbindung mit (19) sind dann auch die restlichen Koeffizienten a_h, b_{h+1} eindeutig festgelegt.

Wir haben auf diese Weise unter den angegebenen Bedingungen genau eine Substitution C gefunden, welche T in die durch (15) gegebene Normalform $U = C^{-1} T C$ überführt. Es soll nun gezeigt werden, daß C inhaltstreu ist. Zu diesem Zwecke bestimmen wir nach (15) die partiellen Ableitungen

$$\xi_{1\xi} = u + u_\xi \xi = u + u_\omega \omega, \qquad \xi_{1\eta} = u_\eta \xi = u_\omega \xi^2,$$
$$\eta_{1\xi} = v_\xi \eta = v_\omega \eta^2, \qquad\qquad \eta_{1\eta} = v + v_\eta \eta = v + v_\omega \omega.$$

Aus der Gleichung $CU = TC$ ergibt sich durch Berechnung der Funktionaldeterminante die Identität

$$(20) \qquad \tau(u\xi, v\eta)\left((u + u_\omega \omega)(v + v_\omega \omega) - u_\omega v_\omega \omega^2\right) = \tau(\xi, \eta),$$

wobei benutzt wurde, daß T nach Voraussetzung inhaltstreu ist. Nun wird

$$(21) \qquad (u + u_\omega \omega)(v + v_\omega \omega) - u_\omega v_\omega \omega^2 = (uv\omega)_\omega = 1 + \cdots$$

zufolge (15), (17) eine mit 1 beginnende Potenzreihe in ω. Nach (8) lautet das konstante Glied von $\tau(\xi, \eta)$ ebenfalls 1. Wir wollen auf Grund von (20) beweisen, daß $\tau(\xi, \eta) = 1$ ist. Beginnt die Potenzreihe

$$\tau(\xi, \eta) - 1 = \tau_k(\xi, \eta) + \cdots$$

mit Gliedern k-ter Ordnung ($k > 0$) und bedeutet c den Koeffizienten von $\omega^{k/2}$ auf der rechten Seite von (21), so ergibt Vergleich der Glieder k-ter Ordnung in (20) die Formel

$$\tau_k(\lambda\xi, \mu\eta) + c\,\omega^{k/2} = \tau_k(\xi, \eta).$$

Da nun aber die Reihe $\tau - 1$ keine Potenz von ω enthält, so ist $c = 0$, also

$$\tau_k(\lambda\xi, \mu\eta) = \tau_k(\xi, \eta).$$

Aus

$$\tau_k(\xi, \eta) = \sum_{l=0}^{k} \gamma_l \xi^{k-l}\eta^l$$

folgt dann

$$\gamma_l(\lambda^{k-2l} - 1) = 0,$$

also $\gamma_l = 0$ $(2l \neq k)$, da λ keine Einheitswurzel ist. Für $2l = k$ ist aber ebenfalls $\gamma_l = 0$, da ja $\tau - 1$ keine Potenz von ω enthält. Es ist also tatsächlich $\tau = 1$ und folglich C inhaltstreu. Hiermit folgt wiederum aus (20), (21) die Beziehung $(uv\omega)_\omega = 1$ und daher $uv\omega = \omega$,

$$(22) \qquad\qquad\qquad uv = 1.$$

Wir haben demnach gezeigt, daß die inhaltstreue Transformation T der Gestalt (7) mittels einer inhaltstreuen Substitution C der Gestalt (8) auf die Normalform $U = C^{-1}TC$ der Gestalt (15) gebracht werden kann, falls der Eigenwert λ keine Einheitswurzel ist. Wir wollen noch untersuchen, wie weit C und U durch T bestimmt sind. Unter V sei eine beliebige inhaltstreue Substitution der Form (15) verstanden; also $\xi_1 = u_0\xi$, $\eta_1 = v_0\eta$, wobei u_0, v_0 Potenzreihen in $\omega = \xi\eta$ allein sind, und

$$(u_0\xi)_\xi (v_0\eta)_\eta - (u_0\xi)_\eta (v_0\eta)_\xi = (u_0 v_0\omega)_\omega = 1,$$

so daß analog zu (22) die Beziehung $u_0 v_0 = 1$ folgt. Daher ist (22) die notwendige und hinreichende Bedingung für Inhaltstreue von (15). Man kann somit für u_0 irgendeine Potenzreihe in ω wählen, deren konstantes Glied $\neq 0$ ist, und hat dann $v_0 = u_0^{-1}$ zu setzen. Offenbar ist dann $\xi_1\eta_1 = \xi\eta$, also $\xi\eta$ invariant bei V. Ist ferner

$$\zeta_1 = V_1\zeta, \qquad \xi_1 = u_1\xi, \qquad \eta_1 = v_1\eta, \qquad u_1 v_1 = 1$$

irgendeine zweite Substitution der Gestalt V, so ist wegen jener Invarianz $V_1 V$ eine Substitution der Form

$$\xi_1 = u_1(\omega)\, u(\omega)\, \xi, \qquad \eta_1 = v_1(\omega)\, v(\omega)\, \eta.$$

Hieraus folgt, daß die V eine ABELsche Gruppe Λ bilden. Ist nun C_0 inhaltstreu und $C_0^{-1}TC_0 = U_0$ ebenfalls von der Form (15), so liegt U_0 in Λ. Setzt man dann $C_1 = C_0 V$ mit irgendeinem Element V von Λ, so gilt auch $C_1^{-1}TC_1 = U_0$. Da die Eigenwerte λ, μ von $\mathfrak{S}$ bis auf ihre Reihenfolge bestimmt sind, so kann man durch etwaige Vertauschung von ξ mit η erreichen, daß die linearen Glieder der beiden Transformationen $\zeta_1 = U\zeta$, $\zeta_1 = U_0\zeta$ übereinstimmen, also $\lambda\xi$ und $\mu\eta$ sind. Bedeutet $\mathfrak{C}_0$ die Koeffizientenmatrix der linearen Glieder von $C_0\zeta$, so ist

$\mathfrak{C}_0$ mit der Diagonalmatrix $\mathfrak{T}$ vertauschbar. Wegen $\lambda \neq \mu = \lambda^{-1}$ ist dann $\mathfrak{C}_0$ selber eine Diagonalmatrix. Es soll gezeigt werden, daß $C_1 = C_0 V$ bei geeigneter Wahl von V den oben für C gestellten Bedingungen genügt, durch welche ja C eindeutig festgelegt war. Zunächst kann man das konstante Glied $\varrho = \varrho_0 \neq 0$ von

$$u_0 = \sum_{l=0}^{\infty} \varrho_l \omega^l$$

eindeutig durch die Forderung bestimmen, daß C_1 die Form (8) hat. Alle weiteren Koeffizienten ϱ_l ($l > 0$) bleiben dabei noch willkürlich. Es wird behauptet, sie lassen sich rekursiv eindeutig durch die Bedingung festlegen, daß für die zu C_1 gehörigen Potenzreihen $\varphi(\xi, \eta)$, $\psi(\xi, \eta)$ der Ausdruck $\varphi_\xi - \psi_\eta$ kein Glied in ω allein enthält. Setzt man

$$v_0 = \sum_{l=0}^{\infty} \sigma_l \omega^l,$$

so folgt aus $u_0 v_0 = 1$ zunächst $\varrho_0 \sigma_0 = 1$ und sodann

$$(23) \qquad \varrho \, \sigma_k + \varrho^{-1} \varrho_k + \sum_{l=1}^{k-1} \varrho_l \sigma_{k-l} = 0 \qquad (k = 1, 2, \ldots).$$

Sind andererseits durch

$$\varphi^*(\xi, \eta) = \varrho^{-1} \xi + \sum_{k=2}^{\infty} \varphi_k^*, \qquad \psi^*(\xi, \eta) = \varrho \eta + \sum_{k=2}^{\infty} \psi_k^*$$

die zu C_0 gehörigen Reihen gegeben, so wird

$$\varphi(\xi, \eta) = \varphi^*(u_0 \xi, v_0 \eta), \qquad \psi(\xi, \eta) = \psi^*(u_0 \xi, v_0 \eta),$$

also

$$(24) \quad \varphi_\xi - \psi_\eta = \varphi_\xi^*(u_0 \xi, v_0 \eta) \, u_{0\omega} \, \omega + \varphi_\eta^* \, v_{0\omega} \eta^2 - \psi_\xi^* \, u_{0\omega} \xi^2 - \psi_\eta^* \, v_{0\omega} \, \omega.$$

Wir nehmen an, es seien für ein $k > 0$ bereits $\varrho_1, \ldots, \varrho_{k-1}$ durch die Bedingung bestimmt, daß auf der rechten Seite von (24) die Glieder mit $\omega, \omega^2, \ldots, \omega^{k-1}$ herausfallen. Aus (23) ergeben sich dann auch rekursiv eindeutig $\sigma_1, \ldots, \sigma_{k-1}$. Durch Nullsetzen des Koeffizienten von ω^k in (24) folgt dann für $k(\varrho^{-1}\varrho_k - \varrho \sigma_k)$ ein bekannter vorgeschriebener Wert, und zusammen mit (23) erhält man jetzt tatsächlich eindeutig ϱ_k, womit obige Behauptung bewiesen ist. Da ferner mit C_0, V auch C_1 inhaltstreu ist, so ist $\tau = \varphi_\xi \psi_\eta - \varphi_\eta \psi_\xi = 1$ und enthält also insbesondere keine positive Potenz von ω. Folglich genügt C_1 den sämtlichen für C gestellten Bedingungen, und es ergibt sich $C_0 V = C_1 = C$, $U_0 = U$. Damit ist nun gezeigt, daß die Normalform U von T und damit auch von S eindeutig bestimmt ist, und zugleich sind alle inhaltstreuen Substitutionen gefunden, durch welche S in U übergeführt wird. Aus der eindeutigen Bestimmtheit von U folgt schließlich, daß zwei inhaltstreue Transformationen, für welche die

Eigenwerte λ, μ keine Einheitswurzeln sind, dann und nur dann durch eine inhaltstreue Substitution ineinander übergeführt werden können, wenn sie dieselbe Normalform besitzen.

Von nun an seien die ursprünglichen Reihen f, g aus (2) reell, also S reell, und es sollen die Realitätsverhältnisse von U und C diskutiert werden. Im hyperbolischen Fall ist dann auch T reell, und da $\lambda\mu = 1$, $\lambda \neq \mu$ und λ, μ reell sind, so ist λ keine Einheitswurzel. Aus dem oben durchgeführten Koeffizientenvergleich folgt weiter, daß U und C ebenfalls reell sind. Wegen $u = \lambda + \cdots$ und $\lambda \neq 0$ können wir eindeutig eine reelle Potenzreihe

$$w = \sum_{k=0}^{\infty} \gamma_k \omega^k$$

so finden, daß

$$u = \pm e^w, \quad v = \pm e^{-w}, \quad \lambda = \pm e^{\gamma_0}$$

ist. Dabei ist $\gamma_0 \neq 0$, und die Normalform lautet

(25) $$\xi_1 = \pm e^w \xi, \quad \eta_1 = \pm e^{-w} \eta.$$

Im elliptischen Fall ist $\bar{\lambda} = \mu \neq \lambda$ und wieder $\lambda\mu = 1$, also $|\lambda| = 1$. Wir setzen voraus, daß dann λ keine Einheitswurzel wird, wodurch übrigens der parabolische Fall $\lambda = \mu = \pm 1$ nochmals ausgeschlossen wird. Jetzt gilt (6), und aus (16) erhält man durch Übergang zu den konjugiert komplexen Koeffizienten die Formeln

$$\overline{\varphi}(\bar{u}\xi, \bar{v}\eta) = q\left(\overline{\psi}(\xi, \eta), \overline{\varphi}(\xi, \eta)\right), \quad \overline{\psi}(\bar{u}\xi, \bar{v}\eta) = p\left(\overline{\psi}(\xi, \eta), \overline{\varphi}(\xi, \eta)\right).$$

Durch Vertauschen von ξ mit η bleibt $\xi\eta = \omega$ und folglich auch $\bar{u}, \bar{v}$ ungeändert. Also erhält man eine Lösung der Funktionalgleichungen (16), indem man die bereits gefundene Lösung $u, v, \varphi(\xi, \eta), \psi(\xi, \eta)$ durch $\bar{v}, \bar{u}, \overline{\psi}(\eta, \xi), \overline{\varphi}(\eta, \xi)$ ersetzt. Nun enthalten außerdem die Reihen

$$\overline{\psi}(\eta, \xi)_\xi - \overline{\varphi}(\eta, \xi)_\eta = -\bar{\sigma}(\eta, \xi), \quad \overline{\psi}(\eta, \xi)_\xi \overline{\varphi}(\eta, \xi)_\eta - \overline{\psi}(\eta, \xi)_\eta \overline{\varphi}(\eta, \xi)_\xi = \bar{\tau}(\eta, \xi)$$

keine positiven Potenzen von ω, während $\bar{v}, \bar{u}$ wiederum Reihen in ω allein sind. Nach dem Eindeutigkeitssatz folgt

(26) $$\overline{\varphi}(\eta, \xi) = \psi(\xi, \eta), \quad \bar{u} = v,$$

und mit Rücksicht auf $uv = 1$ gilt also

(27) $$u\bar{u} = 1.$$

Setzt man noch

(28) $$\lambda = e^{i\gamma_0}, \quad -\pi < \gamma_0 < \pi,$$

so ist diesmal die Potenzreihe

$$w = \sum_{k=0}^{\infty} \gamma_k \omega^k$$

durch die Forderung

$$e^{iw} = u, \qquad e^{-iw} = v$$

eindeutig festgelegt. Wegen (27) wird dabei

$$e^{i(w-\overline{w})} = 1, \qquad w - \overline{w} = \sum_{k=1}^{\infty} (\gamma_k - \overline{\gamma}_k)\, \omega^k,$$

woraus $w = \overline{w}$ und die Realität aller γ_k folgt. Die Normalform von S lautet also im elliptischen Fall

$$(29) \qquad\qquad \xi_1 = e^{iw}\xi, \qquad \eta_1 = e^{-iw}\eta$$

mit reeller Potenzreihe $w = w(\omega)$. Um die Normalform ganz in reeller Gestalt zu schreiben, machen wir die simultane lineare Substitution

$$(30) \quad \xi = r + is, \quad \eta = r - is, \quad \xi_1 = r_1 + is_1, \quad \eta_1 = r_1 - is_1.$$

Hierdurch geht dann (29) über in

$$(31) \quad r_1 = r \cos w - s \sin w, \quad s_1 = r \sin w + s \cos w, \quad w = \sum_{k=0}^{\infty} \gamma_k (r^2 + s^2)^k,$$

worin für $\cos w$, $\sin w$ die Potenzreihen einzutragen sind. Der Zusammenhang mit den ursprünglichen Unbestimmten x, y in (1) wird durch die Substitution

$$z = \begin{pmatrix} x \\ y \end{pmatrix} = \mathfrak{C} \begin{pmatrix} \varphi(\xi, \eta) \\ \psi(\xi, \eta) \end{pmatrix} = \overline{\mathfrak{C}} \begin{pmatrix} \psi(\xi, \eta) \\ \varphi(\xi, \eta) \end{pmatrix}$$

hergestellt. Da nun aber nach (26) die Formel $\psi(r+is, r-is) = \overline{\varphi}(r-is, r+is)$ gilt, so wird offenbar der Übergang von r, s zu x, y durch eine reelle Substitution mit der konstanten Funktionaldeterminante $\varepsilon = -2i\, |\mathfrak{C}| \neq 0$ vermittelt. Da man noch $|\mathfrak{C}| = i/2$ normieren kann, so läßt sich ε zu 1 machen, und dann ist also S durch eine reelle inhaltstreue Substitution in die Normalform (31) übergeführt. Damit ist also unter der Voraussetzung, daß λ keine Einheitswurzel ist, im hyperbolischen und im elliptischen Fall für die vorgelegte reelle inhaltstreue Transformation $z_1 = Sz$ eine reelle Normalform bezüglich der Gruppe $\varDelta$ gefunden worden.

Bisher waren alle auftretenden Potenzreihen im formalen Sinne zu verstehen, also ohne Rücksicht auf Konvergenz, und unsere Formeln bedeuteten Relationen im Ring dieser formalen Reihen. Jetzt werde aber vorausgesetzt, daß die Transformation S in $\varDelta_0$ liegt, also eine inhaltstreue Abbildung ist, welche in einer genügend kleinen Umgebung des Nullpunktes konvergiert. Bei der vorbereitenden linearen Substitution $z = \mathfrak{C}\zeta$ bleibt die Konvergenz erhalten. Es ist noch zu untersuchen, ob die bei dem Koeffizientenvergleich in (16) bestimmte Substitution C auch in $\varDelta_0$ liegt, ob also die gefundenen Reihen $\varphi(\xi, \eta)$,

$\psi(\xi, \eta)$ in einer genügend kleinen Umgebung des Nullpunktes konvergieren. Ist dies der Fall, so gehört natürlich auch die Normalform $U = C^{-1}TC$ zu $\varDelta_0$. Die Konvergenzfrage ist nun aber noch zu einem großen Teil ungeklärt, da die übliche Majorantenmethode versagt. Im hyperbolischen Falle scheint ihre Lösung mit dem Verhalten der analytischen Funktionen $f(x, y)$, $g(x, y)$ im Großen zusammenzuhängen; doch ist bisher kein Beispiel bekannt, in dem Divergenz nachgewiesen ist. Im elliptischen Falle lassen sich immerhin solche Beispiele konstruieren, und man kann sogar zeigen, daß im allgemeinen Divergenz vorliegt. Andererseits ist es trivial, daß auch Konvergenz eintreten kann, denn man kann ja z.B. $T = CUC^{-1}$ mit beliebigen C, U aus $\varDelta_0$ definieren. Es gibt bisher auch keine allgemeine Methode zur Entscheidung über Konvergenz oder Divergenz von φ, ψ bei vorgegebenem S. Eine weitere ungelöste Frage ist es, ob zwei konvergente inhaltstreue Transformationen stets durch eine Substitution aus $\varDelta_0$ ineinander übergeführt werden können, wenn sie dieselbe Normalform bezüglich $\varDelta$ haben. Darin ist speziell die Frage enthalten, ob mit T und der Normalform U auch stets C selber in $\varDelta_0$ liegt.

Wir wollen noch die Normalformen unter Voraussetzung der Konvergenz diskutieren. Im hyperbolischen Fall gilt $\xi_1 \eta_1 = \xi \eta$ nach (25). Deutet man ξ, η und ξ_1, η_1 als rechtwinklige Koordinaten der Punkte P_0 und P_1, so liegen der Punkt P_0 und sein Bildpunkt $UP_0 = P_1$ auf einer gleichseitigen Hyperbel, wenn P_0 im Konvergenzgebiet der Reihe w liegt und vom Nullpunkt verschieden ist. Da $|\lambda| \neq 1$ ist, so wird in einer genügend kleinen Umgebung G des Ursprungs auch $e^w \neq 1$, so daß dort P_0 und P_1 nicht zusammenfallen. Liegen auch noch die Punkte $P_k = UP_{k-1} = U^k P_0$ für $k = 1, \ldots, n$ sämtlich in G, so folgt entsprechend, daß sie alle von P_0 verschieden sind. Es gibt also in der betrachteten Umgebung keinen vom Nullpunkt verschiedenen Punkt, der Fixpunkt einer Potenz U^n ist und dessen Bildpunkte bei $U, \ldots, U^{n-1}$ ebenfalls in der Umgebung liegen. Bildet man auch die inverse Abbildung U^{-1} und ihre Potenzen U^l ($l = -1, -2, \ldots$), so folgt, daß für kein $P_0 \neq (0, 0)$ alle $P_k = U^k P_0$ ($k = 0, \pm 1, \pm 2, \ldots$) in G liegen. Dies Resultat läßt sich aber auch ohne Benutzung der Normalform gewinnen und damit ohne Voraussetzung über Konvergenz von C, indem wir folgendermaßen direkt an (1), (2) anknüpfen. Wegen der Konvergenz von $f(x, y)$ und $g(x, y)$ gelten in einem genügend kleinen Kreise $x^2 + y^2 = r^2 \leqq R^2$ die Gleichungen

$$(32) \quad x_1 = f(x, y) = ax + by + \vartheta_1 r^2, \qquad y_1 = g(x, y) = cx + dy + \vartheta_2 r^2,$$

und entsprechend im Kreise $x_1^2 + y_1^2 = r_1^2 \leqq R^2$ für die inversen Funktionen

$$(33) \quad x = dx_1 - by_1 + \vartheta_3 r^2, \qquad y = -cx_1 + ay_1 + \vartheta_4 r^2,$$

wobei $\vartheta_1, \vartheta_2, \vartheta_3, \vartheta_4$ gleichmäßig beschränkt sind. Es sei $0 < \varrho \leq R$, und es gebe für jedes solche ϱ einen Punkt $P_\varrho \neq (0, 0)$, so daß alle Bildpunkte $S^k P_\varrho$ für $k = 0, \pm 1, \pm 2, \ldots$ im Kreise $x^2 + y^2 \leq \varrho^2$ liegen. Das gleiche gilt dann für alle Häufungspunkte dieser Punktfolge, also auch für ihre abgeschlossene Hülle H_ϱ. Es ist offenbar $S H_\varrho = H_\varrho$, d.h. H_ϱ ist bei S invariant. Es sei nun $(x, y) = Q_\varrho$ ein Punkt von H_ϱ, für den $x^2 + y^2 = r^2$ möglichst groß ist. Für $S Q_\varrho = (x_1, y_1)$, $S^{-1} Q_\varrho = (x_{-1}, y_{-1})$ gelten dann nach (32), (33) die Beziehungen

$$x_1 + x_{-1} = (a + d) x + (\vartheta_1 + \vartheta_3) r^2, \qquad y_1 + y_{-1} = (a + d) y + (\vartheta_2 + \vartheta_4) r^2,$$

also

$$(x_1 + x_{-1})^2 + (y_1 + y_{-1})^2 = (a + d)^2 r^2 + o(r^2) \qquad (0 < r \leq \varrho \to 0);$$

andererseits ist nach der Dreiecksungleichung

$$(x_1 + x_{-1})^2 + (y_1 + y_{-1})^2 \leq (r_1 + r_{-1})^2 \leq 4 r^2,$$

wobei $r_{-1}^2 = x_{-1}^2 + y_{-1}^2$ gesetzt ist. Der Grenzübergang $\varrho \to 0$ ergibt

$$(a + d)^2 \leq 4,$$

und wegen $a + d = \lambda + \lambda^{-1}$ folgt hieraus

$$(\lambda - \lambda^{-1})^2 \leq 0$$

gegen die Annahme, daß S hyperbolisch ist. Daher kann man einen Kreis $x^2 + y^2 \leq \varrho^2$ ($\varrho > 0$) im Konvergenzbereich von S und S^{-1} so finden, daß für keinen Punkt $P \neq (0, 0)$ sämtliche Bildpunkte $S^k P$ ($k = 0, \pm 1, \pm 2, \ldots$) in diesem Kreise liegen. Speziell kann es also nicht vorkommen, daß die Bildpunkte $S^k P$ für $k = 0, \ldots, n-1$ im Kreise liegen und $S^n P = P$ wird.

Bei dem elliptischen Fall sei die Reihe w in (31) für $r^2 + s^2 = \varrho^2 \leq R^2$ konvergent. Dann bedeutet die Transformation (31), daß jeder Kreis vom Radius $\leq R$ mit dem Mittelpunkt im Ursprung in sich übergeht, indem er durch den von seinem Radius ϱ abhängigen Winkel w gedreht wird. Sollen auf dem Kreis Fixpunkte der n-mal iterierten Abbildung U^n liegen, so muß der entsprechende Drehwinkel $n w$ ein Vielfaches $2 m \pi$ von 2π sein, und dann geht sogar dieser Kreis bei der Abbildung U^n punktweise in sich über. Wenn in der Potenzreihe w nicht die Koeffizienten $\gamma_1, \gamma_2, \ldots$ sämtlich verschwinden, also w nicht konstant ist, so gibt es wegen der Stetigkeit von w als Funktion des Radius unendlich viele Werte $\varrho \leq R$, für welche $\dfrac{w}{2\pi} = \dfrac{m}{n}$ rational wird, und dann besteht jeder solche Kreis nur aus Fixpunkten für U^n.

Als der interessanteste Fall erweist sich hiernach der elliptische Fall, auf den wir uns daher weiterhin beschränken wollen. Abweichend vom hyperbolischen Fall ist für die Ableitung des vorangehenden Resultats die Normalform wesentlich, also die Konvergenz von U. Es ist nicht gelungen, ohne Voraussetzung der Konvergenz von U die Existenz einer bei S invarianten einparametrigen Kurvenschar zu beweisen, welche der obigen Schar konzentrischer Kreise entspricht, und es ist zu vermuten, daß im allgemeinen eine solche Schar gar nicht vorhanden ist. Wir werden aber dennoch im nächsten Paragraphen ohne Heranziehung der vollständigen Normalform eine befriedigende Aussage zum Fixpunktproblem herleiten. Zur Vorbereitung wollen wir durch eine konvergente inhaltstreue Substitution wenigstens eine gewisse Annäherung an die Normalform herstellen.

Zu diesem Zwecke benutzen wir eine Parameterdarstellung der Substitutionen aus der Gruppe $\varDelta$, welche sich aus den Untersuchungen von §3 über kanonische Transformationen ergibt. Für jede zweireihige Matrix

$$\mathfrak{M} = \begin{pmatrix} p & q \\ r & s \end{pmatrix}$$

ist

$$\mathfrak{M}' \mathfrak{I} \mathfrak{M} = |\mathfrak{M}| \mathfrak{I}, \quad \mathfrak{I} = \begin{pmatrix} 0 & 1 \\ -1 & 0 \end{pmatrix},$$

und daher ist die Funktionalmatrix jeder konvergenten inhaltstreuen Substitution symplektisch. Für die Substitution $z = C\zeta$ in (8) hat speziell die Ableitung x_ξ im Punkte $(\xi, \eta) = (0, 0)$ den Wert 1, so daß man nach (3; 4) mit Hilfe einer erzeugenden Funktion $\varrho(x, \eta)$ den Ansatz

$$(34) \qquad\qquad y = \varrho_x, \quad \xi = \varrho_\eta$$

machen kann. Hieraus folgt zunächst, daß ϱ in der Umgebung von $x = 0$, $\eta = 0$ analytisch ist und eine konvergente Entwicklung in eine Potenzreihe der Form

$$(35) \qquad\qquad \varrho = x\eta + \cdots$$

besitzt, wenn das unwesentliche konstante Glied gleich 0 angenommen wird. Man wird natürlich vermuten, daß der Ansatz (34) auch alle in der Form $x = \xi + \cdots$, $y = \eta + \cdots$ beginnenden Substitutionen der $\varDelta_0$ umfassenden Gruppe $\varDelta$ liefert, wenn für ϱ alle formalen Potenzreihen in x, η von der Form (35) gesetzt werden. Ohne auf die früheren Untersuchungen in § 2 zurückzugreifen, läßt sich dies folgendermaßen direkt einsehen. Löst man die erste Gleichung (8) nach ξ auf, so läßt sich die vorgelegte inhaltstreue Substitution $z = C\zeta$ in die Form

$$(36) \qquad \xi = P(x, \eta) = x + \cdots, \quad y = Q(x, \eta) = \eta + \cdots$$

setzen, wo P, Q formale Potenzreihen in x, η sind, die den Bedingungen

$$P\big(\varphi(\xi, \eta), \eta\big) = \xi, \quad Q\big(\varphi(\xi, \eta), \eta\big) = \psi(\xi, \eta)$$

genügen. Hieraus folgt zunächst

$$(37) \qquad P_x \varphi_\xi = 1, \qquad Q_x \varphi_\xi = \psi_\xi, \qquad Q_x \varphi_\eta + Q_\eta = \psi_\eta,$$

und wegen der Inhaltstreue von C erhält man weiter

$$(38) \qquad 1 = \varphi_\xi \psi_\eta - \varphi_\eta \psi_\xi = \varphi_\xi Q_\eta, \qquad P_x = P_x \varphi_\xi Q_\eta = Q_\eta.$$

Letztere Gleichung ist aber gerade die Integrabilitätsbedingung, aus welcher sich die Existenz einer formalen Potenzreihe $\varrho(x, \eta)$ der Form (35) mit den vorgeschriebenen Ableitungen $\varrho_x = Q$, $\varrho_\eta = P$ ergibt. Wegen (36) ist damit die Darstellung von C in der Form (34) gewonnen. Ist dabei C reell, so ergeben sich alle Koeffizienten von ϱ als reelle Zahlen. Macht man umgekehrt den Ansatz (34), (36) mit einer willkürlichen Potenzreihe ϱ der Form (35), so gilt $P_x = Q_\eta$ und (37), woraus dann leicht die erste Gleichung (38) folgt. Also ist die durch (34) erklärte Substitution C wiederum in $\varDelta$ gelegen.

Wir stellen jetzt die konvergente inhaltstreue Transformation T aus (7) in reeller Form dar, indem wir analog zu (30) die Unbestimmten $\frac{1}{2}(x+y)$, $\frac{1}{2i}(x-y)$ an Stelle von x, y als neue Variable einführen. Mittels (28) geht dann T über in die reelle konvergente inhaltstreue Transformation

$$z_1 = T^* z, \quad x_1 = x \cos \gamma_0 - y \sin \gamma_0 + \cdots, \quad y_1 = x \sin \gamma_0 + y \cos \gamma_0 + \cdots,$$

und diese läßt sich nach dem weiter oben Bewiesenen durch eine reelle inhaltstreue Substitution

$$z = C\zeta, \quad x = \varphi(\xi, \eta) = \xi + \cdots, \quad y = \psi(\xi, \eta) = \eta + \cdots$$

in die reelle Normalform (31) mit ξ, η statt r, s überführen. Wir schreiben nun C in der Gestalt (34), wobei die formale Potenzreihe ϱ reelle Koeffizienten hat. Um zu einer reellen konvergenten inhaltstreuen Substitution zu gelangen, brechen wir für irgendein gegebenes ganzes $l \gtrless 0$ die Reihe $\varrho(x, \eta)$ hinter den Gliedern des Grades $2l+2$ ab und erhalten so ein Polynom $\varrho_l(x, \eta)$ vom Grade $2l+2$. Mit diesem Polynom wird vermöge des Ansatzes

$$(39) \qquad y = \varrho_{lx}, \qquad \xi = \varrho_{l\eta}$$

ebenfalls eine reelle inhaltstreue Substitution $z = C_l \zeta$ erzeugt, die aber jetzt nach den Sätzen über implizite Funktionen konvergent ist und mit C in allen Gliedern der Grade unterhalb $2l+2$ übereinstimmt. Also hat $C_l^{-1} T^* C_l$ die Form

$$(40) \quad \xi_1 = \xi \cos w_l - \eta \sin w_l + \cdots, \qquad \eta_1 = \xi \sin w_l + \eta \cos w_l + \cdots$$

mit

$$(41) \qquad w_l = \sum_{k=0}^{l} \gamma_k (\xi^2 + \eta^2)^k,$$

wobei in (40) die nicht hingeschriebenen Glieder mindestens vom Grade $2l+2$ sind und sämtlich reelle Koeffizienten haben. Auf diese Weise ist auch S durch eine reelle konvergente inhaltstreue Substitution auf eine Form gebracht, die mit der Normalform in den Gliedern der Grade unterhalb $2l+2$ übereinstimmt. Nachdem die Existenz des Polynoms ϱ_l feststeht, läßt es sich auch direkt aus dem Ansatz (39), (40), (41) mittels Koeffizientenvergleich bestimmen. Dabei wird dann ersichtlich, daß man nicht die Voraussetzung $\lambda^k \neq 1$ für alle $k = 1, 2, \ldots$ voll benötigt, sondern nur die Annahme, daß dies für $k = 1, \ldots, 2l+2$ gilt. Für den speziellen Fall $l = 1$ genügt also die Annahme $\lambda^3 \neq 1$, $\lambda^4 \neq 1$.

Für den BIRKHOFFschen Fixpunktsatz wird es wichtig sein zu fordern, daß die Reihe w in (31) sich nicht auf das konstante Glied reduziert, daß also die Normalform nicht eine Drehung um den konstanten Winkel γ_0 bedeutet. Es sei unter dieser Voraussetzung $l > 0$ so gewählt, daß $\gamma_1 = \cdots = \gamma_{l-1} = 0$ und $\gamma_l \neq 0$ wird. Schreibt man die Transformation (40) wieder in komplexer Gestalt, wobei man $\xi + i\eta$, $\xi - i\eta$, $\xi_1 + i\eta_1$, $\xi_1 - i\eta_1$ wieder ξ, η, ξ_1, η_1 nennt, so erhält man

$$\xi_1 = p(\xi, \eta) = u\xi + P, \qquad \eta_1 = q(\xi, \eta) = v\eta + Q$$

mit

$$(42) \qquad u = e^{i\gamma_0 + i\gamma(\xi\eta)^l}, \qquad v = u^{-1}, \qquad \gamma = \gamma_l \neq 0$$

und $\overline{p}(\xi, \eta) = q(\eta, \xi)$. Hierin konvergieren die Potenzreihen P, Q in einer Umgebung von $\xi = 0$, $\eta = 0$ und beginnen mit Gliedern des Grades $2l+2$. Nach etwaiger Vertauschung von ξ mit η kann man $\gamma > 0$ voraussetzen, und durch die lineare Substitution

$$\xi = \xi^* \gamma^{-\frac{1}{2l}}, \qquad \eta = \eta^* \gamma^{-\frac{1}{2l}}$$

erhält man dann schließlich die Vereinfachung $\gamma = 1$ in (42).

§ 22. Der BIRKHOFFsche Fixpunktsatz.

Wir gehen nochmals von der reellen inhaltstreuen Abbildung $z_1 = Sz$ mit der in (21; 1), (21; 2) gegebenen Form aus, wobei die Potenzreihen $f(x, y)$, $g(x, y)$ in der Umgebung des Nullpunktes konvergieren. Es liege der elliptische Fall vor, so daß also die Eigenwerte λ, λ^{-1} der Matrix

$$\mathfrak{S} = \begin{pmatrix} a & b \\ c & d \end{pmatrix}$$

vom absoluten Betrage 1 und $\neq \pm 1$ sind. Unter der weiteren Voraussetzung $\lambda^k \neq 1$ $(k = 3, \ldots, 2l+2)$ seien die Invarianten $\gamma_1, \ldots, \gamma_l$ in (21; 31) berechnet, und es sei γ_l die erste nicht verschwindende. Nach dem Resultat am Schluß des vorigen Paragraphen existiert dann eine konvergente Substitution $z = C\zeta$, so daß $C^{-1}SC = T$ inhaltstreu ist und die Gestalt

$$(1) \quad \begin{cases} \xi_1 = p(\xi, \eta) = u\xi + P, \quad \eta_1 = q(\xi, \eta) = v\eta + Q, \quad uv = 1, \\ \quad u = e^{i(\alpha + r^{2l})}, \quad r^2 = \xi\eta, \quad \bar{p}(\xi, \eta) = q(\eta, \xi) \end{cases}$$

bekommt, wobei P und Q mit Gliedern vom Grade $2l + 2$ beginnen und α eine reelle Konstante ist. Damit die ursprünglichen Variabeln x, y reell werden, hat man $\eta = \bar{\xi}$, $r = |\xi|$ zu wählen. Wir werden beweisen, daß in jeder beliebig kleinen Umgebung G des Nullpunktes der (x, y)-Ebene und für alle genügend großen ganzen Zahlen $n > n_0(G)$ Fixpunkte $z \neq 0$ von S^n mit $S^k z \in G$ $(k = 0, \ldots, n-1)$ existieren. Diese Aussage soll als Birkhoffscher Fixpunktsatz bezeichnet werden. Der folgende Beweis unterscheidet sich von dem bei Birkhoff gegebenen durch die präzisere Durchführung notwendiger Abschätzungen.

Wir führen für $r > 0$ Polarkoordinaten r, φ mittels $\xi = re^{i\varphi}$, $\eta = re^{-i\varphi}$ ein und bezeichnen mit ξ_k, r_k, φ_k $(k = 0, 1, \ldots)$ die Koordinaten ξ, r, φ für $\zeta_k = T^k\zeta$. Unter $c_1, \ldots, c_{17}$ verstehen wir weiterhin geeignete positive Konstanten, die nur von der gegebenen Abbildung S abhängen. Ferner bedeuten $\vartheta_0, \vartheta_1, \ldots$ Funktionen von r und φ, welche jeweils durch die Gleichung erklärt zu denken sind, in der sie im folgenden zuerst auftreten. Wenn kein Mißverständnis zu befürchten ist, so verwenden wir gelegentlich auch das Symbol ϑ zur Bezeichnung verschiedener Funktionen. Es sei c_1 so bestimmt, daß im Kreise $r \leq c_1^{-1}$ die Reihen P, Q absolut konvergieren und dort einer Abschätzung

$$(2) \quad |P| + |Q| \leq c_2 r^{2l+2}$$

genügen. Es gelten dann nach (1), (2) die Beziehungen

$$r_1^2 = \xi_1\eta_1 = r^2 + \vartheta r^{2l+3}, \quad |\vartheta| < c_3,$$

$$(3) \quad r_1 = r(1 + \vartheta r^{2l+1})^{\frac{1}{2}} = r + \vartheta_1 r^{2l+2}, \quad |\vartheta_1| < c_4 \quad (r < c_1^{-1}).$$

Wir beweisen zunächst folgenden Hilfssatz:

Erfüllen r und eine natürliche Zahl n die Bedingungen

$$(4) \quad 0 < r < \frac{4}{5}c_1^{-1}, \quad n r^{2l+1} < \frac{1}{6l+6}c_4^{-1},$$

so gilt

$$(5) \quad \begin{cases} 0 < \frac{3}{4}r < r_k < \frac{5}{4}r < c_1^{-1}, \quad r_k = r + k\vartheta_k r^{2l+2}, \quad |\vartheta_k| < 3c_4 \\ \quad (k = 0, \ldots, n). \end{cases}$$

Den Beweis führt man mit vollständiger Induktion bezüglich k. Für $k = 0$ ist die Behauptung wegen $\xi_k = \xi \neq 0$ trivial, wobei $\vartheta_0 = 0$ gesetzt werden kann. Ist die Behauptung für ein $k < n$ bewiesen, so folgt aus (3) die Abschätzung

$$r_{k+1} = r_k + \vartheta_1 r_k^{2l+2} = r + k\,\vartheta_k\,r^{2l+2} + \vartheta_1 r^{2l+2}(1 + k\,\vartheta_k r^{2l+1})^{2l+2},$$

(6) $\qquad |r_{k+1} - r| \leqq r^{2l+2}\{k\,|\vartheta_k| + |\vartheta_1|\,(1 + k\,|\vartheta_k|\,r^{2l+1})^{2l+2}\}.$

Nach (4) und der Induktionsannahme (5) wird

(7) $\qquad\qquad k\,|\vartheta_k|\,r^{2l+1} < \dfrac{1}{2l+2},$

also der Ausdruck in der geschweiften Klammer bei (6) kleiner als

$$3\,k\,c_4 + c_4\,e < (3\,k + 3)\,c_4,$$

woraus sich die zweite Behauptung in (5) mit $k+1$ statt k ergibt. Wegen (4), (7) erhält man weiter

$$r_{k+1} \leqq r\left(1 + (k+1)\,|\vartheta_{k+1}|\,r^{2l+1}\right) < r\left(1 + \frac{1}{4}\right) = \frac{5}{4}\,r < c_1^{-1},$$

$$r_{k+1} \geqq r\left(1 - (k+1)\,|\vartheta_{k+1}|\,r^{2l+1}\right) > r\left(1 - \frac{1}{4}\right) = \frac{3}{4}\,r > 0,$$

womit dann der Induktionsschluß für die Behauptung (5) beendet ist.

Durch Logarithmieren folgt aus (1) die Beziehung

(8) $\qquad \log r_1 + i\,\varphi_1 = \log r + i\,\varphi + i\,\alpha + i\,r^{2l} + \log\left(1 + \dfrac{P}{u\,\xi}\right),$

also nach (2) weiter durch Bildung des imaginären Teils

(9) $\qquad \varphi_1 - \varphi = \alpha + r^{2l} + \vartheta\,r^{2l+1}, \qquad |\vartheta| < c_5 \qquad (0 < r < c_6^{-1} \leqq c_1^{-1})$

bei geeigneter Festlegung des noch willkürlichen Vielfachen von 2π für die stetige Funktion $\varphi_1 - \varphi$ von r und φ. Ist sogar

(10) $\qquad\qquad 0 < r < \dfrac{4}{5}\,c_6^{-1}, \qquad n\,r^{2l+1} < \dfrac{1}{6l+6}\,c_4^{-1},$

so ist nach dem Hilfssatz $0 < r_k < c_6^{-1}$ für $k = 0, \ldots, n$. Wir wollen diese Annahme (10) für r und n machen, so daß wir (9) auch auf die Bildpunkte ξ_k $(k = 0, \ldots, n-1)$ statt ξ anwenden können und

$$\varphi_{k+1} - \varphi_k = \alpha + r_k^{2l} + \vartheta_k r_k^{2l+1}, \qquad |\vartheta_k| < c_5$$

erhalten. Unter Verwendung von (5) folgt

$$\varphi_{k+1} - \varphi_k = \alpha + r^{2l} + \vartheta_k r^{2l+1}(1 + n\,r^{2l}), \qquad |\vartheta_k| < c_7 \qquad (k = 0, \ldots, n-1)$$

und durch Addition

(11) $\qquad\qquad \varphi_n - \varphi = n(\alpha + r^{2l}) + \tau,$

wobei

(12) $\qquad\qquad \tau = n\,\vartheta\,r^{2l+1}(1 + n\,r^{2l}), \qquad |\vartheta| < c_8$

ist.

Es seien M, δ irgend zwei positive Zahlen, die den Ungleichungen

$$(13) \qquad M > 4\pi, \qquad \delta < \mathrm{Min}\left(\frac{c_4^{-1}}{(6l+6)\,M},\ \frac{4\,c_6^{-1}}{5},\ \frac{\pi\,c_8^{-1}}{2M(1+M)}\right)$$

genügen, und es sei eine natürliche Zahl

$$(14) \qquad n > M\,\delta^{-2l}$$

gewählt. Zu der Größe $n\alpha$ bestimmen wir eine ganze Zahl g gemäß den Bedingungen

$$(15) \qquad n\alpha = 2g\pi + \beta, \qquad -\pi \leq \beta < \pi,$$

wodurch g, β eindeutig festgelegt werden. Ferner sei h irgendeine natürliche Zahl des Intervalls

$$(16) \qquad 1 \leq h \leq \frac{M}{2\pi} - 1.$$

Durch die Forderung

$$(17) \qquad -\frac{\pi}{2} \leq n\,r^{2l} - 2h\pi + \beta \leq \frac{\pi}{2}$$

wird dann wegen

$$(18) \qquad 2h\pi - \frac{\pi}{2} - \beta > \frac{\pi}{2} > 0, \qquad 2h\pi + \frac{\pi}{2} - \beta \leq 2h\pi + \frac{3\pi}{2} < M$$

für r ein Intervall I_h definiert, das nach (14) im Innern von $0 < r < \delta$ liegt. Man halte nun φ fest und lasse r das Intervall I_h wachsend durchlaufen. Dann durchläuft $\xi = r e^{i\varphi}$ in der komplexen Ebene ein abgeschlossenes Intervall $I_h(\varphi)$ auf dem Strahl, der vom Nullpunkt ausgeht und mit der positiven reellen Halbachse den Winkel φ bildet. Wegen (13) ist dabei

$$(19) \qquad 0 < r < \delta < \frac{4}{5}\,c_6^{-1}, \qquad n\,r^{2l+1} < M\,r < M\,\delta < \frac{1}{6l+6}\,c_4^{-1},$$

also die Voraussetzung (10) erfüllt, und für die Funktion $\tau = \tau(r, \varphi)$ ergibt sich nach (12) die Abschätzung

$$|\tau| \leq |\vartheta|\,M\,r\,(1+M) < c_8\,M\,\delta\,(1+M) < \frac{\pi}{2}.$$

Zufolge (11), (15), (17) hat jetzt der Ausdruck

$$F(r, \varphi) = \varphi_n - \varphi - 2(g+h)\pi = n\,r^{2l} - 2h\pi + \beta + \tau$$

an den beiden Enden von $I_h(\varphi)$ entgegengesetztes Vorzeichen, also als stetige Funktion von r in dem Intervall mindestens einen Vorzeichenwechsel. Für

$$(20) \qquad \varphi_n - \varphi = 2(g+h)\pi$$

liegt aber auch der Bildpunkt $\xi_n = r_n e^{i\varphi_n}$ von ξ bei T^n auf dem gleichen Strahl wie ξ, und zwar ist dort $0 < r_n < c_6^{-1}$.

Wegen der analytischen Abhängigkeit der Koordinaten ξ_k, η_k von ξ, η folgt, daß φ_n und mithin auch $F(r, \varphi)$ für $0 < r < \frac{4}{5} c_6^{-1}$ in den Variabeln r, φ sogar analytisch ist. Andererseits werden wir weiter unten beweisen, daß die partielle Ableitung $F_r = \varphi_{n\,r}$ auf dem ganzen Intervall $I_n(\varphi)$ positiv ist, falls außer (13) noch

(21) $$\delta < e^{-c_9 M}$$

mit geeignetem später festzulegenden c_9 gefordert wird. Die sämtlichen Bedingungen für δ sind sicher erfüllt, wenn wir dann

(22) $$\delta < e^{-c_{10} M}$$

voraussetzen. Unter dieser Annahme hat nunmehr die Gleichung $F(r, \varphi) = 0$ auf $I_h(\varphi)$ genau eine Lösung $r = r(\varphi)$, die nach dem Existenzsatz für implizite Funktionen differentiierbar und sogar analytisch in φ ist. Läßt man φ das Intervall $0 \leq \varphi \leq 2\pi$ durchlaufen, so liefert $r = r(\varphi)$ eine geschlossene glatte Kurve K, die auf der punktierten Kreisscheibe $0 < r < \frac{4}{5} c_6^{-1}$ liegt und den Nullpunkt umschließt. Das Bild $K_n = T^n K$ von K bei der Abbildung T^n ist eine glatte Kurve auf der Kreisscheibe $0 < r < c_6^{-1}$, die ebenfalls den Nullpunkt umschließt, und zwar liegt wegen (20) für jeden Punkt ξ von K der Bildpunkt ξ_n von K_n auf dem Strahl von 0 durch ξ. Hätten nun die beiden einfach geschlossenen Kurven K und K_n keinen gemeinsamen Punkt, so müßte die eine ganz im Innern der andern liegen, was aber der Inhaltstreue der Abbildung T widerspricht. Also haben sie mindestens zwei verschiedene Punkte gemeinsam. Für jeden solchen Schnittpunkt von K und K_n gilt dann aber $\xi = \xi_n$. Unter den oben formulierten Voraussetzungen erhält man demnach mindestens zwei Fixpunkte $\xi \neq 0$ der Abbildung T^n, wobei die Bildpunkte ξ_k $(k = 0, \ldots, n)$ noch sämtlich im Kreis $|\xi| < \frac{5}{4} \delta$ liegen. Führt man an Stelle von ξ, η wieder die ursprünglichen Koordinaten x, y ein und beachtet, daß M in (22) beliebig groß gewählt werden kann, so folgt der oben ausgesprochene BIRKHOFFsche Fixpunktsatz.

Zufolge (17) liegen bei festem n die zu verschiedenen h gehörigen Intervalle I_h voneinander getrennt. Also gilt dies auch für die Fixpunkte, die man für die nach (16) zulässigen Werte

$$h = 1, 2, \ldots, \left[\frac{M}{2\pi}\right] - 1$$

bekommt. Verändert man auch n unter Berücksichtigung von (14), so können allerdings die konstruierten Fixpunkte zu verschiedenen n, h übereinstimmen. Dies tritt jedoch für $M > c_{11}$ nicht ein, wenn n nur paarweise teilerfremde Zahlwerte durchläuft, also etwa nur Primzahlen. Denn ist $T^m \zeta = T^n \zeta = \zeta$ und der größte gemeinsame Teiler $(m, n) = 1$, so wähle man eine ganzzahlige Lösung p, q von $p m + q n = 1$ und erhält

$(T^m)^p (T^n)^q = T$, also $T\zeta = \zeta$, während in einer genügend kleinen Umgebung des Nullpunktes dieser der einzige Fixpunkt von T ist. Ferner folgt aus dieser Betrachtung, daß für Primzahlen n einer der konstruierten Fixpunkte von T^n genau dann auch Fixpunkt von T^m ist, wenn m durch n teilbar ist.

Es bleibt noch die oben benötigte Abschätzung $\varphi_{nr} > 0$ im Intervall $I_h(\varphi)$ bei geeigneter Wahl von c_9 zu beweisen. Bildet man in (8) das totale Differential und verwendet noch die Abkürzungen $\log r = \varrho$, $\log r_k = \varrho_k$ $(k = 0, \ldots, n)$, so folgt

$$d\varrho_1 + i\, d\varphi_1 = d\varrho + i\, d\varphi + 2il\, r^{2l}\, d\varrho + r^{2l+1}(\vartheta\, d\varrho + \tilde{\vartheta}\, d\varphi),$$

$$|\vartheta| + |\tilde{\vartheta}| < c_{12} \qquad (0 < r < c_6^{-1}).$$

Unter den Voraussetzungen (10) ist $0 < r_k < c_6^{-1}$ für $k = 0, \ldots, n$ und daher entsprechend

$$(23) \quad \begin{cases} d\varrho_{k+1} + i\, d\varphi_{k+1} = d\varrho_k + i\, d\varphi_k + 2il\, r_k^{2l}\, d\varrho_k + r_k^{2l+1}(\vartheta_k\, d\varrho_k + \tilde{\vartheta}_k\, d\varphi_k), \\ |\vartheta_k| + |\tilde{\vartheta}_k| < c_{12} \qquad (k = 0, \ldots, n-1). \end{cases}$$

Setzt man

$$(24) \qquad \mathfrak{A}_k = \begin{pmatrix} 1 & 0 \\ 2l\, r_k^{2l} & 1 \end{pmatrix}, \qquad \mathfrak{B}_k = r_k^{2l+1} \begin{pmatrix} \vartheta_{1k} & \vartheta_{2k} \\ \vartheta_{3k} & \vartheta_{4k} \end{pmatrix},$$

so läßt sich (23) in der reellen vektoriellen Form

$$\begin{pmatrix} d\varrho_{k+1} \\ d\varphi_{k+1} \end{pmatrix} = \mathfrak{M}_k \begin{pmatrix} d\varrho_k \\ d\varphi_k \end{pmatrix}, \qquad \mathfrak{M}_k = \mathfrak{A}_k + \mathfrak{B}_k$$

schreiben, und dabei gilt

$$|\vartheta_{1k}| + |\vartheta_{2k}| + |\vartheta_{3k}| + |\vartheta_{4k}| < c_{13}.$$

Mit

$$(25) \qquad \mathfrak{M}_{n-1} \ldots \mathfrak{M}_1 \mathfrak{M}_0 = \begin{pmatrix} \varkappa & \lambda \\ \mu & \nu \end{pmatrix}$$

wird dann die partielle Ableitung $\varphi_{nr} = r^{-1}\mu$, so daß die Ungleichung $\mu > 0$ zu beweisen bleibt.

Wir wollen weiterhin durch die Formel $\mathfrak{X} < \mathfrak{Y}$ für zwei reelle Matrizen $\mathfrak{X}$ und $\mathfrak{Y}$ zum Ausdruck bringen, daß die absoluten Beträge der Elemente von $\mathfrak{X}$ nicht größer als die entsprechenden Elemente von $\mathfrak{Y}$ sind. Insbesondere sind dann die Elemente von $\mathfrak{Y}$ sämtlich ≥ 0. Setzt man noch

$$\mathfrak{V} = \frac{1}{2} \begin{pmatrix} 1 & 1 \\ 1 & 1 \end{pmatrix},$$

so ist $\mathfrak{V}^2 = \mathfrak{V}$ und

$$\mathfrak{A}_k < \mathfrak{E} + c_{14} r^{2l} \mathfrak{V} = \mathfrak{A}, \qquad \mathfrak{B}_k < c_{14} r^{2l+1} \mathfrak{V} = \mathfrak{B} \qquad (k = 0, \ldots, n-1).$$

Wegen der Vertauschbarkeit von $\mathfrak{A}$ und $\mathfrak{B}$ folgt weiter

$$(26) \qquad \mathfrak{M}_{n-1} \dots \mathfrak{M}_1 \mathfrak{M}_0 - \mathfrak{A}_{n-1} \dots \mathfrak{A}_1 \mathfrak{A}_0 < (\mathfrak{A} + \mathfrak{B})^n - \mathfrak{A}^n,$$

$$(27) \quad \begin{cases} (\mathfrak{A} + \mathfrak{B})^n - \mathfrak{A}^n = \mathfrak{B} \sum_{k=0}^{n-1} (\mathfrak{A} + \mathfrak{B})^{n-k-1} \mathfrak{A}^k < n \, \mathfrak{B} \, (\mathfrak{A} + \mathfrak{B})^{n-1} \\ = c_{14} \, n \, r^{2l+1} (\mathfrak{A} + \mathfrak{B})^{n-1} \mathfrak{B} \\ = c_{14} \, n \, r^{2l+1} (1 + c_{14} \, r^{2l} + c_{14} \, r^{2l+1})^{n-1} \mathfrak{B} < c_{15} \, n \, r^{2l+1} \, e^{c_{16} n r^{2l}} \mathfrak{B}, \end{cases}$$

wobei (10) berücksichtigt wurde. Ferner gilt nach (24) die Abschätzung

$$\mathfrak{A}_{n-1} \dots \mathfrak{A}_1 \mathfrak{A}_0 = \begin{pmatrix} 1 & 0 \\ \sigma & 1 \end{pmatrix}, \qquad \sigma = 2 l \sum_{k=0}^{n-1} r_k^{2l} > 2 l \left(\frac{3}{4} \right)^{2l} n \, r^{2l} > c_{17}^{-1} \, n \, r^{2l}.$$

In Verbindung mit (25), (26), (27) erhalten wir demnach

$$\mu > n \, r^{2l} (c_{17}^{-1} - c_{15} \, r \, e^{c_{16} n r^{2l}}),$$

also tatsächlich $\mu > 0$, falls nur

$$r < (c_{15} \, c_{17})^{-1} \, e^{-c_{16} n r^{2l}}$$

ist. Dies ist aber auf $I_h(\varphi)$ zufolge (19) und (21) für genügend groß bestimmtes c_9 erfüllt. Es ist hierbei zu beachten, daß c_9, c_{10}, c_{11} erst jetzt festgelegt werden.

Damit ist der BIRKHOFFsche Fixpunktsatz [1] vollständig bewiesen. Der von BIRKHOFF gefundene Beweis des POINCARÉschen Fixpunktsatzes benutzt übrigens dieselbe grundlegende Idee, eine den Nullpunkt umschließende Kurve K zu konstruieren, deren Punkte bei der Abbildung S^n nur radial verschoben werden.

Wir wenden den BIRKHOFFschen Satz auf ein HAMILTONsches System

$$(28) \qquad \dot{x}_k = E_{y_k}, \qquad \dot{y}_k = - E_{x_k} \qquad (k = 1, 2)$$

an, für das wir eine periodische Lösung kennen, die keine Gleichgewichtslösung ist. Es sei $x_k(t, \xi, \eta)$, $y_k(t, \xi, \eta)$ die Lösung zu den Anfangswerten $x_k = \xi_k$, $y_k = \eta_k$ für $t = 0$, und die gegebene periodische Lösung werde für $\xi_k = \xi_k^*$, $\eta_k = \eta_k^*$ erhalten. Wir setzen noch voraus, daß die zugehörige geschlossene Bahnkurve im (x, y)-Raum nicht die Ebene $y_2 = \eta_2^*$ berührt, so daß also $E_{x_2}(\xi^*, \eta^*) \neq 0$ gilt. Man halte nun $\eta_2 = \eta_2^*$ und den Wert $E(\xi, \eta) = E(\xi^*, \eta^*)$ fest und betrachte die Anfangswerte ξ_1, η_1 als unabhängige Veränderliche in einer kleinen Umgebung von $\xi_1 = \xi_1^*$, $\eta_1 = \eta_1^*$. Verfolgen wir die zugehörigen Lösungen für wachsendes t bis zum nächsten Schnitt mit der Ebene $y_2 = \eta_2^*$, so ist dadurch nach der Überlegung vom Schluß des § 20 eine analytische Abbildung S in der zweidimensionalen (x_1, y_1)-Ebene gegeben, die inhaltstreu ist und den Fixpunkt $x_1 = \xi_1^*$, $y_1 = \eta_1^*$ hat. Es liege dabei der elliptische Fall vor. Gibt es dann eine natürliche Zahl l, so daß $\lambda^k \neq 1$ $(k = 1, \ldots, 2l + 2)$ und $\gamma_1 = \cdots = \gamma_{l-1} = 0$, $\gamma_l \neq 0$ ist, so können wir die Abbildung S in die Form (1) überführen und den BIRKHOFF-schen Fixpunktsatz anwenden. Dieser ergibt dann die Existenz von unendlich vielen periodischen Lösungen mit demselben Wert $E(\xi^*, \eta^*)$ der HAMILTONschen Funktion in beliebiger Nähe der periodischen Ausgangslösung, und zwar existiert sogar zu jeder genügend großen Primzahl n eine Lösung, die sich erst nach n Umläufen schließt. Ist im Punkte ξ^*, η^* der Wert $E_{x_2} = 0$, aber $E_{y_2} \neq 0$, so kommt man durch Vertauschung von x, y mit $y, -x$ auf den soeben behandelten Fall zurück.

Als Beispiel sei das restringierte Dreikörperproblem betrachtet. Die Punkte P_1, P_2, P_3 haben wieder die Massen $\mu, 1 - \mu, 0$ mit $0 < \mu < 1$; die Massenpunkte P_1, P_2 rotieren mit der Winkelgeschwindigkeit 1 um ihren Schwerpunkt, und die Koordinaten der drei Punkte in dem entsprechend rotierenden Koordinatensystem seien $(1 - \mu, 0)$, $(-\mu, 0)$, (x_1, x_2). Die Bewegungsgleichungen (19; 28) lassen sich leicht in kanonische Form setzen, indem man dort $y_1 = x_3 - x_2$, $y_2 = x_1 + x_4$ an Stelle von x_3, x_4 einführt und

$$(29) \qquad E = \frac{1}{2}(y_1^2 + y_2^2) + x_2 y_1 - x_1 y_2 - F(x_1, x_2)$$

setzt, wobei F durch (19; 29) gegeben wird. Dadurch geht (19; 28) in (28) über. In § 19 wandten wir die POINCARÉsche Kontinuitätsmethode an, indem wir für $\mu = 0$ von der periodischen Lösung (19; 30) mit $r^3(\omega + 1)^2 = 1$ ausgingen und unter gewissen einschränkenden Annahmen für ω in der Nähe dieser Lösung für genügend kleine $\mu > 0$ periodische Lösungen des restringierten Dreikörperproblems nachwiesen. Eine solche Lösung wollen wir jetzt als Ausgangslösung für die Anwendung des BIRKHOFFschen Fixpunktsatzes wählen, wobei $\mu = \mu_0 > 0$ sei. Die für $\mu = 0$ vorgelegte periodische Lösung (19; 30) hat die Anfangswerte $\xi_1^* = r$, $\eta_1^* = 0$, $\xi_2^* = 0$, $\eta_2^* = r(\omega + 1)$, und für diese ist die Ableitung $E_{y_2}(\xi^*, \eta^*) = \eta_2^* - \xi_1^* = r\omega \neq 0$. Daher läßt sich für $\mu = 0$ und die durch (19; 30) gegebene periodische Lösung die Fixpunktmethode ansetzen. Andererseits ist die HAMILTONsche Funktion E in dem Parameter μ analytisch, so daß nach den Existenzsätzen die Lösung $x(t, \xi, \eta)$, $y(t, \xi, \eta)$ auch analytisch in μ ist. Hieraus folgt insbesondere, daß für genügend kleines μ_0 und die entsprechende periodische Lösung die Fixpunktmethode ebenfalls angewendet werden kann. Liegt nun für $\mu = 0$ der elliptische Fall vor und sind für den Eigenwert λ und eine natürliche Zahl l die früheren Bedingungen $\lambda^k \neq 1$ $(k = 1, \ldots, 2l + 2)$, $\gamma_1 = \cdots = \gamma_{l-1} = 0$, $\gamma_l \neq 0$ erfüllt, so gilt dies wegen der analytischen Abhängigkeit von μ auch für genügend kleines $\mu = \mu_0$, und zwar mit dem gleichen oder einem kleineren Werte von l. Deswegen braucht man nur die Abbildung S für $\mu = 0$ zu berechnen. Hierfür läßt sich aber die Variationsgleichung (19; 7) explizit lösen, wie schon in § 19 erwähnt wurde, und man erhält daraus nach elementarer Rechnung für die Abbildung S die Reihenentwicklung

$$(30) \quad \begin{cases} x_1 = c\,\xi_1 + (\omega + 1)^{-1} s\,\eta_1 + \cdots, \quad y_1 = -(\omega + 1)\,s\,\xi_1 + c\,\eta_1 + \cdots, \\ \qquad\qquad c = \cos\dfrac{2\pi}{\omega}, \quad s = \sin\dfrac{2\pi}{\omega}, \end{cases}$$

wobei ξ_1, η_1 die Anfangswerte von x_1, y_1 für $t = 0$ sind. Als Eigenwerte der Matrix der linearen Glieder findet man λ, λ^{-1} mit $\lambda = e^{\frac{2\pi i}{\omega}}$. Es waren bereits in § 19 die Voraussetzungen $\omega \neq 0, -1, -2$ und (19; 32) gemacht worden. Nimmt man noch die weiteren Voraussetzungen

$$(31) \qquad\qquad \omega \neq 3g^{-1}, 4g^{-1} \qquad (g = \pm 1, \pm 2, \ldots)$$

hinzu, so liegt der elliptische Fall vor, und es ist $\lambda^k \neq 1$ für $k = 1, \ldots, 4$. Indem man in den Reihenentwicklungen (30) noch die Glieder zweiter und dritter Ordnung wirklich bestimmt [**2**], läßt sich die Invariante γ_1 explizit berechnen, und man findet $\gamma_1 = -3\pi(\omega + 1)\omega^{-3} \neq 0$, so daß also $l = 1$ ist. Die gesamten Voraussetzungen für $\omega \neq 0$ sind in (31) enthalten, und dann ist für genügend kleines $\mu > 0$ die Existenz von unendlich vielen periodischen Lösungen des restringierten Dreikörperproblems in der Nähe der Ausgangslösung gesichert, und zwar von solchen Lösungen, die sich erst nach vielen Umläufen schließen und den gleichen Wert des JACOBIschen Integrals E ergeben.

Man könnte vermuten, daß sich diese Lösungen auch auf die folgende Weise mittels der Kontinuitätsmethode nachweisen ließen. Für $\mu = 0$ ergeben alle Lösungen von (19; 28) in der (x_1, x_2)-Ebene Kegelschnitte, die mit der Winkelgeschwindigkeit -1 um einen im Nullpunkt gelegenen Brennpunkt rotieren. In der Umgebung der Kreislösung (19; 30) mit der Periode $\dfrac{2\pi}{|\omega|}$ liegen Bahnen, denen rotierende Ellipsen entsprechen. Eine solche Bahn ist dann und nur dann im rotierenden Koordinatensystem geschlossen, wenn die Umlaufzeit auf der Ellipse einen mit 2π kommensurablen Wert hat, also $\tau = 2\pi\dfrac{k}{l}$, wobei l/k eine in der Nähe von ω gelegene rationale Zahl bedeutet. Setzt man l/k als gekürzten Bruch voraus, so ist die zugehörige Periode $2\pi k$, und die Bahn schließt sich erst nach $|l|$ Umläufen. Wären die früheren Voraussetzungen für die Anwendung der Kontinuitätsmethode erfüllt, so folgte nun für genügend kleine positive μ die Existenz entsprechender periodischer Lösungen. Es zeigt sich aber, daß hier die Kontinuitätsmethode nicht in der üblichen Form anwendbar ist, weil nämlich die Voraussetzung über den Rang der Funktionalmatrix (19; 27) nicht erfüllt wird. Die Schwierigkeit hängt damit zusammen, daß die Differentialgleichungen des restringierten Dreikörperproblems für $\mu = 0$ das Flächenintegral und das Energieintegral besitzen, während für $\mu > 0$ allein das JACOBIsche Integral (29) zur Verfügung steht.

Drittes Kapitel.
Das Stabilitätsproblem.

§ 23. Das funktionentheoretische Zentrumproblem.

Wir beginnen mit der Definition von Stabilität und Instabilität. Gegeben sei ein topologischer Raum $\Re$, dessen Punkte wir mit $\mathfrak{p}$ bezeichnen, und es sei $\mathfrak{a}$ ein fester Punkt von $\Re$. Unter Umgebungen sollen im folgenden nur Umgebungen von $\mathfrak{a}$ in $\Re$ verstanden werden. Es sei $\mathfrak{p}_1 = S\mathfrak{p}$ eine topologische Abbildung einer Umgebung $\mathfrak{U}_1$ auf eine Umgebung $\mathfrak{V}_1$, wobei der Punkt $\mathfrak{a} = S\mathfrak{a}$ auf sich selbst abgebildet wird. Die inverse Abbildung $\mathfrak{p}_{-1} = S^{-1}\mathfrak{p}$ führt $\mathfrak{V}_1$ in $\mathfrak{U}_1$ über, und allgemeiner ist $\mathfrak{p}_n = S^n\mathfrak{p}$ ($n = 0, \pm 1, \pm 2, \ldots$) eine topologische Abbildung einer Umgebung $\mathfrak{U}_n$ auf eine Umgebung $\mathfrak{V}_n$, welche $\mathfrak{a}$ als Fixpunkt besitzt. Für jeden Punkt $\mathfrak{p} = \mathfrak{p}_0$ des Durchschnitts $\mathfrak{U}_1 \cap \mathfrak{V}_1 = \mathfrak{W}$ bilden wir die konsekutiven Bilder $\mathfrak{p}_{k+1} = S\mathfrak{p}_k$ ($k = 0, 1, \ldots$), solange $\mathfrak{p}_k$ in $\mathfrak{U}_1$ liegt, und ebenso $\mathfrak{p}_{-k-1} = S^{-1}\mathfrak{p}_{-k}$, solange $\mathfrak{p}_{-k}$ in $\mathfrak{V}_1$ liegt. Gibt es ein größtes $k + 1 = n$, so liegen also $\mathfrak{p}_0, \ldots, \mathfrak{p}_{n-1}$ sämtlich noch in $\mathfrak{U}_1$, aber nicht mehr $\mathfrak{p}_n$, und Entsprechendes gilt für die negativen Indizes. Für jedes $\mathfrak{p}$ aus $\mathfrak{W}$ ist damit die endliche oder einseitig unendliche oder beiderseits unendliche Folge der Bildpunkte $\mathfrak{p}_k = \cdots, \mathfrak{p}_{-1}, \mathfrak{p}_0, \mathfrak{p}_1, \ldots$ erklärt, wobei der Index k konsekutive ganze Zahlen durchläuft.

Wir nennen die Abbildung S im Fixpunkt $\mathfrak{a}$ stabil, wenn zu jeder Umgebung $\mathfrak{U} \subset \mathfrak{W}$ eine Teilumgebung $\mathfrak{V} \subset \mathfrak{U}$ existiert, für welche alle Bilder $S^n\mathfrak{V}$ ($n = \pm 1, \pm 2, \ldots$) in $\mathfrak{U}$ liegen. Die Instabilität definieren wir nicht durch das logische Gegenteil der Stabilität, sondern mittels einer stärkeren Forderung in folgender Weise. Die Abbildung S heißt im Fixpunkt $\mathfrak{a}$ instabil, wenn eine Umgebung $\mathfrak{U} \subset \mathfrak{W}$ existiert, so daß für jeden Punkt $\mathfrak{p} \neq \mathfrak{a}$ aus $\mathfrak{U}$ mindestens ein Bildpunkt $\mathfrak{p}_n$ außerhalb $\mathfrak{U}$ liegt.

Diesen Definitionen geben wir noch andere Fassungen. Eine Punktmenge $\mathfrak{M} \subset \mathfrak{W}$ heiße bei der Abbildung S invariant, wenn $\mathfrak{M} = S\mathfrak{M}$ ist. Natürlich ist der Fixpunkt $\mathfrak{a}$ trivialerweise eine invariante Punktmenge. Wir zeigen nun, daß S dann und nur dann stabil ist, wenn in jeder Umgebung $\mathfrak{U}$ eine invariante Umgebung $\mathfrak{V}$ liegt. Denn gibt es zu jeder Umgebung $\mathfrak{U}$ eine Umgebung $\mathfrak{V} = S\mathfrak{V} \subset \mathfrak{U}$, so hat $\mathfrak{V}$ sicherlich die bei der Definition der Stabilität geforderte Eigenschaft; also ist dann S

stabil. Setzen wir umgekehrt S als stabil voraus, so gibt es zu jeder Umgebung $\mathfrak{U} \subset \mathfrak{W}$ eine Umgebung $\mathfrak{Q} \subset \mathfrak{U}$ mit $S^n \mathfrak{Q} \subset \mathfrak{U}$ ($n = 0, \pm 1, \pm 2, \ldots$). Dann ist die Vereinigungsmenge $\mathfrak{V} = \bigcup_n S^n \mathfrak{Q}$ aller $S^n \mathfrak{Q}$ bei S invariant und wieder eine Umgebung, womit die Behauptung bewiesen ist. Wir zeigen entsprechend, daß S dann und nur dann instabil ist, wenn es eine Umgebung $\mathfrak{U}$ gibt, welche keine vom Fixpunkt $\mathfrak{a}$ verschiedene invariante Punktmenge enthält. Denn existiert eine solche Umgebung $\mathfrak{U}$, so hat erst recht der Durchschnitt $\mathfrak{U} \cap \mathfrak{W}$ dieselbe Eigenschaft, und wir können also $\mathfrak{U} \subset \mathfrak{W}$ annehmen. Ist dann $\mathfrak{p}$ irgendein Punkt $\neq \mathfrak{a}$ von $\mathfrak{U}$, so können nicht sämtliche Bilder $\mathfrak{p}_n$ in $\mathfrak{U}$ liegen, da sonst $\mathfrak{M} = \bigcup_n \mathfrak{p}_n$ eine invariante Teilmenge von $\mathfrak{U}$ wäre, die einen Punkt $\neq \mathfrak{a}$ enthält. Also ist S instabil. Wird umgekehrt S als instabil angenommen, so gibt es eine Umgebung $\mathfrak{U} \subset \mathfrak{W}$ von der Art, daß für jeden Punkt $\mathfrak{p} \neq \mathfrak{a}$ von $\mathfrak{U}$ mindestens ein Bildpunkt $\mathfrak{p}_n$ nicht in $\mathfrak{U}$ gelegen ist. Ist nun $\mathfrak{p}$ irgendein Punkt einer invarianten Teilmenge $\mathfrak{M} = S \mathfrak{M}$ von $\mathfrak{U}$, so liegen auch sämtliche Bilder $\mathfrak{p}_n$ von $\mathfrak{p}$ in $\mathfrak{M}$, also erst recht in $\mathfrak{U}$, woraus $\mathfrak{p} = \mathfrak{a}$ folgt. Damit ist wiederum die Behauptung bewiesen.

Eine nicht-instabile Abbildung S hat also die Eigenschaft, daß jede Umgebung eine nicht nur aus dem Punkte $\mathfrak{a}$ bestehende invariante Punktmenge enthält, während für eine stabile Abbildung S jede Umgebung sogar eine invariante Umgebung enthält. Demnach ist jede stabile Abbildung notwendigerweise nicht-instabil, aber eine nicht-stabile Abbildung braucht deshalb noch nicht instabil zu sein. Eine Abbildung S heiße im Fixpunkt $\mathfrak{a}$ gemischt, wenn sie dort weder stabil noch instabil ist. Daß es wirklich gemischte Abbildungen gibt, zeigt das einfache Beispiel der affinen Abbildung $x_1 = x + y$, $y_1 = y$ in der (x, y)-Ebene, welche jeden Punkt der Abszissenachse zum Fixpunkt hat. Eine beschränkte Menge ist bei dieser Abbildung dann und nur dann invariant, wenn sie auf der Abszissenachse liegt. Da für beliebiges $r > 0$ der Kreis $x^2 + y^2 < r^2$ keine invariante Umgebung von $(x, y) = (0, 0)$ enthält, wohl aber das invariante Intervall $-r < x < r$, $y = 0$, so ist die Abbildung im Nullpunkte weder stabil noch instabil.

Wir übertragen noch die Definitionen der Stabilität und Instabilität auf Systeme von Differentialgleichungen

$$(1) \qquad \dot{x}_k = f_k(x) \qquad (k = 1, \ldots, m).$$

Es sei $x = \xi^*$ eine Gleichgewichtslösung, also $f_k(\xi^*) = 0$, und es sei in der Umgebung von $x = \xi^*$ die LIPSCHITZsche Bedingung erfüllt. Wir bezeichnen wieder mit $x(t, \xi)$ die Lösung von (1) zu den Anfangswerten $x_k = \xi_k$ für $t = 0$. Durch den Übergang von ξ zu $x(t, \xi)$ wird dann für jedes feste t eine topologische Abbildung S_t in der Umgebung des Fixpunktes $x = \xi^*$ gegeben. Man erhält die Definitionen der Stabilität

bzw. Instabilität des Systems (1) an der betrachteten Gleichgewichts-
stelle, indem man in den oben gegebenen Definitionen $\mathfrak{a}$, $\mathfrak{p}$, S^n und
$\mathfrak{p}_n = S^n \mathfrak{p}$ $(n = 0, \pm 1, \ldots)$ durch ξ^*, ξ, S_t und $\xi_t = x(t, \xi)$ mit veränder-
lichem reellen t ersetzt. Trifft man dabei noch die Abänderung, daß
man in den Definitionen nur positive Werte von t zuläßt, so spricht
man von zukünftiger Stabilität oder Instabilität. Dieser Begriff ist
natürlich bei Problemen der Mechanik von Bedeutung. Auch die Er-
klärung des gemischten Falles überträgt sich in evidenter Weise.

Ehe wir uns aber den mit der Stabilität zusammenhängenden
Problemen bei Differentialgleichungen zuwenden, wollen wir ein spe-
zielles Beispiel untersuchen, in dem nämlich S eine ebene konforme
Abbildung ist. Bereits hier zeigen sich schon einige charakteristische
Schwierigkeiten, die aber noch mit den zur Verfügung stehenden Me-
thoden der Analysis überwunden werden können. Wir können ohne
Beschränkung der Allgemeinheit annehmen, daß der Fixpunkt der
Nullpunkt der komplexen z-Ebene ist. Die konforme Abbildung wird
dann durch eine Potenzreihe

$$(2) \qquad z_1 = f(z) = \lambda z + a_2 z^2 + a_3 z^3 + \cdots \qquad (\lambda \neq 0)$$

mit komplexen Koeffizienten gegeben, welche in einer Umgebung von
$z = 0$ konvergiert. Wir wollen untersuchen, wann diese Abbildung S
bei $z = 0$ stabil, instabil oder gemischt ist. Zunächst werde vorausgesetzt, S sei stabil. Dann gibt es im Konvergenzkreise $\mathfrak{K}$ der Reihe (2)
eine invariante Umgebung $\mathfrak{B} = S\mathfrak{B}$, welche den Nullpunkt enthält. Sie
ist vielleicht nicht zusammenhängend, doch sie enthält eine zusammenhängende invariante Umgebung. Denn ist $\mathfrak{L}$ ein offener Kreis aus $\mathfrak{B}$,
der den Nullpunkt enthält, so hat die Vereinigungsmenge aller Bilder
$S^n \mathfrak{L}$ $(n = 0, \pm 1, \ldots)$ die verlangte Eigenschaft. Wir können also bereits $\mathfrak{B}$ als zusammenhängend voraussetzen. Das Ziel dieser Überlegung ist es, eine invariante Umgebung in $\mathfrak{K}$ zu finden, die man durch
konforme Abbildung in den Einheitskreis überführen kann. Das kann
man etwa auf folgenden beiden Wegen erreichen. Vielleicht ist $\mathfrak{B}$ nicht
einfach zusammenhängend. Dann nehme man zu $\mathfrak{B}$ alle Punkte hinzu,
die im Innern irgendeiner ganz in $\mathfrak{B}$ verlaufenden einfach geschlossenen
Kurve $\mathfrak{C}$ liegen. Die so entstehende Menge $\mathfrak{U}$ ist dann wieder eine
zusammenhängende Umgebung innerhalb $\mathfrak{K}$, und es ist leicht einzusehen,
daß sie einfach zusammenhängt. Wegen der Invarianz von $\mathfrak{B}$ gehört
auch $S\mathfrak{C}$ zu $\mathfrak{B}$, woraus sich die Invarianz von $\mathfrak{U}$ ergibt. Nach dem
RIEMANNschen Abbildungssatz läßt sich dann $\mathfrak{U}$ derart konform auf
einen Kreis $|\zeta| < \varrho$ abbilden, daß $z = 0$ in $\zeta = 0$ übergeht und die Ab-
leitung z_ζ bei $\zeta = 0$ den Wert 1 hat. Es sei

$$(3) \qquad z = \varphi(\zeta) = \zeta + b_2 \zeta^2 + \cdots \qquad (|\zeta| < \varrho)$$

die inverse konforme Abbildung; dabei konvergiert also die Reihe
sicherlich im Kreise $|\zeta| < \varrho$. Wir bezeichnen die Abbildung (3) mit C
und bilden $T = C^{-1} S C$. Da das Gebiet $\mathfrak{U}$ bei S invariant war, so ist
jetzt offenbar der Kreis $|\zeta| < \varrho$ bei der konformen Abbildung T in-
variant und der Mittelpunkt $\zeta = 0$ Fixpunkt. Nach einem bekannten
Satz der Funktionentheorie folgt hieraus, daß T eine lineare Abbildung
der Form

$$(4) \qquad\qquad \zeta_1 = \mu \zeta \qquad (|\mu| = 1)$$

ist, also eine Drehung um den Nullpunkt. Ohne Konstruktion der
Menge $\mathfrak{U}$ kann man auch folgendermaßen schließen. Man konstruiert
zu $\mathfrak{V}$ die universelle Überlagerungsfläche $\widetilde{\mathfrak{V}}$, die nach ihrer Definition
einfach zusammenhängend ist. Sie hat mehr als einen Randpunkt, da
dies bereits für $\mathfrak{V}$ gilt. Die konforme Abbildung S läßt sich dann so
auf $\widetilde{\mathfrak{V}}$ erweitern, daß auch $S\widetilde{\mathfrak{V}} = \widetilde{\mathfrak{V}}$ gilt und ein Fixpunkt über dem
Punkt $z = 0$ von $\mathfrak{V}$ liegt. Nach dem Abbildungssatz kann man dann $\widetilde{\mathfrak{V}}$
wieder konform auf einen Kreis in der ζ-Ebene abbilden und dafür
den Ansatz (3) machen, wobei jetzt z die Überlagerungsfläche durch-
läuft, wenn ζ auf $|\zeta| < \varrho$ variiert. Der weitere Schluß verläuft dann
genau wie oben.

Die Beziehung $T = C^{-1} S C$ läßt sich in die Form $C T = S C$ setzen
und ergibt also vermöge (2), (3), (4) die Identität $\varphi(\mu \zeta) = f(\varphi(\zeta))$. Dies
ist die SCHRÖDERsche Funktionalgleichung [1]. Durch Vergleich der
linearen Glieder folgt $\lambda = \mu$. Bezeichnet man die beiden im vorigen
Abschnitt bestimmten konformen Abbildungen mit C_1 und C_2, so ist
also $C_1^{-1} S C_1 = T = C_2^{-1} S C_2$ und folglich $C_1^{-1} C_2 = C_0$ mit T vertauschbar.
Wenn nun λ keine Einheitswurzel ist, so erhält man aus $C_0 T = T C_0$
durch Einsetzen der Potenzreihe, daß C_0 die Identität ist, also $C_1 = C_2$.
Dies zeigt nachträglich, daß dann $\mathfrak{V} = \widetilde{\mathfrak{V}} = \mathfrak{U}$ einfach zusammenhängend
ist; doch wird das weiterhin nicht benötigt.

Wegen (4) erhält man $|\lambda| = 1$, und dies ist also eine notwendige
Bedingung für die Stabilität von S. Wir wollen nun zeigen, daß S dann
und nur dann stabil ist, wenn $|\lambda| = 1$ ist und die SCHRÖDERsche Funk-
tionalgleichung

$$(5) \qquad\qquad \varphi(\lambda \zeta) = f(\varphi(\zeta))$$

durch eine konvergente Potenzreihe $\varphi(\zeta) = \zeta + \cdots$ lösbar ist. Daß diese
Bedingung jedenfalls notwendig ist, wurde gerade im Vorhergehenden
gezeigt. Existiert umgekehrt eine konvergente Lösung $\varphi(\zeta)$ von (5) und
ist $|\lambda| = 1$, so wird die vorgelegte Abbildung $z_1 = f(z)$ durch die
konvergente Substitution $z = \varphi(\zeta)$, $z_1 = \varphi(\zeta_1)$ in die Drehung $\zeta_1 = \lambda \zeta$
übergeführt. Diese ist trivialerweise stabil, da man als invariante
Umgebungen alle Kreise in der ζ-Ebene mit dem Mittelpunkt im

Nullpunkt $\zeta = 0$ wählen kann. Wegen der Konvergenz von $\varphi(\zeta)$ und der inversen Potenzreihe in einer genügend kleinen Umgebung des Nullpunktes ist dann auch $S = C T C^{-1}$ stabil, also die vorgelegte Abbildung. Damit ist die Behauptung bewiesen. Der Name Zentrumproblem rührt davon her, daß im Falle der Stabilität die Schar der zum Nullpunkt konzentrischen Kreise in der ζ-Ebene die invarianten Umgebungen von $z = 0$ liefert.

Um zu untersuchen, ob die Abbildung S stabil ist, genügt es daher zu diskutieren, ob die SCHRÖDERsche Funktionalgleichung durch eine konvergente Potenzreihe $\varphi(\zeta) = \zeta + \cdots$ gelöst werden kann. Wir setzen also $\varphi(\zeta)$ mit unbestimmten Koeffizienten an und versuchen, zunächst eine Lösung von (5) durch eine formale Potenzreihe zu erhalten. Unter der Voraussetzung, daß λ keine Einheitswurzel ist, wird sich genau eine formale Lösung durch Vergleich der Koeffizienten ergeben, welche wir die SCHRÖDERsche Reihe nennen wollen. Es sei $n \geq 2$, und es werde angenommen, die Koeffizienten b_k $(1 < k < n)$ seien bereits so festgelegt, daß in (5) die Glieder der Grade $k < n$ auf beiden Seiten übereinstimmen. Diese Annahme ist für $n = 2$ richtig. Schreiben wir (5) in der Form

$$\varphi(\lambda\zeta) - \lambda\varphi(\zeta) = f(\varphi(\zeta)) - \lambda\varphi(\zeta),$$

so wird

(6)
$$\sum_{l=2}^{\infty} (\lambda^l - \lambda) b_l \zeta^l = \sum_{l=2}^{\infty} a_l \varphi^l(\zeta),$$

und daher ist der Koeffizient von ζ^n auf der rechten Seite ein Polynom in den a_l $(l = 2, \ldots, n)$ und den bereits bekannten b_k $(k = 2, \ldots, n-1)$ mit ganzen rationalen Zahlenkoeffizienten, während der entsprechende Koeffizient auf der linken Seite von (6) gleich $(\lambda^n - \lambda) b_n$ ist. Da λ keine Einheitswurzel und $\neq 0$ ist, so ist auch $\lambda^n - \lambda \neq 0$ $(n = 2, 3, \ldots)$ und daher b_n eindeutig festgelegt. So gewinnt man rekursiv die Koeffizienten der SCHRÖDERschen Reihe $\varphi(\zeta) = \zeta + b_2 \zeta^2 + \cdots$, welche formal der SCHRÖDERschen Funktionalgleichung (5) genügt.

Ehe wir die Konvergenz der gefundenen Reihe $\varphi(\zeta)$ untersuchen, wollen wir den Fall behandeln, daß λ eine Einheitswurzel ist. Es sei $\lambda^n = 1$ $(n > 0)$, wobei auch $n = 1$ zugelassen wird. Ist dann S stabil, so habe wieder $T = C^{-1} S C$ die Normalform $\zeta_1 = \lambda\zeta$. Es wird $T^k = C^{-1} S^k C$ die Abbildung $\zeta_1 = \lambda^k \zeta$, also T^n die identische Abbildung E und folglich auch $S^n = E$. Ist umgekehrt $S^n = E$ und $\mathfrak{U}$ eine im Konvergenzkreis $\mathfrak{K}$ von $f(z)$ gelegene Umgebung von $z = 0$, so wähle man irgendeine genügend kleine Umgebung $\mathfrak{V}$ von $z = 0$, für welche die n Bilder $S^k \mathfrak{V}$ $(k = 0, \ldots, n-1)$ noch ganz in $\mathfrak{U}$ liegen. Wegen $S^n \mathfrak{V} = \mathfrak{V}$ ist dann die Vereinigungsmenge der $S^k \mathfrak{V}$ eine invariante Umgebung innerhalb $\mathfrak{U}$, woraus die Stabilität von S folgt. Im Falle $\lambda^n = 1$ $(n > 0)$ ist also S dann und nur dann stabil, wenn auch $S^n = E$ ist. Als Beispiel betrachten wir speziell die Abbildung

$$z_1 = \frac{z}{1-z} = z + z^2 + \cdots, \quad \lambda = 1,$$

für welche S^n durch

$$z_n = \frac{z}{1-nz} \quad (n = \pm 1, \pm 2, \ldots)$$

gegeben wird, also stets von der Identität verschieden ist. Wegen $S \neq E$ und $\lambda = 1$ ist diese Abbildung notwendig nicht-stabil. Dies erkennt man auch direkt durch Einsetzen von $z = 1/n$, wobei die natürliche Zahl n beliebig groß sein kann. Setzt man andererseits $z = ir$, $0 < r < 1$, so sind alle $|z_n| < r$, also ergeben die sämtlichen Bilder von z zusammen mit z eine im Kreise $|z| \leq r$ gelegene invariante Menge. Dies zeigt, daß S nicht-instabil, also gemischt ist. Man weiß übrigens nicht, ob der Fall eintreten kann, daß λ eine Einheitswurzel und S instabil ist. Weiterhin werde dauernd angenommen, daß λ keine Einheitswurzel ist.

Wir untersuchen jetzt zunächst die Konvergenz der formal gebildeten SCHRÖDERschen Reihe $\varphi(z)$ für den Fall $|\lambda| \neq 1$. Dies gelingt leicht mit der üblichen Majorantenmethode. Wegen der Konvergenz der Reihe in (2) gibt es eine positive Zahl a mit $|a_{n+1}| < a^n$ ($n = 1, 2, \ldots$). Führt man az_1, az statt z_1, z als Variable in die Transformation (2) ein, so erhält man wiederum eine konforme Abbildung der Form (2) mit dem gleichen Werte von λ, für welche aber jetzt

$$(7) \qquad\qquad |a_{n+1}| < 1 \quad (n = 1, 2, \ldots)$$

gilt. Daher können wir für die Konvergenzuntersuchung von $\varphi(\zeta)$ von vornherein (7) voraussetzen. Wegen $|\lambda| \neq 1$ gilt ferner

$$(8) \qquad\qquad |\lambda^{n+1} - \lambda| > c > 0 \quad (n = 1, 2, \ldots),$$

wobei c eine geeignete positive Konstante ist. Aus dem an (6) anschließenden rekursiven Verfahren zur Berechnung der Koeffizienten b_{n+1} der SCHRÖDERschen Reihe folgt nun wegen (7), (8), daß die formale Lösung $\Phi(\zeta) = \zeta + c_2 \zeta^2 + \cdots$ der Funktionalgleichung

$$(9) \qquad\qquad c(\Phi - \zeta) = \sum_{l=2}^{\infty} \Phi^l$$

eine Majorante von $\varphi(\zeta)$ ist. Die Umkehrung der für $|\Phi| < 1$ konvergenten Reihe

$$\zeta = \Phi - c^{-1} \sum_{l=2}^{\infty} \Phi^l$$

ist aber in einer Umgebung von $\zeta = 0$ konvergent. Damit ist der Konvergenzbeweis geführt. Ähnlich wie in § 15 ließe sich auch leicht eine

Abschätzung des Konvergenzradius nach unten angeben. Wir wissen bereits, daß wegen $|\lambda| \neq 1$ die Abbildung S nicht stabil ist. Wegen der soeben bewiesenen Konvergenz von C können wir die Normalform $C^{-1}SC = T$ bilden. Es ist nun sofort einzusehen, daß die Abbildung $\zeta_1 = \lambda \zeta$ sogar instabil ist. Betrachtet man nämlich einen Punkt $\zeta \neq 0$ irgendeiner beschränkten Umgebung $\mathfrak{U}$ von $\zeta = 0$, so wird $\zeta_n = \lambda^n \zeta$ wegen $|\lambda| \neq 1$ für genügend großes positives oder negatives n nicht mehr in $\mathfrak{U}$ liegen. Aus der Instabilität von T folgt die von $S = CTC^{-1}$. Demnach ist für $|\lambda| \neq 1$ die Abbildung S notwendig instabil. Dies läßt sich auch direkt ohne Benutzung der Normalform T zeigen.

Bei der weiteren Diskussion können wir uns auf den Fall beschränken, daß λ vom Betrage 1 und keine Einheitswurzel ist. In diesem Fall erfordert die Untersuchung der Konvergenz der SCHRÖDERschen Reihe einige feinere Abschätzungen, zu denen wir jetzt übergehen. Wir werden zunächst zeigen, daß diejenigen Werte λ, für welche bei einer geeigneten Wahl der konvergenten Potenzreihe $f(z) = \lambda z + \cdots$ die SCHRÖDERsche Reihe $\varphi(\zeta)$ divergiert, sogar auf dem Einheitskreise $|\lambda| = 1$ überall dicht liegen [2]. Es wird für diesen Divergenzbeweis genügen, nur solche Potenzreihen $f(z)$ heranzuziehen, deren sämtliche Koeffizienten a_n ($n = 2, 3, \ldots$) gleich $\pm \frac{1}{n!}$ sind, wobei dann die Wahl des Vorzeichens rekursiv festzulegen ist. Insbesondere ist dann $f(z)$ beständig konvergent. Wir gehen noch einmal auf die Bestimmung der b_n aus der Gleichung (6) zurück. Dort ergibt sich beim Koeffizientenvergleich der Ausdruck $(\lambda^n - \lambda)b_n - a_n$ für jedes $n > 1$ als ein Polynom in den a_k, b_k mit $1 < k < n$. Daher kann man offenbar rekursiv durch geeignete Wahl von $a_n = \pm \frac{1}{n!}$ erreichen, daß

$$(10) \qquad |b_n| \geq \frac{1}{n!}|\lambda^n - \lambda|^{-1} = \frac{1}{n!}|\lambda^{n-1} - 1|^{-1} \qquad (n = 2, 3, \ldots)$$

wird. Es sei nun bei gegebenem λ die Ungleichung

$$(11) \qquad |\lambda^n - 1| < (n!)^{-2}$$

für unendlich viele natürliche Zahlen n erfüllt, und man verstehe unter $f(z)$ eine Potenzreihe, deren Koeffizienten $a_2, a_3, \ldots$ auf die soeben angegebene Weise bestimmt sind. Dann ist einerseits diese Reihe in z beständig konvergent, aber andererseits die zugehörige SCHRÖDERsche Reihe $\varphi(\zeta)$ für jedes $\zeta \neq 0$ divergent, da wegen (10), (11) noch nicht einmal das allgemeine Glied $b_n \zeta^n$ gegen 0 strebt. Die Abbildung $z_1 = f(z) = \lambda z + \cdots$ ist dann nicht-stabil. Es ist aber nicht bekannt, ob der gemischte Fall vorliegt oder Instabilität eintritt.

Wir brauchen jetzt nur noch zu zeigen, daß es eine auf dem Einheitskreise dicht gelegene Menge von Werten λ gibt, welche keine

Einheitswurzeln sind und der Ungleichung (11) für unendlich viele n genügen. Setzt man $\lambda = e^{2\pi i \alpha}$ ($0 \leq \alpha < 1$) und wählt für jedes natürliche n die ganze Zahl m gemäß der Bedingung

$$(12) \qquad -\frac{1}{2} \leq n\alpha - m < \frac{1}{2},$$

so wird

$$\left| \lambda^n - 1 \right| = \left| e^{2\pi i n \alpha} - 1 \right| = \left| e^{\pi i n \alpha} - e^{-\pi i n \alpha} \right|$$
$$= 2 \left| \sin(\pi n \alpha) \right| = 2 \sin(\pi \left| n\alpha - m \right|).$$

Wegen $\left| n\alpha - m \right| = \vartheta \leq \frac{1}{2}$ folgt dann $2\vartheta \leq \sin \pi \vartheta \leq \pi \vartheta$ und

$$(13) \qquad 4\vartheta \leq \left| \lambda^n - 1 \right| \leq 2\pi \vartheta \leq 7\vartheta.$$

Es genügt daher, eine im Intervall $0 \leq \alpha < 1$ dicht liegende Menge irrationaler Zahlen α zu konstruieren, für welche die Ungleichungen

$$(14) \qquad \left| n\alpha - m \right| < \frac{1}{7\,(n!)^2}, \qquad n > 0$$

unendlich viele Lösungen in ganzen n, m haben. Dies gelingt leicht in folgender Weise mittels der Darstellung reeller Zahlen durch regelmäßige Kettenbrüche. Bekanntlich gibt es zu jeder irrationalen Zahl α des Intervalls $0 < \alpha < 1$ eine Folge natürlicher Zahlen $r_1, r_2, \ldots$, so daß die rekursiv durch die Vorschrift

$$(15) \quad \begin{cases} \qquad p_0 = 0, \quad q_0 = 1, \quad p_1 = 1, \quad q_1 = r_1, \\ p_k = r_k\, p_{k-1} + p_{k-2}, \quad q_k = r_k\, q_{k-1} + q_{k-2} \quad (k = 2, 3, \ldots) \end{cases}$$

gebildete Folge der Brüche $\frac{p_k}{q_k}$ ($k = 0, 1, \ldots$) gegen α strebt. Dabei sind übrigens die Zahlen $r_1, r_2, \ldots$ eindeutig durch α bestimmt und heißen die Teilnenner von α. Aus der Theorie der Kettenbrüche folgt dann weiter die Ungleichung

$$(16) \qquad \left| q_k \alpha - p_k \right| < \frac{1}{q_{k+1}} < \frac{1}{r_{k+1} q_k} \leq \frac{1}{r_{k+1}} \qquad (k = 1, 2, \ldots).$$

Ferner gehört umgekehrt zu jeder beliebig gegebenen Folge $r_1, r_2, \ldots$ auch wieder eine irrationale Zahl α des Intervalls $0 < \alpha < 1$ mit diesen vorgeschriebenen Teilnennern ihres Kettenbruches.

Nun sei eine beliebige irrationale Zahl β im Intervall $0 < \beta < 1$ gegeben; und es seien $s_1, s_2, \ldots$ die Teilnenner ihrer Kettenbruchentwicklung. Ist dann l irgendeine fest gewählte natürliche Zahl, so definiere man

$$(17) \qquad r_k = s_k \quad (0 < k \leq l), \qquad r_{k+1} = 7\,(q_k!)^2 \quad (k \geq l),$$

wobei $q_0, q_1, \ldots, q_k$ wieder rekursiv nach (15) zu berechnen sind. Für den Kettenbruch α mit den Teilnennern $r_1, r_2, \ldots$ gilt dann die Ungleichung (16). Da die ersten l Teilnenner der Kettenbrüche von α und β übereinstimmen, so ist auch $|q_l \beta - p_l| < q_l^{-1}$. Hieraus folgt

$$|\alpha - \beta| \leq \left|\alpha - \frac{p_l}{q_l}\right| + \left|\beta - \frac{p_l}{q_l}\right| < 2 q_l^{-2} \leq 2 l^{-2},$$

und andererseits wird nach (16), (17) die Forderung (14) durch die unendlich vielen Paare $n = q_k$, $m = p_k$ $(k = l, \, l+1, \, \ldots)$ erfüllt. Da l beliebig groß gewählt werden kann, so haben die konstruierten Zahlen $\alpha = \alpha_l$ den Grenzwert β, und da β beliebig war, so liegt die Menge der betreffenden α dicht im Einheitsintervall.

Es sei Λ die Menge der Werte $\lambda = e^{2\pi i \alpha}$ auf dem Einheitskreis, für welche die Lösung $\varphi(\zeta) = \zeta + b_2 \zeta^2 + \cdots$ der SCHRÖDERschen Funktionalgleichung stets in einer Umgebung von $\zeta = 0$ konvergiert, und zwar bei jeder Vorgabe einer in der Umgebung von $z = 0$ konvergenten Potenzreihe $f(z) = \lambda z + a_2 z^2 + \cdots$. Es soll jetzt gezeigt werden, daß Λ auf dem Einheitskreise das lineare LEBESGUEsche Maß 2π hat, daß also die Menge A der zugehörigen α auf dem Einheitsintervall $0 \leq \alpha < 1$ das LEBESGUEsche Maß 1 besitzt. Die Menge der irrationalen reellen α, für welche mindestens eine konvergente Reihe $f(z)$ mit dem ersten Koeffizienten $\lambda = e^{2\pi i \alpha}$ eine divergente SCHRÖDERsche Reihe $\varphi(\zeta)$ ergibt, wird sich daher als Nullmenge herausstellen. Dies besagt insbesondere, daß die Abbildung S im allgemeinen stabil ist, wenn nur die notwendige Bedingung $|\lambda| = 1$ erfüllt ist.

Zu zwei gegebenen positiven Zahlen ε, μ betrachten wir die Menge $B(\varepsilon, \mu)$ aller Zahlen α des Einheitsintervalles E, für welche die Ungleichungen

$$(18) \qquad |n\alpha - m| < \varepsilon \, n^{-\mu}, \qquad n > 0$$

mindestens eine ganzzahlige Lösung n, m haben. Offenbar gilt

$$B(\varepsilon', \mu') \subset B(\varepsilon, \mu) \qquad (\varepsilon' \leq \varepsilon, \ \mu \leq \mu').$$

Läßt man k alle natürlichen Zahlen durchlaufen und bildet den Durchschnitt

$$(19) \qquad B = \bigcap_k B(k^{-1}, 2)$$

aller $B(k^{-1}, 2)$, so ist also auch

$$(20) \qquad B \subset B(\varepsilon, 2)$$

für jedes ε. Wir bezeichnen das LEBESGUEsche Maß einer meßbaren Menge Γ mit $m(\Gamma)$ und schätzen das Maß von $B(\varepsilon, 2)$ nach oben ab. Diese Menge ist meßbar, weil sie nach (18) durch die Vereinigung abzählbar vieler Intervalle entsteht, und nach (19) ist dann auch B meßbar. Für jede Lösung n, m von (18) gilt

$$(21) \qquad -\varepsilon < m < n + \varepsilon,$$

wenn α in E liegt, und andererseits ist die Länge des bei gegebenen n, m durch (18) definierten Intervalls für α gleich $2\varepsilon\, n^{-\mu-1}$. Bei jeder festen natürlichen Zahl n ist die Anzahl der (21) genügenden m kleiner als $n + 2\varepsilon + 1$. Unter Benutzung von (20) folgt

$$m\big(B(\varepsilon, 2)\big) \leq \sum_{n=1}^{\infty} 2\varepsilon\,(n + 2\varepsilon + 1)\, n^{-3} < 4\varepsilon\,(\varepsilon + 1) \sum_{n=1}^{\infty} n^{-2}$$

$$m(B) < \frac{2\pi^2}{3}\,\varepsilon\,(\varepsilon + 1),$$

also $m(B) = 0$, da ε beliebig klein sein kann. Bedeutet Δ die Menge aller α in E, für welche (18) bei jeder Wahl von ε, μ lösbar ist, so ist zufolge (19) die Menge Δ in B enthalten, also erst recht $m(\Delta) = 0$. Für die Komplementärmenge $\Gamma = E - \Delta$ ist dann $m(\Gamma) = 1$, und Γ ist dadurch charakterisiert, daß zu jeder Zahl α aus Γ zwei positive Werte ε, μ derart existieren, daß für alle natürlichen n und ganzen m stets

$$(22) \qquad\qquad |n\alpha - m| > \varepsilon\, n^{-\mu}$$

gilt. Wir werden im nächsten Paragraphen zeigen, daß für alle α aus Γ bei beliebiger Wahl der konvergenten Reihe $f(z) = \lambda z + \cdots$ mit $\lambda = e^{2\pi i\alpha}$ die zugehörige SCHRÖDERsche Reihe ebenfalls konvergiert [3]. Nach Definition ist dann aber $A > \Gamma$, also auch $m(A) = 1$, und das war die Behauptung.

§ 24. Der Konvergenzbeweis.

Wir benutzen die im vorigen Paragraphen eingeführten Bezeichnungen. Es sei α in Γ gegeben. Wegen (23; 22) ist dann α irrational, also λ keine Einheitswurzel. Setzt man

$$\varrho_n = |\lambda^n - 1|^{-1} \qquad (n = 1, 2, \ldots)$$

und bestimmt m wieder durch (23; 12), so folgt aus (23; 13), (23; 22) die Abschätzung

$$\varrho_n \leq \frac{1}{4}\,|n\alpha - m|^{-1} < \frac{n^\mu}{4\varepsilon},$$

wobei ε, μ noch von α abhängen können. Zur Vereinfachung dieser Ungleichung bestimme man eine positive Zahl $\nu > \mu$ gemäß der Bedingung

$$(1) \qquad\qquad \frac{1}{4\varepsilon} < 2^\nu,$$

woraus dann

$$(2) \qquad\qquad \varrho_n < (2n)^\nu \qquad (n = 1, 2, \ldots)$$

folgt.

Wir erklären die formale Potenzreihe

$$\Phi(\zeta) = \sum_{n=1}^{\infty} c_n \zeta^n = \zeta + \sum_{n=2}^{\infty} c_n \zeta^n$$

mit $c_1 = 1$ durch die Gleichung

$$\sum_{n=2}^{\infty} \varrho_{n-1}^{-1} c_n \zeta^n = \Phi^2(\zeta) + \Phi^3(\zeta) + \cdots,$$

aus der sich rekursiv die c_n berechnen. Durch Vergleich der Koeffizienten erhält man nämlich die Formel

(3) $$c_n = \varrho_{n-1} \sum_{\mathfrak{z}_n} c_{n_1} c_{n_2} \cdots c_{n_r} \qquad (n = 2, 3, \ldots),$$

worin das Symbol $\mathfrak{z}_n$ bedeuten möge, daß die Summation über sämtliche Zerlegungen $n_1 + n_2 + \cdots + n_r = n$ von n in mindestens zwei natürliche Summanden $n_1, n_2, \ldots, n_r$ zu erstrecken ist. Hieraus ergeben sich alle c_n $(n = 2, 3, \ldots)$ als positive Zahlen. Vergleicht man nun die Rekursionsformel (3) mit der aus (23; 6) für b_n folgenden, so erhält man wegen $|\lambda^n - \lambda| = \varrho_{n-1}^{-1}$ $(n = 2, 3, \ldots)$ und (23; 7) durch vollständige Induktion die Ungleichung $|b_n| \leq c_n$, also $\varphi(\zeta) \prec \Phi(\zeta)$. Es genügt daher, die Konvergenz von $\Phi(\zeta)$ nachzuweisen. Wir definieren eine weitere formale Potenzreihe

$$\psi(\zeta) = \sum_{n=1}^{\infty} \gamma_n \zeta^n = \zeta + \sum_{n=2}^{\infty} \gamma_n \zeta^n$$

mit $\gamma_1 = 1$ durch die Funktionalgleichung

$$\psi(\zeta) = \zeta + \psi^2(\zeta) + \psi^3(\zeta) + \cdots = \zeta + \frac{\psi^2}{1 - \psi}$$

oder die Rekursionsformel

$$\gamma_n = \sum_{\mathfrak{z}_n} \gamma_{n_1} \gamma_{n_2} \cdots \gamma_{n_r} \qquad (n = 2, 3, \ldots).$$

Nach der bereits bei (23; 9) benutzten Schlußweise ist $\psi(\zeta)$ in einer Umgebung von $\zeta = 0$ konvergent. Daher gibt es eine positive Konstante γ, so daß

(4) $$0 < \gamma_n < \gamma^n \qquad (n = 1, 2, \ldots)$$

gilt. Bilden wir schließlich eine Folge positiver Zahlen $\delta_1, \delta_2, \ldots$, die rekursiv durch

(5) $$\delta_1 = 1, \qquad \delta_n = \varrho_{n-1} \operatorname*{Max}_{\mathfrak{z}_n} (\delta_{n_1} \delta_{n_2} \cdots \delta_{n_r}) \qquad (n = 2, 3, \ldots)$$

definiert sind, so erhalten wir die Abschätzung

(6) $$c_n \leq \gamma_n \delta_n \qquad (n = 1, 2, \ldots).$$

wie wir mit vollständiger Induktion beweisen. Für $n = 1$ ist diese Formel trivial. Ist sie für $n = 1, 2, \ldots, k-1$ bewiesen und $n = k > 1$, so folgt nach (3), (5), (6) die Abschätzung

$$c_n \leq \varrho_{n-1} \sum_{\mathfrak{z}_n} (\gamma_{n_1} \delta_{n_1}) \cdots (\gamma_{n_r} \delta_{n_r}) \leq \varrho_{n-1} \operatorname{Max}_{\mathfrak{z}_n} (\delta_{n_1} \cdots \delta_{n_r}) \sum_{\mathfrak{z}_n} \gamma_{n_1} \cdots \gamma_{n_r} = \delta_n \gamma_n$$

und damit die Behauptung.

Wenn wir nun zeigen können, daß für die durch (5) erklärte Folge δ_n die Ungleichung

$$(7) \qquad\qquad \delta_n < \delta^n \qquad (n = 1, 2, \ldots)$$

mit einer geeigneten Zahl $\delta > 0$ gilt, so folgt nach (4), (6) die Abschätzung $c_n < (\gamma \delta)^n$ und damit die Konvergenz von $\Phi(\zeta)$ und $\varphi(\zeta)$ im Kreise $|\zeta| < (\gamma \delta)^{-1}$. Somit ist der Konvergenzbeweis auf den Beweis von (7) für die Folge der δ_n zurückgeführt. Wir werden nunmehr an Stelle von (7) die genauere Abschätzung

$$(8) \qquad\qquad \delta_n \leq N_2^{n-1} \, n^{-2\nu} \qquad (n = 1, 2, \ldots)$$

mit

$$(9) \qquad\qquad N_1 = 2^{2\nu+1}, \qquad N_2 = 8^\nu N_1 = 2^{5\nu+1}$$

beweisen, wobei ν die in (1) auftretende positive Zahl bedeutet. Für den folgenden Induktionsbeweis wird es wesentlich sein, daß wir beim Übergang von (7) zu (8) den Faktor $n^{-2\nu}$ hinzugefügt haben. Ist (8) bewiesen, so folgt (7) mit $\delta = N_2$ und damit die behauptete Konvergenz von $\varphi(\zeta)$.

Um den Beweis von (8) vorzubereiten, werden zunächst einige weitere Ungleichungen bewiesen. Sind p, q ganze Zahlen und $p > q > 0$, so wird

$$\varrho_{p-q}^{-1} = |\lambda^{p-q} - 1| = |\lambda^p - \lambda^q|$$
$$= |(\lambda^p - 1) - (\lambda^q - 1)| \leq \varrho_p^{-1} + \varrho_q^{-1} \leq \frac{2}{\operatorname{Min}(\varrho_p, \varrho_q)},$$

woraus nach (2) die Beziehung

$$(10) \qquad\qquad \operatorname{Min}(\varrho_p, \varrho_q) \leq 2\,\varrho_{p-q} \leq 2^{\nu+1}(p-q)^\nu$$

folgt. Ist auch r ganz und $r > p$, so gilt ebenso

$$\operatorname{Min}(\varrho_r, \varrho_p) \leq 2^{\nu+1}(r-p)^\nu$$

und folglich

$$(11) \qquad\qquad \operatorname{Min}(\varrho_r, \varrho_p, \varrho_q) \leq 2^{\nu+1} \operatorname{Min}\big((r-p)^\nu, (p-q)^\nu\big).$$

Mittels dieser Ungleichung werden wir jetzt beweisen, daß für irgend $\sigma + 1$ ganze Zahlen $m_0, m_1, \ldots, m_\sigma$ mit $m_0 > m_1 > \cdots > m_\sigma > 0$ und $\sigma \geq 0$ die Formel

$$(12) \qquad\qquad \varrho_{m_0} \varrho_{m_1} \cdots \varrho_{m_\sigma} < N_1^{\sigma+1} \left(m_0 \prod_{k=1}^{\sigma} (m_{k-1} - m_k)\right)^\nu$$

erfüllt ist, worin N_1 die in (9) definierte Zahl bedeutet. Für $\sigma = 0$ ist das Produkt gleich 1 zu setzen, und die Behauptung ist dann nach (2) richtig. Wir nehmen an, (12) sei für $\sigma = k - 1$ richtig, und wir führen nun den Beweis für $\sigma = k > 0$. Es sei ϱ_{m_τ} die kleinste der $\sigma + 1$ Zahlen $\varrho_{m_0}, \ldots, \varrho_{m_\sigma}$. Wir unterscheiden die drei Fälle $0 < \tau < \sigma$, $\tau = 0$, $\tau = \sigma$. Ist $0 < \tau < \sigma$, also $k > 1$, so folgt aus (11) die Abschätzung

$$\varrho_{m_\tau} = \mathrm{Min}\left(\varrho_{m_{\tau-1}}, \varrho_{m_\tau}, \varrho_{m_{\tau+1}}\right) \leq 2^{\nu+1} \mathrm{Min}\left((m_{\tau-1} - m_\tau)^\nu, (m_\tau - m_{\tau+1})^\nu\right).$$

Mit den Abkürzungen $m_{\tau-1} - m_\tau = a$, $m_\tau - m_{\tau+1} = b$ gilt

$$\mathrm{Min}\,(a, b) \leq \frac{2}{a^{-1} + b^{-1}} = \frac{2ab}{a+b}$$

und folglich

$$\varrho_{m_\tau} \leq 2^{\nu+1} \left(\mathrm{Min}\,(a, b)\right)^\nu \leq 2^{2\nu+1} \left(\frac{ab}{a+b}\right)^\nu$$

$$= N_1 (m_{\tau-1} - m_\tau)^\nu (m_\tau - m_{\tau+1})^\nu (m_{\tau-1} - m_{\tau+1})^{-\nu}.$$

Setzen wir

$$A = \left(m_0 \prod_{k=1}^\sigma (m_{k-1} - m_k)\right)^\nu,$$

so folgt nach der Induktionsannahme

$$\varrho_{m_0} \varrho_{m_1} \cdots \varrho_{m_\sigma} < \varrho_{m_\tau} N_1^\sigma A \times$$
$$\times (m_{\tau-1} - m_{\tau+1})^\nu (m_{\tau-1} - m_\tau)^{-\nu} (m_\tau - m_{\tau+1})^{-\nu} \leq N_1^{\sigma+1} A,$$

und das gibt im vorliegenden Falle die Behauptung (12). Ist aber $\tau = 0$ oder $\tau = \sigma$, so folgen aus (10) die Ungleichungen

$$\varrho_{m_0} < N_1 (m_0 - m_1)^\nu \quad (\tau = 0), \qquad \varrho_{m_\sigma} < N_1 (m_{\sigma-1} - m_\sigma)^\nu \quad (\tau = \sigma)$$

und daraus nach der Induktionsannahme

$$\varrho_{m_0} \varrho_{m_1} \cdots \varrho_{m_\sigma} < \varrho_{m_0} N_1^\sigma A\, m_1^\nu m_0^{-\nu} (m_0 - m_1)^{-\nu} <$$
$$< N_1^{\sigma+1} A \left(\frac{m_1}{m_0}\right)^\nu < N_1^{\sigma+1} A \qquad (\tau = 0),$$

$$\varrho_{m_0} \varrho_{m_1} \cdots \varrho_{m_\sigma} < \varrho_{m_\sigma} N_1^\sigma A (m_{\sigma-1} - m_\sigma)^{-\nu} < N_1^{\sigma+1} A \qquad (\tau = \sigma),$$

womit (12) vollständig bewiesen ist.

Wir wenden uns jetzt zu dem noch ausstehenden Beweis der Ungleichung (8), die wir in der Form $\delta_n \leq \omega_n$ mit $\omega_n = N_2^{n-1} n^{-2\nu}$ $(n = 1, 2, \ldots)$ schreiben. Für irgend zwei natürliche Zahlen m, n gilt dann nach (9) die Abschätzung

$$\omega_m \omega_n \omega_{m+n}^{-1} = N_2^{-1} (m + n)^{2\nu} (mn)^{-2\nu} = N_2^{-1} (m^{-1} + n^{-1})^{2\nu} \leq N_2^{-1} 2^{2\nu} < 1,$$

also

(13) $$\omega_m \omega_n < \omega_{m+n}.$$

Der Beweis von (8) wird wieder mit vollständiger Induktion geführt. Für $n=1$ ist die Behauptung wegen $\delta_1 = \omega_1 = 1$ trivial. Wir nehmen an, die Ungleichung (8) sei für $n = 1, \ldots, k-1$ richtig, und wir beweisen sie jetzt für $n = k > 1$. Nach der Definition von δ_n in (5) gibt es natürliche Zahlen $g_1, g_2, \ldots, g_\alpha$ mit

$$(14) \qquad g_1 + g_2 + \cdots + g_\alpha = n, \qquad \alpha > 1,$$

so daß

$$(15) \qquad \delta_n = \varrho_{n-1} \, \delta_{g_1} \, \delta_{g_2} \ldots \delta_{g_\alpha}$$

wird. Dabei läßt sich noch die Anordnung $n > g_1 \geq g_2 \geq \cdots \geq g_\alpha > 0$ treffen. Falls $g_1 \leq \frac{n}{2}$ gilt, verwenden wir (15) in dieser Form. Ist aber $g_1 > \frac{n}{2}$, also auch $g_1 > 1$, so wird nach (14) sogar $\frac{n}{2} > g_2 \geq g_3 \geq \cdots \geq g_\alpha > 0$, und dann wenden wir (15) auf g_1 statt n an. Dies liefert eine Zerlegung

$$\delta_{g_1} = \varrho_{g_1-1} \, \delta_{h_1} \, \delta_{h_2} \ldots \delta_{h_\beta}$$

mit $n > h_1 + h_2 + \cdots + h_\beta = g_1 > h_1 \geq h_2 \geq \cdots \geq h_\beta > 0$. Im Falle $h_1 \leq \frac{n}{2}$ brechen wir das Verfahren ab. Dagegen für $h_1 > \frac{n}{2}$ wird wieder $h_1 > 1$, $\frac{n}{2} > h_2 \geq h_3 \geq \cdots \geq h_\beta > 0$, und dann zerlegen wir nach demselben Prozeß wieder δ_{h_1}. Da $n > g_1 > h_1 > \cdots > 0$ gilt, so kommt das Verfahren nach einer endlichen Zahl r von Schritten zum Ende. Indem wir die Bezeichnung ändern, setzen wir $n_0 = n$, $n_1 = g_1$, $n_2 = h_1, \ldots$. Nach Konstruktion ist dann $n = n_0 > n_1 > n_2 > \cdots > n_r > \frac{n}{2} \geq 1$, $r \geq 0$, und wir erhalten durch sukzessives Einsetzen die Zerlegung

$$(16) \qquad \delta_n = \prod_{l=0}^{r} (\varrho_{n_l-1} \varDelta_l), \qquad \varDelta_l = \delta_{k_1} \, \delta_{k_2} \ldots \delta_{k_\gamma},$$

wobei für die noch von l abhängigen natürlichen Zahlen $k_1, k_2, \ldots, k_\gamma$ und γ die Beziehungen

$$\frac{n}{2} \geq k_1 \geq k_2 \geq \cdots \geq k_\gamma > 0,$$

$$k_1 + k_2 + \cdots + k_\gamma = \begin{cases} n_l - n_{l+1} & (l = 0, \ldots, r-1) \\ n_r & (l = r) \end{cases}$$

gelten. Nach (13) und der Induktionsannahme erhalten wir für $l = 0, \ldots, r-1$ die Abschätzung

$$(17) \qquad \begin{cases} \varDelta_l \leq \omega_{k_1} \omega_{k_2} \ldots \omega_{k_\gamma} \leq \omega_{k_1 + k_2 + \cdots + k_\gamma} \\ = \omega_{n_l - n_{l+1}} = N_2^{n_l - n_{l+1} - 1} (n_l - n_{l+1})^{-2\nu}. \end{cases}$$

Den Ausdruck Δ_r schätzen wir genauer durch

$$(18) \qquad \Delta_r \leqq \prod_{q=1}^{\gamma} (N_2^{k_q-1} k_q^{-2\nu}) = N_2^{n_r-\gamma} \prod_{q=1}^{\gamma} k_q^{-2\nu}$$

ab, wobei diesmal $k_1 + k_2 + \cdots + k_\gamma = n_r$ ist. Indem wir (12) mit $\sigma = r$ und $m_l = n_l - 1$ $(l = 0, \ldots, r)$ anwenden und $\gamma = s$ setzen, bekommen wir aus (16), (17), (18) die Ungleichung

$$(19) \qquad \left\{ \begin{aligned} \delta_n &< N_1^{r+1} \left(n \prod_{p=1}^{r} (n_{p-1} - n_p) \right)^\nu \times \\ &\times \prod_{p=1}^{r} \left(N_2^{n_{p-1}-n_p-1} (n_{p-1} - n_p)^{-2\nu} \right) N_2^{n_r-s} \prod_{q=1}^{s} k_q^{-2\nu} \\ &= N_1^{r+1} N_2^{n-r-s} n^\nu \left(\prod_{p=1}^{r} (n_{p-1} - n_p) \prod_{q=1}^{s} k_q^2 \right)^{-\nu}. \end{aligned} \right.$$

Schreibt man noch

$$r + s = t, \quad x_p = n_{p-1} - n_p \quad (p = 1, \ldots, r), \qquad y_q = k_q \quad (q = 1, \ldots, s),$$

so gilt

$$(20) \qquad \left\{ \begin{aligned} &(x_1 + \cdots + x_r) + (y_1 + \cdots + y_s) = n > 1, \\ &y_1 + \cdots + y_s > \frac{n}{2}, \quad y_q \leqq \frac{n}{2} \quad (q = 1, \ldots, s), \end{aligned} \right.$$

wobei im Falle $r = 0$ die x_p gar nicht auftreten. Aus den beiden letzten Ungleichungen von (20) folgt $s \geqq 2$, also $t \geqq r + 2 \geqq 2$.

Wir werden nun weiter unten beweisen, daß unter den Bedingungen (20) für t natürliche Zahlen x_p, y_q stets

$$(21) \qquad \prod_{p=1}^{r} x_p \prod_{q=1}^{s} y_q^2 \geqq \left(\frac{n}{2t-2} \right)^3$$

gilt. Da außerdem $N_1^{r+1} \leqq N_1^{t-1}$ und $2t - 2 \leqq 2^{t-1}$ ist, so folgt aus (19), (21) die Abschätzung

$$\delta_n < N_1^{t-1} N_2^{n-t} n^\nu (2^{1-t} n)^{-3\nu} = N_2^{n-1} n^{-2\nu} = \omega_n,$$

womit die Induktion durchgeführt ist.

Es bleibt noch übrig, die Behauptung (21) unter den Nebenbedingungen (20) zu beweisen. Für $n \leqq 2t - 2$ ist (21) trivial richtig; also sei weiterhin $n > 2t - 2$. Setzt man $g = [n/2]$, so ist $1 \leqq t - 1 \leqq g \leqq g + r$. Führen wir noch die natürliche Zahl $r + (y_1 + \cdots + y_s) = \eta$ ein, so folgt aus (20) die Abschätzung $g + r + 1 \leqq \eta \leqq n$, so daß wir insgesamt

$$(22) \qquad 2 \leqq t \leqq g + 1 \leqq g + r + 1 \leqq \eta \leqq n$$

bekommen. Wir bemerken noch, daß für ungerades n sogar $t > 2$ und daher $g > 1$, $n > 4$ gilt. Denn für ungerades n ist nach (20) genauer $y_q < \dfrac{n}{2}$, also $y_1 + y_2 < n$, $(x_1 + \cdots + x_r) + (y_3 + \cdots + y_s) > 0$, $t - 2 = r + s - 2 > 0$.

Mit den Größen g, η folgen aus (20) die Beziehungen

$$(23) \qquad \begin{cases} x_1 + \cdots + x_r = n - \eta + r, \quad y_1 + \cdots + y_s = \eta - r, \\ y_q \leq g \qquad (q = 1, \ldots, s). \end{cases}$$

Nun schätzen wir zunächst die Produkte

$$x = \prod_{p=1}^{r} x_p, \qquad y = \prod_{q=1}^{s} y_q$$

bei festem η unter den Bedingungen (23) nach unten ab. Offenbar nimmt für zwei natürliche Zahlen x_1, x_2 mit der gegebenen Summe $x_1 + x_2 = a > 1$ das Produkt $x_1 x_2$ für $x_1 = 1$, $x_2 = a - 1$ sein Minimum an, so daß also stets $x_1 x_2 \geq a - 1$ ist. Hieraus folgt induktiv, daß im Falle $r > 0$ für r natürliche Zahlen $x_1, \ldots, x_r$ mit gegebener Summe $a \geq r$ das Produkt x bei $x_p = 1$ $(p = 1, \ldots, r - 1)$, $x_r = a - r + 1$ sein Minimum $a - r + 1$ annimmt. Nach (23) folgt

$$x \geq n - \eta + 1,$$

und zwar ist dies trivialerweise auch für $r = 0$ richtig, da dann $n = \eta$ und $x = 1$ ist. Für die Abschätzung von y sind noch die Bedingungen $y_q \leq g$ zu berücksichtigen. Ist $\eta - t + 1 \leq g$, so nimmt y bei festem η in $y_q = 1$ $(q = 1, \ldots, s - 1)$, $y_s = \eta - t + 1$ sein Minimum an, und wir erhalten

$$y \geq \eta - t + 1 \qquad (\eta - t + 1 \leq g).$$

Im restlichen Falle $\eta - t + 1 > g$ können wir besser abschätzen. Eine ähnliche Überlegung zeigt dann nämlich, daß y sein Minimum für $y_q = 1$ $(q = 1, \ldots, s - 2)$, $y_{s-1} = \eta - t - g + 2$, $y_s = g$ erreicht. Hierbei ist wirklich die Bedingung $y_{s-1} \leq g$ erfüllt; denn für gerades n gilt $\eta \leq n = 2g$, $t \geq 2$, für ungerades n gilt $\eta \leq n = 2g + 1$, $t \geq 3$, also stets $\eta - t - g + 2 \leq g$. Wir erhalten somit

$$y \geq g(\eta - t - g + 2) \qquad (\eta - t + 1 > g).$$

Durch Zusammenfassung der gefundenen Abschätzungen für x, y findet man

$$(24) \qquad x y^2 \geq \begin{cases} (n - \eta + 1)(\eta - t + 1)^2 & (\eta \leq g + t - 1) \\ (n - \eta + 1)(\eta - t - g + 2)^2 g^2 & (\eta \geq g + t - 1). \end{cases}$$

Da nach (22) jedenfalls $t \leq g+1 \leq \eta \leq n$ gilt, so sind die rechten Seiten von (24) unter den angegebenen Bedingungen positive Funktionen der ganzzahligen Veränderlichen η. Um ihr Minimum zu bestimmen, schätzen wir das Polynom

$$P(z) = (z-a)^\varrho\,(b-z)^\sigma \qquad (\varrho > 0,\ \sigma > 0)$$

mit reellen a, b und $a < z_1 < z_2 < b$ im Intervall $z_1 \leq z \leq z_2$ nach unten ab. Für $a < z < b$ ist

$$P(z) > 0, \qquad -\frac{d^2 \log P(z)}{dz^2} = \varrho\,(z-a)^{-2} + \sigma\,(b-z)^{-2} > 0,$$

also $\log P^{-1}$ konvex, und daher folgt

$$P(z) \geq \mathrm{Min}\left(P(z_1),\, P(z_2)\right) \qquad (z_1 \leq z \leq z_2).$$

Dies wenden wir mit $z = \eta$ auf die rechten Seiten in (24) an. Im ersten Falle wähle man $z_1 = g+1$, $z_2 = g+t-1$, $P(z) = (n-z+1)(z-t+1)^2$ und erhält

$$(n-\eta+1)(\eta-t+1)^2 \geq \mathrm{Min}\left((n-g)(g-t+2)^2,\ (n-g-t+2)g^2\right).$$

Wegen $0 \leq t-2 \leq g-1$ wird

$$(25)\quad
\begin{cases}
(n-g-t+2)\,g^2 - (n-g)(g-t+2)^2 \\
\quad = (t-2)\left((2n-3g)\,g - (n-g)(t-2)\right) \geq \\
\quad \geq (t-2)\left((2n-3g)\,g - (n-g)(g-1)\right) \\
\quad = (t-2)\left(g + (n-2g)(g+1)\right) \geq t-2 \geq 0.
\end{cases}$$

Daher folgt

$$(n-\eta+1)(\eta-t+1)^2 \geq (n-g)(g-t+2)^2 \qquad (g+1 \leq \eta \leq g+t-1).$$

Im Falle der zweiten Zeile von (24) wähle man $z_1 = g+t-1$, $z_2 = n$, $P(z) = (n-z+1)(z-t-g+2)^2$ und erhält

$$P(z_1) = n-g-t+2, \qquad P(z_2) = (n-g-t+2)^2 \geq P(z_1),$$

$$(n-\eta+1)(\eta-t-g+2)^2\,g^2 \geq (n-g-t+2)\,g^2 \qquad (g+t-1 \leq \eta \leq n).$$

Mit Rücksicht auf (25) folgt daher in beiden Fällen

$$(26)\qquad x\,y^2 \geq (n-g)(g-t+2)^2.$$

Um hieraus schließlich (21) zu gewinnen, setze man $t = z+1$ und schätze den Ausdruck $(t-1)(g-t+2) = z(g+1-z)$ nach unten ab. Nach (22) ist $1 \leq z \leq g$ und daher $z(g+1-z) \geq g$. Für gerades $n = 2g$ folgt hieraus

$$(27)\qquad (n-g)(g-t+2)^2 = g(g+1-z)^2 \geq g^3 z^{-2} \geq \left(\frac{n}{2z}\right)^3.$$

Für ungerades $n = 2g + 1$ gilt nach einer früheren Bemerkung $t \geq 3$, also $z \geq 2$ und $n \geq 5$. In diesem Falle wird dann

$$(28) \quad \begin{cases} (n - g)(g - t + 2)^2 = (g + 1)(g + 1 - z)^2 \geq (g + 1) g^2 z^{-2} > \\ > \left(g + \dfrac{1}{2}\right) g^2 z^{-2} = \left(\dfrac{n}{2z}\right)^3 z \left(1 - \dfrac{1}{n}\right)^2 \geq \left(\dfrac{n}{2z}\right)^3 2 \left(1 - \dfrac{1}{5}\right)^2 > \left(\dfrac{n}{2z}\right)^3. \end{cases}$$

Aus (26), (27), (28) folgt die Behauptung (21). Übrigens ist aus den Abschätzungen ersichtlich, daß in (21) das Gleichheitszeichen nur für $n = 2$ steht. Es wäre wünschenswert, den vorhergehenden langwierigen Beweis durch einen kürzeren zu ersetzen.

§ 25. Das POINCARÉsche Zentrumproblem.

Wir betrachten ein System von Differentialgleichungen

$$(1) \qquad \dot{x}_k = f_k(x) \qquad (k = 1, \ldots, m),$$

das $x = 0$ als Gleichgewichtslösung besitzt. Die Funktionen $f_k(x)$ seien in einer Umgebung von $x = 0$ konvergente Potenzreihen mit reellen Koeffizienten. In diesen Reihen tritt kein konstantes Glied auf. Wird mit $x(t, \xi)$ die Lösung von (1) bei der Anfangsbedingung $x(0, \xi) = \xi$ bezeichnet, so wird bei jedem festen reellen t durch die Zuordnung von $x(t, \xi)$ zu ξ eine Abbildung S_t in einer genügend kleinen Umgebung des Ursprungs erklärt, welche offenbar $\xi = 0$ als Fixpunkt hat. Wir wollen nun untersuchen, wann die Gleichgewichtslösung $x = 0$ stabil ist, und haben mit Rücksicht auf die zu Anfang von § 23 gegebenen Definitionen die Abbildung S_t in der Umgebung des Ursprungs für alle reellen t zu betrachten. Um diese Untersuchung zu ermöglichen, soll das System (1) durch eine geeignete Substitution der Variabeln

$$(2) \qquad x_k = \varphi_k(u) \qquad (k = 1, \ldots, m)$$

in eine möglichst einfache Form gebracht werden. Dabei sollen die φ_k wieder Potenzreihen in m neuen Veränderlichen $u_1, \ldots, u_m$ sein, die ebenfalls kein konstantes Glied enthalten, so daß also bei der Substitution (2) der Nullpunkt erhalten bleibt. Die jetzt auszuführenden Überlegungen sind weitgehend analog zu denen in § 21, wo für ebene analytische Abbildungen Normalformen aufgestellt wurden, und deshalb wollen wir zunächst wieder mit formalen Potenzreihen rechnen. Wie schon früher in § 14 wird auch die Differentiation formalisiert, indem

$$(3) \qquad \dot{x}_k = \sum_{l=1}^{m} \varphi_{k u_l} \dot{u}_l \qquad (k = 1, \ldots, m)$$

definiert wird, oder in vektorieller Gestalt

$$\dot{x} = \varphi_u \dot{u}, \qquad \varphi_u = (\varphi_{k u_l}).$$

Es werde angenommen, daß die Substitution (2) umkehrbar ist. Dies bedeutet, daß die Funktionaldeterminante $|\varphi_u|$ als Potenzreihe ein nicht verschwindendes konstantes Glied hat, oder mit anderen Worten, daß die Koeffizienten der linearen Teile der φ_k eine von 0 verschiedene Determinante ergeben. Durch die Substitutionen (2), (3) geht (1) über in

$$(4) \qquad \dot{u} = \varphi_u^{-1} f\big(\varphi(u)\big),$$

und umgekehrt führt die inverse Substitution (4) in (1) über. Es entsteht die Aufgabe, die Substitution (2) so zu bestimmen, daß (4) eine Normalform bekommt. Hiermit hängt die folgende Frage zusammen. Es sei neben (1) ein zweites System

$$(5) \qquad \dot{u}_k = h_k(u) \qquad (k = 1, \ldots, m)$$

gegeben, wobei die h_k Potenzreihen in $u_1, \ldots, u_m$ ohne konstantes Glied sind. Unter welchen Bedingungen gibt es eine umkehrbare Substitution (2), welche (1) in (5) überführt? Dieses Problem führt offenbar auf das System von partiellen Differentialgleichungen erster Ordnung

$$(6) \qquad f\big(\varphi(u)\big) = \varphi_t\, h(u)$$

für die unbekannten Reihen φ_k. Eine notwendige Bedingung für die Lösbarkeit von (6) ergibt sich sofort durch Vergleich der linearen Glieder. Sind $\mathfrak{F}, \mathfrak{H}, \mathfrak{C}$ die Matrizen, die den linearen Teilen von $f(x)$, $h(u)$, $\varphi(u)$ entsprechen, so folgt $\mathfrak{F}\mathfrak{C} = \mathfrak{C}\mathfrak{H}$. Es müssen also $\mathfrak{F}$ und $\mathfrak{H}$ gleiche Elementarteiler haben.

In diesem Paragraphen wollen wir uns weiterhin auf den Fall $m = 2$ beschränken. Die Eigenwerte λ und μ von $\mathfrak{F}$ mögen verschieden sein. Indem wir x, y statt x_1, x_2 schreiben, können wir nach vorbereitender linearer Substitution der Veränderlichen das System (1) in der Form

$$(7) \qquad \dot{x} = f(x, y) = \lambda x + \cdots, \quad \dot{y} = g(x, y) = \mu y + \cdots$$

annehmen. Im reellen Falle $\lambda = \bar{\lambda}, \mu = \bar{\mu}$ können wir dabei $f(x, y) = \bar{f}(x, y)$, $g(x, y) = \bar{g}(x, y)$ voraussetzen, und $f(x, y) = \bar{g}(y, x)$ im imaginären Falle $\lambda = \bar{\mu}$. Die Betrachtung des linearen Systems $\dot{x} = \lambda x, \dot{y} = \mu y$ legt die Vermutung nahe, daß für die Gleichgewichtslösung $x = y = 0$ von (7) nur dann Stabilität vorliegen kann, wenn λ und μ beide rein imaginär sind, und dies wird im folgenden Paragraphen bestätigt werden. Wir behandeln deshalb zunächst den rein imaginären Fall $\mu = \bar{\lambda} = -\lambda$. Es soll gezeigt werden, daß dann (7) durch eine Substitution der Gestalt

$$(8) \quad x = \varphi(u, v) = u + \varphi_2 + \varphi_3 + \cdots, \quad y = \psi(u, v) = v + \psi_2 + \psi_3 + \cdots$$

auf die Normalform

$$\dot{u} = p\, u, \quad \dot{v} = q\, v$$

gebracht werden kann, wobei p und q Potenzreihen in dem Produkt $w = uv$ allein sind. Wir werden noch verlangen, daß die Reihen $\varphi(u, v)$ und $\psi(u, v)$ kein Glied der Form uw^k bzw. $w^k v$ mit $k > 0$ enthalten, und beweisen dann, daß es genau eine solche Substitution (8) gibt. Im Falle der Konvergenz von f, g wird sich auch die Konvergenz von φ, ψ ergeben, falls $p + q = 0$ ist.

Es sind also die (6) entsprechenden partiellen Differentialgleichungen

$$(9) \qquad \begin{cases} \varphi_u\, p\, u + \varphi_v\, q\, v = f(\varphi, \psi) = \lambda\, \varphi + \cdots, \\ \psi_u\, p\, u + \psi_v\, q\, v = g(\varphi, \psi) = -\lambda\, \psi + \cdots \end{cases}$$

durch Potenzreihen φ, ψ der Form (8) zu lösen, wobei für p, q der Ansatz

$$p = \sum_{r=0}^{\infty} a_{2r} w^r, \qquad q = \sum_{r=0}^{\infty} b_{2r} w^r$$

zu machen ist. Es werde noch $a_{2r+1} = 0$, $b_{2r+1} = 0$ $(r = 0, 1, \ldots)$ definiert. Wir führen nun den Koeffizientenvergleich in (9) aus. Vergleich der linearen Glieder liefert $a_0 = \lambda$, $b_0 = -\lambda$. Wir machen die Induktionsannahme, daß in (9) auf beiden Seiten die Glieder bis zum Grade $k-1$ $(k > 1)$ übereinstimmen und hierdurch bereits $\varphi_\varkappa, \psi_\varkappa$ $(\varkappa < k)$, $a_\varkappa, b_\varkappa$ $(\varkappa < k-1)$ eindeutig festgelegt sind. Für die Glieder k-ten Grades in (9) ergibt dann der Koeffizientenvergleich die Beziehungen

$$(10) \qquad \begin{cases} \lambda(\varphi_{ku}\, u - \varphi_{kv}\, v - \varphi_k) + a_{k-1} w^{\frac{k-1}{2}} u = P_k, \\ \lambda(\psi_{ku}\, u - \psi_{kv}\, v + \psi_k) + b_{k-1} w^{\frac{k-1}{2}} v = Q_k; \end{cases}$$

dabei bedeuten P_k, Q_k homogene Polynome in u, v vom Grade k, deren Koeffizienten sich durch die Koeffizienten der schon bekannten $\varphi_\varkappa, \psi_\varkappa$ $(\varkappa < k)$ und $a_\varkappa, b_\varkappa$ $(\varkappa < k-1)$ ausdrücken. Zunächst werden a_{k-1}, b_{k-1} bestimmt. Für gerades k ist nach Definition $a_{k-1} = 0$, $b_{k-1} = 0$; also sei $k = 2r + 1$ ungerade. In φ_k bzw. ψ_k sind nach unserer Voraussetzung keine Glieder der Form uw^r bzw. $w^r v$ enthalten, und es folgt aus (10), daß a_{k-1}, b_{k-1} eindeutig bestimmt sind. Bei dieser Wahl von a_{k-1}, b_{k-1} stimmen dann auf beiden Seiten von (10) die Koeffizienten von $u^{r+1}v^r$ bzw. $u^r v^{r+1}$ überein. Nun werden φ_k, ψ_k bestimmt, wobei k gerade oder ungerade sein kann. Sind $\alpha u^g v^h$, $\beta u^g v^h$ die Glieder der Form $u^g v^h$ $(g + h = k)$ in φ_k, ψ_k, so werden die Koeffizienten der entsprechenden Glieder auf den linken Seiten in (10) gleich $\lambda(g - h - 1)\alpha$, $\lambda(g - h + 1)\beta$. Da hierbei $g \neq h + 1$ bzw. $g \neq h - 1$ vorausgesetzt werden kann, so folgt die eindeutige Bestimmtheit von φ_k, ψ_k. Hiermit ist die Induktion durchgeführt und gezeigt, daß die Gleichungen (9) durch formale Potenzreihen φ, ψ, p, q erfüllt werden können.

Der soeben durchgeführte Koeffizientenvergleich ist als der Spezialfall $m = 2$ in der entsprechenden Überlegung von § 14 enthalten. Aus dem dort erhaltenen Resultat folgt, daß für die eindeutig bestimmten Potenzreihen die Realitätsbedingungen

$$(11) \qquad \varphi(u, v) = \overline{\psi}(v, u), \qquad p(uv) = \overline{q}(uv)$$

erfüllt sind.

Mittels der gefundenen Normalform läßt sich nun leicht die Frage nach der Stabilität der Gleichgewichtslösung diskutieren. Es soll gezeigt werden, daß die Gleichgewichtslösung dann und nur dann stabil ist, wenn

$$p + q = \sum_{r=1}^{\infty} (a_{2r} + b_{2r}) w^r = 0,$$

also

$$(12) \qquad a_{2r} + b_{2r} = 0 \qquad (r = 1, 2, \ldots)$$

gilt, und daß im anderen Falle Instabilität vorliegt. Zunächst werde angenommen, daß (12) nicht für alle r erfüllt ist. Es sei also

$$p + q = c w^{n-1} + \cdots, \qquad c \neq 0, \qquad n > 1,$$

wobei c zufolge (11) reell ist. Indem wir $2c^{-1}t$ statt t schreiben, können wir noch $c = 2$ normieren. Um die Konvergenzuntersuchung zu umgehen, brechen wir die Reihen φ, ψ bzw. p, q nach den Gliedern der Ordnung $2n - 1$ bzw. $2n - 2$ ab, wodurch sie in $\tilde{\varphi}, \tilde{\psi}, \tilde{p}, \tilde{q}$ übergehen mögen. Wir führen dann die konvergente Substitution $x = \tilde{\varphi}(u, v)$, $y = \tilde{\psi}(u, v)$ aus und erhalten nach (9) für die Lösungen von (7) die Beziehungen

$$\tilde{\varphi}_u (u\tilde{p} - \dot{u}) + \tilde{\varphi}_v (v\tilde{q} - \dot{v}) = \cdots, \qquad \tilde{\psi}_u (u\tilde{p} - \dot{u}) + \tilde{\psi}_v (v\tilde{q} - \dot{v}) = \cdots,$$

also

$$\dot{u} - u\tilde{p} = \cdots, \qquad \dot{v} - v\tilde{q} = \cdots,$$

wobei die rechten Seiten konvergente Potenzreihen in u, v sind, welche keine Glieder der Grade unterhalb $2n$ enthalten. Hieraus folgt die Differentialgleichung

$$(13) \qquad \dot{w} - 2w^n = \cdots,$$

worin die rechte Seite keine Glieder der Grade unterhalb $2n + 1$ enthält. Für eine reelle Lösung von (7) ist nun $v = \overline{u}$ und $w = uv \geq 0$. Man wähle eine positive Zahl r, so daß für $w < r$ Konvergenz eintritt und (13) die Ungleichung

$$(14) \qquad \dot{w} \geq w^n$$

zur Folge hat. Also ist w eine monoton wachsende Funktion von t, solange $w < r$ bleibt. Für $t = 0$ sei $0 < w = w_0 < r$. Dann ergibt (14), daß

$$w - w_0 \geqq w_0^n t \qquad (t > 0)$$

gilt, und dies steht für $t = r w_0^{-n}$ mit der Annahme $w < r$ in Widerspruch. Also liegt Instabilität vor.

Nun sei (12) für alle r erfüllt. In diesem Falle ist $q = -p$, und der Konvergenzbeweis aus § 15 tritt in Kraft. Aus

$$\dot{u} = p\,u, \qquad \dot{v} = q\,v, \qquad p + q = 0$$

ergibt sich, daß $w = uv$, p, q zeitlich konstant sind, und die Integration liefert

$$(15) \qquad\qquad u = u_0 e^{p t}, \qquad v = v_0 e^{q t}.$$

Zufolge (11) hat man für reelle Lösungen $v_0 = \bar{u}_0$ zu wählen, und dann ist p rein imaginär. Schreibt man $u = r + i s$ mit reellen r und s, so erhält man in der (r, s)-Ebene konzentrische Kreise, die in der Zeit $2\pi |p|^{-1}$ gleichförmig durchlaufen werden. Dies zeigt die Stabilität und motiviert den Namen Zentrumproblem [1]. Vermöge (8), (15) ergeben sich schließlich die ursprünglichen Koordinaten x, y als konvergente FOURIERsche Reihen in der Veränderlichen $|p|\,t$.

Man hat damit folgendes Verfahren gefunden, um über die Stabilität der Gleichgewichtslösung des vorgelegten Systems (7) in dem Fall zu entscheiden, daß $\lambda = -\mu$ rein imaginär und $\neq 0$ ist: Es sind die Koeffizienten a_{2r}, b_{2r} $(r = 1, 2, \ldots)$ von p, q rekursiv zu berechnen, und dann ist festzustellen, ob die Summen $c_r = a_{2r} + b_{2r}$ sämtlich 0 sind oder nicht. Nach geeigneter Festlegung der Zeiteinheit kann man $\lambda = i$ voraussetzen. Sind

$$f(x, y) = i\,x + \sum_{g+h>1} \alpha_{gh}\, x^g y^h, \qquad g(x, y) = -i\,y + \sum_{g+h>1} \beta_{gh}\, x^g y^h$$

mit $\beta_{gh} = \bar{\alpha}_{hg}$ die Potenzreihen für f und g, so ergibt sich c_r als ein Polynom in den α_{gh} und β_{gh} $(g + h < 2r + 2)$. Speziell werde angenommen, daß f und g Polynome eines festen Grades l sind; dann werden also alle c_r $(r = 1, 2, \ldots)$ Polynome der endlich vielen α_{gh} und β_{gh} $(g + h \leqq l)$. Nach dem HILBERTschen Basissatz für Polynomideale gibt es nun eine natürliche Zahl $m = m(l)$, so daß sich alle c_r in der Form

$$c_r = \sum_{k=1}^{m} \gamma_{rk} c_k \qquad (r = 1, 2, \ldots)$$

schreiben lassen, wobei die Koeffizienten γ_{rk} Polynome in den α_{gh}, β_{gh} sind. Um zu untersuchen, ob die c_r sämtlich verschwinden, was ja für die Stabilität notwendig und hinreichend ist, hat man also nur die endlich vielen Gleichungen $c_k = 0$ für $k = 1, \ldots, m$ nachzuprüfen. Aus dem

Beweis des Hilbertschen Basissatzes ergibt sich aber für den vorliegenden Fall noch keine obere Schranke für m als Funktion von l. Für $l = 2$ ist bekannt, daß $m(2) = 7$ ist [2], [3], [4]. Für $l > 2$ ist die wirkliche Bestimmung einer solchen Schranke für $m(l)$ ein interessantes ungelöstes Problem.

Es sei darauf hingewiesen, daß im Falle der Instabilität, also für $p + q \neq 0$, die Untersuchung der Konvergenz der Reihen φ, ψ, p, q auch noch ein offenes Problem darstellt.

§ 26. Der Satz von Ljapunov.

Im vorigen Paragraphen hatten wir die Stabilität einer Gleichgewichtslösung des Systems (25; 1) nur für den Fall diskutiert, daß $m = 2$ ist und die Eigenwerte rein imaginär sind. Jetzt wenden wir uns zur Untersuchung im allgemeinen Fall. Die Eigenwerte der Matrix $\mathfrak{F}$ der linearen Teile von $f_1(x), \dots, f_m(x)$ seien mit $\lambda_1, \dots, \lambda_m$ bezeichnet. Der Satz von Ljapunov [1] besagt:

Sind die Realteile von $\lambda_1, \dots, \lambda_m$ sämtlich von 0 verschieden, so ist die Gleichgewichtslösung instabil. Ist die Gleichgewichtslösung stabil, so sind die Realteile von $\lambda_1, \dots, \lambda_m$ sämtlich gleich 0.

Wir werden diesen Satz nur unter der einschränkenden Voraussetzung beweisen, daß $\lambda_1, \dots, \lambda_m$ sämtlich voneinander verschieden sind, und es wird im Verlauf der Untersuchung noch eine weitere einschränkende Annahme auftreten. Für den weiterhin nicht behandelten Fall mehrfacher Eigenwerte erfordert unsere Beweismethode eine Ergänzung, welche die Formeln etwas umständlicher macht, aber keine begrifflichen Schwierigkeiten bereitet. Nach einer vorbereitenden linearen Substitution kann man das System in der Form

$$(1) \qquad \dot{x}_k = f_k(x) = \lambda_k x_k + \chi_k(x) \qquad (k = 1, \dots, m)$$

zugrunde legen, wobei die Potenzreihen χ_k mit quadratischen Gliedern anfangen. Ist $\bar{\lambda}_k = \lambda_l$ mit $l = l_k$ $(k = 1, \dots, m)$, so möge $\underline{x}_k = x_l$ erklärt werden, und man kann dann die Realitätsbedingungen

$$(2) \qquad f_k(x) = \bar{f}_l(\underline{x}) \qquad (l = l_k;\ k = 1, \dots, m)$$

voraussetzen. Der Realteil von λ_k sei ϱ_k. Man denke sich die Anordnung $\varrho_1 \leqq \varrho_2 \leqq \cdots \leqq \varrho_m$ gewählt, und zwar sei noch $\varrho_p < 0$, aber $\varrho_{p+1} \geqq 0$, wobei natürlich die Fälle $p = 0$ und $p = m$ zuzulassen sind. Zunächst sei $p > 0$. Es werden Substitutionen der speziellen Form

$$(3) \qquad u_k = x_k - \varphi_k(x_1, \dots, x_p) \qquad (k = 1, \dots, m)$$

ausgeführt, wobei die φ_k formale Potenzreihen in den ersten p Variabeln $x_1, \dots, x_p$ allein bedeuten, welche mit quadratischen Gliedern anfangen.

Man sieht leicht ein, daß diese Substitutionen eine Gruppe bilden. Setzt man

$$g_k(u) = g_k(u_1, \ldots, u_m) = \chi_k + \lambda_k \varphi_k - \sum_{l=1}^{p} \varphi_{k x_l} f_l,$$

wobei rechts x vermöge der zu (3) inversen Substitution durch u auszudrücken ist, so geht (1) über in

$$(4) \qquad \dot{u}_k = \lambda_k u_k + g_k(u) \qquad (k = 1, \ldots, m).$$

Die Potenzreihen g_k beginnen wieder mit quadratischen Gliedern. Wir wollen nun die Koeffizienten der φ_k so bestimmen, daß in keiner der m Reihen $g_1, \ldots, g_m$ Potenzprodukte von $u_1, \ldots, u_p$ allein auftreten. Es sollen also identisch die Gleichungen

$$(5) \qquad g_k(u_1, \ldots, u_p, 0, \ldots, 0) = 0 \qquad (k = 1, \ldots, m)$$

gelten.

Nach (3) sind $x_1, \ldots, x_p$ umkehrbare Potenzreihen der p Unbestimmten $u_1, \ldots, u_p$ allein, und für $u_{p+1} = 0, \ldots, u_m = 0$ ist außerdem

$$(6) \qquad x_k = \varphi_k(x_1, \ldots, x_p) \qquad (k = p+1, \ldots, m).$$

Daher geht (5) über in die Bedingungen

$$(7) \qquad -\lambda_k \varphi_k + \sum_{l=1}^{p} \varphi_{k x_l} \lambda_l x_l = \chi_k - \sum_{l=1}^{p} \varphi_{k x_l} \chi_l \qquad (k = 1, \ldots, m)$$

identisch in $x_1, \ldots, x_p$, wobei $x_{p+1}, \ldots, x_m$ durch (6) erklärt sind. Umgekehrt folgt aus (3), (6), (7) wieder (5). In (7) wird nun Koeffizientenvergleich vorgenommen. Ist $\sigma x_1^{g_1} \ldots x_p^{g_p}$ ein Glied von φ_k und $g_1 + \cdots + g_p = h > 1$, so ergibt der Vergleich

$$\left(-\lambda_k + \sum_{l=1}^{p} g_l \lambda_l \right) \sigma = \gamma,$$

und hierin ist γ ein Polynom in den Koeffizienten der Glieder kleineren als h-ten Grades von $\varphi_1, \ldots, \varphi_m$. Es werde nun weiterhin noch die einschränkende Voraussetzung gemacht, daß für alle Systeme nichtnegativer ganzer Zahlen $g_1, \ldots, g_p$ mit $g_1 + \cdots + g_p > 1$ stets

$$(8) \qquad \sum_{l=1}^{p} g_l \lambda_l \neq \lambda_k \qquad (k = 1, \ldots, p)$$

ist. Dies sind in Wahrheit nur endlich viele Bedingungen, und (8) ist trivialerweise auch für $k = p+1, \ldots, m$ erfüllt. Dann zeigt der Induktionsschluß, daß (5) genau eine Lösung in Potenzreihen $\varphi_1, \ldots, \varphi_m$ besitzt. Wegen (2) folgt also außerdem

$$\varphi_k(x) = \overline{\varphi}_l(\underline{x}) \qquad (l = l_k;\ k = 1, \ldots, m).$$

Der Konvergenzbeweis erfolgt nach der üblichen Methode. Es sei

$$x_1 + \cdots + x_m = X, \qquad \chi_k < \frac{c_1 X^2}{1 - c_1 X} \qquad (k = 1, \ldots, m).$$

Da die Realteile von $\lambda_1, \ldots, \lambda_p$ sämtlich negativ sind und (8) erfüllt ist, so gilt ferner

$$g_1 + \cdots + g_p < c_2 \left| -\lambda_k + \sum_{l=1}^{p} g_l \lambda_l \right| \qquad (k = 1, \ldots, m).$$

Folglich ergibt sich für die ebenfalls eindeutig bestimmte Lösung $\psi_1, \ldots, \psi_m$ von

$$(9) \quad \begin{cases} \displaystyle\sum_{l=1}^{p} \psi_{k\,x_l} x_l = c_2 \left(1 + \sum_{l=1}^{p} \psi_{k\,x_l} \right) \frac{c_1 X^2}{1 - c_1 X} & (k = 1, \ldots, m), \\ x_k = \psi_k(x_1, \ldots, x_p) & (k = p + 1, \ldots, m) \end{cases}$$

die Beziehung $\varphi_k < \psi_k$ $(k = 1, \ldots, m)$. Nach (9) ist aber $\psi_1 = \cdots = \psi_m$. Setzt man noch $x_1 = \cdots = x_p = x$, so genügt es offenbar, die Konvergenz der Lösung $\psi(x)$ von

$$x \psi_x = (1 + \psi_x) \frac{c_3 (x + \psi)^2}{1 - c_4 (x + \psi)}$$

zu beweisen. Die hieraus entstehenden Rekursionsformeln für die Koeffizienten der Potenzreihe ψ zeigen nun, daß $x^{-1}\psi$ durch die konvergente Lösung Ψ der kubischen Gleichung

$$\Psi = \frac{c_3 \, x (1 + \Psi)^3}{1 - c_4 \, x (1 + \Psi)} .$$

majorisiert wird. Damit ist der Konvergenzbeweis durchgeführt.

Nach (4), (5) erhält man die partikulären Lösungen

$$(10) \qquad u_k = \begin{cases} c_k \, e^{\lambda_k t} & (k = 1, \ldots, p) \\ 0 & (k = p + 1, \ldots, m) \end{cases}$$

der vorgelegten Differentialgleichung. Da die Realteile von $\lambda_1, \ldots, \lambda_p$ negativ sind, so liegt wegen des Verhaltens für $t \to -\infty$ keine Stabilität des Gleichgewichts vor, wenn $p > 0$ ist. Bei der Vertauschung von t mit $-t$ werden die Eigenwerte λ_k durch $-\lambda_k$ ersetzt. Damit ist bewiesen, daß Stabilität der Gleichgewichtslösung nur eintreten kann, wenn die Realteile aller m Eigenwerte gleich 0 sind, und dies ist die zweite Aussage des Satzes von Ljapunov.

Nun seien die Realteile $\varrho_1, \ldots, \varrho_m$ sämtlich von 0 verschieden, also $\varrho_1 \leqq \varrho_2 \leqq \cdots \leqq \varrho_p < 0 < \varrho_{p+1} \leqq \cdots \leqq \varrho_m$. Es bedeute ε eine hinreichend klein zu wählende positive Konstante, und es sollen alle reellen Lösungen des vorgelegten Systems bestimmt werden, welche für alle $t \geqq 0$ der

Bedingung

$$\sum_{k=1}^{m} |u_k|^2 < \varepsilon \tag{11}$$

genügen. Für den Ausdruck

$$\sum_{k=p+1}^{m} |u_k|^2 = w \tag{12}$$

gilt nach (4) die Differentialgleichung

$$\dot{w} = 2 \sum_{k=p+1}^{m} \varrho_k |u_k|^2 + \sum_{k=p+1}^{m} \left(u_k \bar{g}_k(\bar{u}) + \bar{u}_k g_k(u) \right),$$

und hierin ist zufolge (5) jedes Glied des zweiten Summanden auf der rechten Seite durch ein Produkt von zwei der Variabeln $u_k, \bar{u}_k$ $(k = p+1, \ldots, m)$ teilbar. Da dieser Summand mit kubischen Gliedern beginnt, so ist sein absoluter Betrag nach (11), (12) für genügend kleines ε höchstens gleich $\varrho_{p+1} w$ und demnach

$$\dot{w} \geqq 2 \sum_{k=p+1}^{m} \varrho_k |u_k|^2 - \varrho_{p+1} w \geqq \varrho_{p+1} w,$$

$$\frac{d(w\, e^{-\varrho_{p+1} t})}{dt} \geqq 0,$$

also der Ausdruck $w e^{-\varrho_{p+1} t}$ für alle $t \geqq 0$ monoton wachsend. Andererseits strebt er für $t \to \infty$ nach 0, weil $\varrho_{p+1} > 0$ und $w < \varepsilon$ ist. Folglich ist für die gesuchten Lösungen $w = 0$, $u_k = 0$ $(k = p+1, \ldots, m)$, und aus (4), (5) folgt (10). Umgekehrt folgt aus (10) wieder (11), wenn

$$\sum_{k=1}^{p} |c_k|^2 < \varepsilon$$

gewählt wird. Damit sind sämtliche Lösungen gefunden, welche für $t \to \infty$ in der Nähe der Gleichgewichtslösung bleiben. Aus ihrem Verhalten für $t \to -\infty$ folgt aber, daß dann (11) nur für die Gleichgewichtslösung selber erfüllt ist. Also liegt Instabilität vor, womit auch der erste Teil des Satzes von LJAPUNOV bewiesen ist. Ferner sehen wir, daß für zukünftige Stabilität notwendig ist, daß kein Eigenwert einen positiven Realteil hat, und hinreichend, daß alle Eigenwerte negative Realteile haben. Außer der bereits zu Anfang gemachten Voraussetzung der Einfachheit der Eigenwerte waren im Verlauf der Untersuchung noch die Ungleichheitsbedingungen (8) hinzugekommen. Läßt man die einschränkenden Annahmen fallen, so hat man den Ansatz für die durch (4), (5) gegebene Normalform sinngemäß zu erweitern. Dies soll nicht mehr durchgeführt werden, da hierbei keine neuen Gesichtspunkte auftreten.

Für den besonderen Fall, daß die Eigenwerte sämtlich negative Realteile haben, ist $p = m$, und (4) wird das lineare System

$$(13) \qquad \dot{u}_k = \lambda_k u_k \qquad (k = 1, \ldots, m),$$

falls die Bedingungen (8) erfüllt sind. Der Fall sämtlich positiver Realteile wird hierauf durch die Vertauschung von t mit $-t$ zurückgeführt. Nun wurde aber die Bedingung über das Vorzeichen der Realteile der Eigenwerte gar nicht für die rekursive Bestimmung der Potenzreihen $\varphi_1, \ldots, \varphi_m$ herangezogen, sondern nur bei dem Konvergenzbeweis, und es fragt sich, ob man nicht stets die lineare Normalform (13) durch eine konvergente Substitution gewinnen kann, wenn nur die Eigenwerte sämtlich verschieden sind und den Bedingungen (8) mit m statt p genügen. Für die Untersuchung dieser Frage hat man ähnliche Überlegungen anzustellen, wie sie in den beiden ersten Paragraphen dieses Kapitels beim funktionentheoretischen Zentrumproblem benutzt wurden. An die Stelle der Nenner $\lambda^n - \lambda$ $(n = 2, 3, \ldots)$ treten jetzt die Ausdrücke

$$-\lambda_k + \sum_{l=1}^{m} g_l \lambda_l = A_k(g_1, \ldots, g_m) = A_k \qquad (k = 1, \ldots, m)$$

mit nicht-negativen ganzen $g_1, \ldots, g_m$ und $g_1 + \cdots + g_m = h > 1$. Einerseits kann man ein Beispiel angeben, bei dem eine Teilfolge der $A_k(g_1, \ldots, g_m)$ in Analogie zu (23; 11) sehr rasch gegen 0 konvergiert, wodurch dann Divergenz bei den entsprechenden Reihen $\varphi_1, \ldots, \varphi_m$ hervorgerufen wird; andererseits läßt sich unter der zu (23; 22) analogen Annahme $|A_k| > \varepsilon h^{-\mu}$ $(k = 1, \ldots, m)$ der Konvergenzbeweis durchführen [2]. Hieraus ergibt sich dann leicht, daß für die Transformation des gegebenen Systems (1) in die lineare Normalform (13) der Divergenzfall in ähnlicher Weise eine Ausnahme bildet wie bei der SCHRÖDERschen Reihe.

§ 27. Der Satz von DIRICHLET.

Das folgende hinreichende Kriterium für Stabilität geht in seinen Anfängen schon auf LAGRANGE zurück. Der Beweis wurde aber erst in etwas speziellerer Gestalt von DIRICHLET [1] gegeben und später von LJAPUNOV verallgemeinert. Wir betrachten wieder ein System

$$(1) \qquad \dot{x}_k = f_k(x) \qquad (k = 1, \ldots, m),$$

wobei die $f_k(x)$ in einer Umgebung des Nullpunktes konvergente Potenzreihen in $x_1, \ldots, x_m$ ohne konstantes Glied sind. Dann lautet der Stabilitätssatz:

Besitzt das System (1) ein von t unabhängiges Integral $g(x)$, das bei $x = 0$ ein relatives Extremum im strengen Sinne hat, so ist die Gleichgewichtslösung $x = 0$ stabil.

Indem man eventuell $g(x)$ durch $-g(x)$ ersetzt, kann man sich auf den Fall eines Minimums beschränken, so daß also $g(0) < g(x)$ für

$$0 < \sum_{k=1}^{m} x_k^2 = r^2 \leqq \varrho^2$$

und hinreichend kleines $\varrho > 0$ gilt. Mit $x(t, \xi)$ bezeichnen wir wieder die Lösung von (1), welche durch die Anfangsbedingung $x(0, \xi) = \xi$ festgelegt wird, und es bedeute S_t die Abbildung von ξ in $x(t, \xi)$. Ferner sei $0 < \varepsilon < \varrho$ und $\mu(\varepsilon) = \mu$ das Minimum von $g(x)$ auf der Kugelfläche $r = \varepsilon$, so daß also $g(0) < \mu$ gilt. Es sei $\mathfrak{W}$ die Menge der Punkte im Innern der Kugel $r < \varepsilon$, in welchen $g(x) < \mu$ ist. Diese Menge ist offen und enthält $x = 0$, ist also eine Umgebung von $x = 0$. Liegt nun ξ in $\mathfrak{W}$, so gilt auch für $x = x(t, \xi)$ die Ungleichung $g(x) < \mu$, da $g(x)$ Integral ist. Außerdem liegt aber auch x in der Kugel $r < \varepsilon$, da sonst wegen der Stetigkeit für wenigstens ein t einmal $r = \varepsilon$ gälte und dort $g(x) \geqq \mu$ wäre. Also gehört auch der Punkt $x(t, \xi)$ zu $\mathfrak{W}$, und folglich ist $\mathfrak{W}$ für alle t bei S_t invariant. Hieraus folgt aber die Stabilität.

Wir wollen das Kriterium auf ein HAMILTONsches System

$$(2) \qquad \dot{x}_k = H_{y_k}, \quad \dot{y}_k = -H_{x_k} \qquad (k = 1, \dots, n)$$

anwenden und setzen wie früher $z_k = x_k$, $z_{k+n} = y_k$. Bedeutet z den Spaltenvektor mit den Komponenten z_l $(l = 1, \dots, 2n)$, so sei die HAMILTONsche Funktion $H(x, y) = \frac{1}{2} z' \mathfrak{S} z + \cdots$ eine in der Umgebung von $z = 0$ konvergente Potenzreihe mit reellen Koeffizienten, wobei $\mathfrak{S}$ eine symmetrische Matrix ist. Dann ist H ein Integral von (2) und $z = 0$ eine Gleichgewichtslösung. Falls die Matrix $\mathfrak{S}$ positiv ist, so hat die Funktion H bei $z = 0$ ein Minimum im strengen Sinne. Es folgt, daß dann die Lösung $z = 0$ stabil ist. Es kann übrigens sehr wohl eintreten, daß $z' \mathfrak{S} z$ indefinit ist und trotzdem Stabilität vorliegt. Dies zeigt für $n = 2$ etwa das Beispiel $2H = x_1^2 + y_1^2 - x_2^2 - y_2^2$. Bei den in § 12 behandelten Lösungen von LAGRANGE, die im rotierenden Koordinatensystem als Gleichgewichtslösungen erscheinen, besitzt die HAMILTONsche Funktion an der Gleichgewichtsstelle einen Sattelpunkt, und das DIRICHLETsche Kriterium liefert also keine Aussage für diesen Fall.

Um einen Zusammenhang zwischen den Sätzen von DIRICHLET und LJAPUNOV für kanonische Systeme von Differentialgleichungen herzustellen, führen wir bei dem System (2) die Eigenwerte λ_k $(k = 1, \dots, 2n)$ ein. Dies sind nach § 13 die Wurzeln der Gleichung $|\lambda \mathfrak{J} + \mathfrak{S}| = 0$. Es sei jetzt $z \neq 0$ ein zu $\lambda = \lambda_k$ gehöriger Eigenvektor, also $(\lambda \mathfrak{J} + \mathfrak{S}) z = 0$. Dann wird

$$(3) \qquad \bar{z}' \mathfrak{S} z = -\lambda \bar{z}' \mathfrak{J} z,$$

wenn mit $\bar{z}$ der zu z konjugiert komplexe Vektor bezeichnet wird. Da
die Matrix $\mathfrak{J}' = -\mathfrak{J}$ reell und alternierend ist, so gilt

$$\overline{z'\mathfrak{J}z} = z'\mathfrak{J}\bar{z} = -\bar{z}'\mathfrak{J}z,$$

und folglich ist die Zahl $\bar{z}'\mathfrak{J}z$ rein imaginär. Ist nun $\mathfrak{S}$ positiv, so ist
auch $\bar{z}'\mathfrak{S}z > 0$, also nach (3) der Eigenwert λ rein imaginär. Nach dem
Satze von LJAPUNOV war dies bereits als notwendige Bedingung für
Stabilität erkannt worden. Das oben angegebene einfache Beispiel zeigt
noch, daß diese Bedingung von LJAPUNOV erfüllt und trotzdem $z'\mathfrak{S}z$
indefinit sein kann.

§ 28. Die Normalform HAMILTONscher Systeme.

Wir gehen wieder von einem kanonischen System von Differentialgleichungen

(1) $$\dot{u}_k = H_{v_k}, \qquad \dot{v}_k = -H_{u_k} \qquad (k = 1, \ldots, n)$$

aus, wobei die HAMILTONsche Funktion H eine in der Umgebung von
$u_k = 0$, $v_k = 0$ $(k = 1, \ldots, n)$ konvergente Potenzreihe bedeutet, die mit
quadratischen Gliedern anfängt und von t unabhängig ist. Versteht man
unter w den Spaltenvektor mit den $2n$ Komponenten $w_k = u_k$, $w_{k+n} = v_k$,
so beginnt die Entwicklung von H in der Form $H = \frac{1}{2}w'\mathfrak{S}w + \cdots$,
und dabei ist $\mathfrak{S}$ eine reelle symmetrische Matrix mit $2n$ Reihen. Die
Wurzeln $\lambda_1, \ldots, \lambda_{2n}$ der zugehörigen Gleichung $|\lambda\mathfrak{J} + \mathfrak{S}| = 0$ können wir
in die Anordnung $\lambda_{k+n} = -\lambda_k$ $(k = 1, \ldots, n)$ bringen, und wir wollen sie
als voneinander verschieden voraussetzen.

Das Ziel dieses Paragraphen ist es, durch eine kanonische Substitution mit Potenzreihen eine Normalform für das gegebene System (1)
herzustellen [1]. Zu diesem Zwecke bringen wir zunächst wie in § 13
die linearen Glieder der rechten Seiten von (1), also die quadratischen
Glieder von H, auf die Normalform. Die neuen Veränderlichen be-
zeichnen wir mit x_k, y_k und setzen $z_k = x_k$, $z_{k+n} = y_k$ $(k = 1, \ldots, n)$, und
es sei z der Spaltenvektor mit den Komponenten z_l $(l = 1, \ldots, 2n)$.
Durch eine geeignete lineare kanonische Substitution $w = \mathfrak{C}z$ erhält das
System (1) die Form

(2) $$\dot{x}_k = H_{y_k}, \qquad \dot{y}_k = -H_{x_k} \qquad (k = 1, \ldots, n)$$

mit

$$H = H_2 + H_3 + \cdots, \qquad H_2 = \sum_{k=1}^{n} \lambda_k x_k y_k;$$

hierbei bedeutet H_l $(l = 2, 3, \ldots)$ ein homogenes Polynom l-ten Grades
in $z_1, \ldots, z_{2n}$. Wir unterwerfen nun weiter das System (2) einer kanonischen Substitution der Form

(3) $$x_k = \varphi_k(\xi, \eta) = \xi_k + \sum_{l=2}^{\infty} \varphi_{kl}, \qquad y_k = \psi_k(\xi, \eta) = \eta_k + \sum_{l=2}^{\infty} \psi_{kl} \qquad (k = 1, \ldots, n),$$

wobei die φ_{kl}, ψ_{kl} homogene Polynome vom Grade l in den $2n$ neuen Variabeln ξ, η sind. Dadurch geht (2) über in das neue HAMILTONsche System

(4) $$\dot{\xi}_k = H_{\eta_k}, \quad \dot{\eta}_k = -H_{\xi_k} \quad (k = 1, \ldots, n)$$

mit

(5) $$H = \sum_{l=2}^{\infty} H_l\big(\varphi(\xi, \eta), \psi(\xi, \eta)\big) = H_2(\xi, \eta) + \cdots.$$

Wir machen weiterhin noch die einschränkende Voraussetzung, daß eine lineare Abhängigkeit

$$g_1 \lambda_1 + g_2 \lambda_2 + \cdots + g_n \lambda_n = 0$$

mit ganzen $g_1, g_2, \ldots, g_n$ nur im trivialen Falle $g_1 = g_2 = \cdots = g_n = 0$ besteht. Es soll dann gezeigt werden, daß bei geeigneter Wahl der $2n$ formalen Potenzreihen φ_k, ψ_k die rechte Seite von (5) eine formale Potenzreihe in den n Produkten $\omega_k = \xi_k \eta_k$ allein wird.

Zum Beweise stellen wir die gesuchte kanonische Transformation (3) mittels einer erzeugenden Funktion $v(x, \eta)$ her, welche als formale Potenzreihe der Gestalt

$$v(x, \eta) = v_2 + v_3 + \cdots, \quad v_2 = \sum_{k=1}^{n} x_k \eta_k$$

angesetzt wird. Dabei ist v_l $(l = 3, 4, \ldots)$ ein homogenes Polynom vom l-ten Grade in den x_k, η_k $(k = 1, \ldots, n)$ mit unbestimmten Koeffizienten. Analog zu (3; 4) wird dann durch den Ansatz

(6) $$\xi_k = v_{\eta_k} = x_k + \sum_{l=3}^{\infty} v_{l\eta_k}, \quad y_k = v_{x_k} = \eta_k + \sum_{l=3}^{\infty} v_{l x_k} \quad (k = 1, \ldots, n)$$

eine formale kanonische Substitution definiert. Durch Auflösung nach den x_k erhält sie die Form (3), und es ist dann nach dem Gedankengang von § 2 leicht zu zeigen, daß sie (2) formal in (4) überführt, unabhängig von etwaiger Konvergenz. Trägt man für x_k, y_k nach (3) die Reihen φ_k, ψ_k ein, so folgt aus (6), daß für $l = 2, 3, \ldots$ jeder Koeffizient der Polynome $\varphi_{kl} + v_{l+1, \eta_k}(\xi, \eta)$, $\psi_{kl} - v_{l+1, x_k}(\xi, \eta)$ ein Polynom in den Koeffizienten von $v_2, \ldots, v_l$ mit ganzen rationalen Zahlenkoeffizienten wird. Ist nun

$$H = \sum_{l=2}^{\infty} K_l(\xi, \eta)$$

die Entwicklung von H nach homogenen Polynomen in den ξ_k, η_k, so ist $K_2 = H_2(\xi, \eta)$ und

$$K_l = \sum_{k=1}^{n} \lambda_k \big(\xi_k v_{l x_k}(\xi, \eta) - \eta_k v_{l \eta_k}(\xi, \eta)\big) + \cdots \quad (l = 3, 4, \ldots),$$

wo die Koeffizienten der rechts nicht ausgeschriebenen weiteren Glieder Polynome in den Koeffizienten von $v_2, \ldots, v_{l-1}$ und lineare Funktionen der Koeffizienten von $H_3, \ldots, H_l$ sind. Tritt das Potenzprodukt

$$P = \prod_{k=1}^{n} \xi_k^{\alpha_k} \eta_k^{\beta_k}$$

in $v_l(\xi, \eta)$ mit dem Koeffizienten γ auf, so hat P wegen der Beziehung

$$\sum_{k=1}^{n} \lambda_k (\xi_k P_{\xi_k} - \eta_k P_{\eta_k}) = P \sum_{k=1}^{n} \lambda_k (\alpha_k - \beta_k)$$

in K_l den Koeffizienten

$$\varkappa = \gamma \lambda + \cdots, \qquad \lambda = \sum_{k=1}^{n} \lambda_k (\alpha_k - \beta_k),$$

wobei die weiteren Summanden von $\varkappa$ wieder Polynome in den Koeffizienten von $v_2, \ldots, v_{l-1}$ und lineare Funktionen der Koeffizienten von $H_3, \ldots, H_l$ sind. Nach der oben gemachten Annahme über die lineare Unabhängigkeit von $\lambda_1, \ldots, \lambda_n$ ist nun λ stets von 0 verschieden, wenn nicht $\alpha_k = \beta_k$ für $k = 1, \ldots, n$ ist, also nicht P ein Potenzprodukt der $\omega_k = \xi_k \eta_k$ allein. Dann läßt sich also γ eindeutig durch die Forderung $\varkappa = 0$ festlegen. Um γ auch für den restlichen Fall $\alpha_k = \beta_k$ $(k = 1, \ldots, n)$ zu fixieren, stellen wir die zusätzliche Forderung, daß in dem Ausdruck

$$\Phi = \sum_{k=1}^{n} (\xi_k y_k - \eta_k x_k)$$

kein Potenzprodukt der ω_k allein auftritt, wenn er als Reihe in den ξ_k, η_k $(k = 1, \ldots, n)$ dargestellt wird. Der Bestandteil der Glieder l-ten Grades in Φ ist nämlich

$$\sum_{k=1}^{n} (\xi_k v_{l x_k}(\xi, \eta) + \eta_k v_{l \eta_k}(\xi, \eta)) + \cdots = l v_l(\xi, \eta) + \cdots \qquad (l = 3, 4, \ldots),$$

so daß tatsächlich nunmehr auch die restlichen γ eindeutig festliegen. Damit ist bewiesen, daß für genau eine Potenzreihe v die durch (6) gegebene formale kanonische Transformation die Hamiltonsche Funktion H in eine Potenzreihe von $\omega_1, \ldots, \omega_n$ allein überführt und zugleich Φ in eine Reihe, welche kein Potenzprodukt der ω_k enthält. Die Koeffizienten von v_l sind eindeutig durch die Koeffizienten von $H_3, \ldots, H_l$ bestimmt, und das gleiche gilt also dann von den Koeffizienten von $\varphi_{k, l-1}, \psi_{k, l-1}$ $(k = 1, \ldots, n; l = 3, 4, \ldots)$.

Zur Diskussion der Realitätsverhältnisse beachte man, daß $H(z) = H(\mathfrak{C}^{-1} w)$ eine reelle Potenzreihe in $w_1, \ldots, w_{2n}$ ist. Ferner sind die Matrizen $\mathfrak{C}, \overline{\mathfrak{C}}$ und $\mathfrak{T} = \mathfrak{C}^{-1} \overline{\mathfrak{C}}$ symplektisch. Die kanonische Transformation (3) werde durch $z = \varphi(\zeta)$ abgekürzt, wobei ζ den Spaltenvektor mit den $2n$ Komponenten ξ_k, η_k $(k = 1, \ldots, n)$ bezeichnet. Es ist dann

$H(z) = H(\mathfrak{C}^{-1}w) = \overline{H}(\overline{\mathfrak{C}^{-1}}w) = \overline{H}(\mathfrak{T}^{-1}z)$. Ferner ist $H(\varphi(\zeta))$ eine Potenzreihe in $\omega_1, \ldots, \omega_n$, und die Reihe $\Phi(\zeta) = \zeta'\mathfrak{J}z = \zeta'\mathfrak{J}\varphi(\zeta)$ enthält kein Potenzprodukt der ω_k. Nach (14; 5) lautet die lineare Substitution $z = \mathfrak{T}z^*$ explizit $z_k^* = \varrho_k z_l$ $(l = l_k;\ k = 1, \ldots, 2n)$ mit $\varrho_k = -i$ für rein imaginäres λ_k und sonst $\varrho_k = 1$. Hieraus oder auch nach (13; 22), (13; 23) ohne vorherige Normierung der ϱ_k folgt $\omega_k^* = \xi_k^*\eta_k^* = -\omega_k$ für rein imaginäres λ_k und sonst $\omega_k^* = \omega_l$. Demnach ist auch $\overline{H}(\overline{\varphi}(\mathfrak{T}^{-1}\zeta))$ $= H(\mathfrak{T}\overline{\varphi}(\mathfrak{T}^{-1}\zeta))$ eine Reihe in $\omega_1, \ldots, \omega_n$ allein, während

$$\Phi(\mathfrak{T}^{-1}\zeta) = (\mathfrak{T}^{-1}\zeta)'\,\mathfrak{J}\,\overline{\varphi}(\mathfrak{T}^{-1}\zeta) = \zeta'\mathfrak{J}\mathfrak{T}\,\overline{\varphi}(\mathfrak{T}^{-1}\zeta)$$

kein Potenzprodukt der ω_k enthält. Da die Substitution $z = \mathfrak{T}\overline{\varphi}(\mathfrak{T}^{-1}\zeta)$ ebenfalls kanonisch ist und die Form (3) hat, so folgt aus dem oben bewiesenen Eindeutigkeitssatz, daß sie mit $z = \varphi(\zeta)$ übereinstimmt. Also ist

(7) $$\varphi(\zeta) = \mathfrak{T}\overline{\varphi}(\mathfrak{T}^{-1}\zeta), \quad \overline{H}(\overline{\varphi}(\mathfrak{T}^{-1}\zeta)) = H(\varphi(\zeta)).$$

Nun sei die Substitution $z = \varphi(\zeta)$ in einer Umgebung von $\zeta = 0$ konvergent. Damit w reell ist, muß $\mathfrak{C}z = w = \overline{w} = \overline{\mathfrak{C}}\,\overline{z}$ sein, also $z = \mathfrak{T}\overline{z}$, und das ist nach der ersten Gleichung (7) mit der Bedingung $\zeta = \mathfrak{T}\overline{\zeta}$ gleichwertig. Diese bedeutet $\eta_k = i\overline{\xi}_k$ für rein imaginäres λ_k und sonst $\xi_l = \overline{\xi}_k, \eta_l = \overline{\eta}_k$ $(l = l_k; k = 1, \ldots, n)$. Dann ist aber ω_k rein imaginär für rein imaginäres λ_k und sonst $\omega_l = \overline{\omega}_k$. Da H eine Potenzreihe in $\omega_1, \ldots, \omega_n$ allein ist, so geht das HAMILTONsche System (4) über in

(8) $$\dot{\xi}_k = H_{\omega_k}\xi_k, \quad \dot{\eta}_k = -H_{\omega_k}\eta_k \quad (k = 1, \ldots, n),$$

woraus

$$\dot{\omega}_k = \dot{\xi}_k\eta_k + \xi_k\dot{\eta}_k = 0$$

folgt. Also sind die ω_k Integrale. Die Ableitungen H_{ω_k} sind dann ebenfalls von t unabhängig, und man kann (8) sofort in der Form

(9) $$\xi_k = \alpha_k e^{H_{\omega_k}t}, \quad \eta_k = \beta_k e^{-H_{\omega_k}t} \quad (k = 1, \ldots, n)$$

mit konstanten α_k, β_k und $\omega_k = \alpha_k\beta_k$ integrieren. Da α_k, β_k die Anfangswerte von ξ_k, η_k bei $t = 0$ sind, so ergeben die Realitätsbedingungen $\beta_k = i\overline{\alpha}_k$ für rein imaginäres λ_k und sonst $\alpha_l = \overline{\alpha}_k, \beta_l = \overline{\beta}_k$ $(l = l_k)$; analog wird dann ω_k rein imaginär bzw. $\omega_l = \overline{\omega}_k$. Zufolge der zweiten Gleichung (7) ist dann auch H_{ω_k} rein imaginär bzw. $H_{\omega_l} = \overline{H}_{\omega_k}$, so daß also tatsächlich die Lösung (9) für beliebige reelle t den Realitätsbedingungen genügt.

Im Falle der Konvergenz der Transformation von (1) in die Normalform (4) ist damit die Integration des vorgelegten Systems in der Umgebung der Gleichgewichtslösung $w = 0$ vollständig geleistet. Da die Reihe H_{ω_k} mit λ_k beginnt, so ergibt sich speziell für den vorliegenden Fall nochmals die Aussage des Satzes von LJAPUNOV. Darüber hinaus erkennt man aber umgekehrt die Stabilität der Gleichgewichtslösung, falls die Eigenwerte λ_k sämtlich rein imaginär sind, und erhält durch Einsetzen der Exponentialausdrücke (9) in $w = \mathfrak{C}\,\varphi\,(\zeta)$ eine Darstellung der allgemeinen Lösung u_k, v_k von (1) durch trigonometrische Reihen [2], [3], [4], [5].

Man kann die Vermutung aussprechen, daß vielleicht die in § 5 erwähnte unbekannte Methode von Dirichlet mit der hier vorgetragenen in Beziehung gestanden hat. Leider leistet aber diese Methode nicht das, was man zunächst von ihr erhoffen könnte. Zunächst kann man nämlich ähnlich wie beim funktionentheoretischen Zentrumproblem in § 23 Beispiele angeben, bei denen zwar die Hamiltonsche Funktion H als Potenzreihe in u_k, v_k konvergiert, aber die Reihe $v(x, \eta)$ in keiner Umgebung von $x = 0$, $\eta = 0$ konvergent ist. Man braucht hierzu nur $n = 2$ und $\lambda_1 = i$, $\lambda_2 = i\varrho$ zu setzen, wobei ϱ eine reelle irrationale Zahl bedeutet, welche sich hinreichend gut durch rationale Zahlen approximieren läßt; dann kann man durch geeignete Wahl von H das Verlangte leisten. Wir werden in diesem Paragraphen ein solches Beispiel konstruieren. Nun wäre es immerhin noch denkbar, daß die Divergenz der Transformation eines Hamiltonschen Systems in die Normalform in ähnlicher Weise eine Ausnahme bildet, wie es nach dem Ergebnis von § 24 für die Schrödersche Reihe der Fall ist oder nach der Bemerkung am Schluß von § 26 für das allgemeine System (25; 1). Jedoch ist neuerdings gezeigt worden [6], daß bereits für $n = 2$ eine konvergente Transformation in die Normalform bei Hamiltonschen Systemen nur dann existieren kann, wenn für die Koeffizienten von H gewisse unendlich viele unabhängige analytische Bedingungsgleichungen erfüllt sind. Daher tritt im allgemeinen Divergenz ein, und dann versagt natürlich insbesondere der im vorigen Absatz gegebene Stabilitätsbeweis. Andererseits ist es trivial, daß es Hamiltonsche Systeme gibt, die konvergent in die Normalform transformiert werden können; man braucht ja nur H als konvergente Potenzreihe in $\omega_1, \ldots, \omega_n$ anzusetzen und dann irgendeine konvergente kanonische Transformation der Variabeln auszuführen.

Obwohl nun die Transformation in die Normalform im allgemeinen divergiert, so läßt sie sich doch bei der Untersuchung der Lösungen des Hamiltonschen Systems (1) in der Nähe der Gleichgewichtslösung verwenden. Setzt man noch $\sigma = \mathfrak{C}\,\zeta$, so hat zufolge der ersten Gleichung (7) die kanonische Transformation $w = \mathfrak{C}\,\varphi\,(\mathfrak{C}^{-1}\sigma) = \sigma + \cdots$ lauter reelle Koeffizienten. Diese Transformation stelle man nach (3; 4) durch eine erzeugende formale Potenzreihe v dar. Bricht man die Potenzreihe v mit den Gliedern des Grades $l > 1$ ab, so erhält man eine konvergente reelle kanonische Transformation $w = g(\sigma) = \sigma + \cdots$, welche mit der obigen bis zu den Gliedern l-ten Grades übereinstimmt. Daher führt diese Transformation die gegebene HAMILTONsche Funktion H in eine reelle konvergente Potenzreihe über, deren Glieder wenigstens bis zum l-ten Grade einschließlich mit denen der formalen Reihe $H\big(\varphi(\mathfrak{C}^{-1}\sigma)\big)$ übereinstimmen. Nun lasse man in der Reihe $H\big(\mathfrak{C}^{-1}g(\sigma)\big)$ alle Glieder höheren als l-ten Grades fort und übe die zu $w=g(\sigma)$ inverse Substitution aus, wodurch die reelle konvergente Reihe H^* entstehen möge. Das HAMILTONsche System

$$(10) \qquad \dot{u}_k = H^*_{v_k}, \qquad \dot{v}_k = -H^*_{u_k} \qquad (k=1,\ldots,n)$$

hat dann die Eigenschaft, daß die rechten Seiten mit denen von (1) bis zu den Gliedern l-ten Grades übereinstimmen, und außerdem läßt es sich nach Konstruktion durch die konvergente kanonische Transformation $w=g(\mathfrak{C}\zeta)$ in die Normalform bringen. Daher läßt sich (10) in der Umgebung der Gleichgewichtslösung $w=0$ entsprechend zu (9) vollständig integrieren. Diese Tatsache kann bei Heranziehung der üblichen Abschätzungen aus der Theorie der Differentialgleichungen dazu benutzt werden, die Lösungen des gegebenen Systems (1) zu approximieren. Aus der erwähnten Äußerung von DIRICHLET an KRONECKER läßt sich nicht feststellen, ob hier ein Zusammenhang mit seiner Methode vorliegt, welche angeblich darin bestand, die Lösungen der Differentialgleichungen der Mechanik stufenweise anzunähern.

Durch die konvergente kanonische Transformation $w=g(\mathfrak{C}\zeta)$ wird die gegebene HAMILTONsche Funktion H eine Potenzreihe $H=F+G$ in $\zeta_1,\ldots,\zeta_{2n}$, wobei G mit Gliedern des Grades $l+1$ beginnt und F ein Polynom des Grades l ist, welches nur von den Produkten $\xi_k\eta_k=\omega_k$ $(k=1,\ldots,n)$ abhängt. Es seien die Eigenwerte λ_k sämtlich rein imaginär. Für reelle Lösungen ist dann $i^{-1}\xi_k\eta_k=\xi_k\bar{\xi}_k\geq 0$ $(k=1,\ldots,n)$. Man setze

$$\left(\sum_{k=1}^{n}|\xi_k|^2\right)^{\frac{1}{2}} = q \geq 0$$

und erhält wegen

$$(11) \quad \dot{\xi}_k = H_{\eta_k} = F_{\omega_k}\xi_k + G_{\eta_k}, \qquad \dot{\eta}_k = -H_{\xi_k} = -F_{\omega_k}\eta_k - G_{\xi_k} \qquad (k=1,\ldots,n)$$

die Differentialgleichung

$$2iq\dot{q} = \sum_{k=1}^{n}(\eta_k G_{\eta_k} - \xi_k G_{\xi_k}).$$

Ist nun $\delta=\delta_l$ eine genügend kleine positive Zahl, die noch von l abhängt, so folgt

$$|\dot{q}| < A_l q^l \qquad (0 < q < \delta),$$

wobei A_l und weiterhin B_l, C_l, D_l von l abhängige positive Konstanten bedeuten. Durch Integration ergibt sich hieraus

$$(12) \qquad |q^{1-l} - q^{1-l}| \leq (l-1)A_l|t| \qquad (-T < t < T),$$

falls im Intervall $-T < t < T$ die Funktion $q = q(t)$ dauernd kleiner als δ bleibt und $q_0 = q(0) > 0$ den Anfangswert bedeutet. Es sei nun noch

$$(13) \qquad q_0 < \frac{1}{2}\delta, \qquad (l-1) A_l q_0^{l-1} T < \frac{1}{2}.$$

Dann ergibt sich aus (12) unter Benutzung der Stetigkeit von $q(t)$, daß

$$\frac{2}{3} q_0 < q < 2 q_0 < \delta, \qquad |q - q_0| \le (2l-2) A_l q_0^l |t| \qquad (|t| < T)$$

ist. Wegen

$$(\xi_k \eta_k)^{\cdot} = \eta_k G_{\eta_k} - \xi_k G_{\xi_k} \qquad (k = 1, \ldots, n)$$

folgt weiter

$$|\xi_k \eta_k - (\xi_k \eta_k)_0| \le B_l q_0^{l+1} |t| \qquad (|t| < T).$$

Die Integration von (11) ergibt schließlich

$$|\xi_k - (\xi_k)_0 \, e^{(F\omega_k)_0 t}| \le C_l (q_0^l |t| + q_0^{l+2} t^2) \qquad (|t| < T),$$

was nach (13) für $l > 2$ zu

$$(14) \quad |\xi_k - (\xi_k)_0 \, e^{(F\omega_k)_0 t}| \le D_l q_0^l |t| \qquad \left(q_0 < \frac{\delta}{2}; \ |t| < \frac{q_0^{1-l}}{(2l-2) A_l} \right)$$

zusammengefaßt werden kann. Durch (14) wird eine Abschätzung für die Güte der Annäherung an die Lösungen des gegebenen HAMILTONschen Systems durch trigonometrische Reihen gegeben [7]. Wegen des Auftretens der mit l vielleicht sehr stark anwachsenden Größen D_l und A_l hat diese Approximation bei festem q_0 für $l \to \infty$ im allgemeinen nur den Charakter der Semikonvergenz, wie sie z. B. bei der STIRLINGschen Reihe eintritt. Insbesondere haben wir gezeigt, daß

$$\frac{2}{3} q_0 < q < 2 q_0 \qquad \left(|t| < \frac{q_0^{1-l}}{(2l-2) A_l} \right)$$

gilt, und dies bietet einen schwachen Beitrag zum ungelösten Problem der Stabilität. Geht man auf die ursprünglichen Koordinaten u_k, v_k zurück und setzt

$$\sum_{k=1}^{n} (u_k^2 + v_k^2) = \varrho^2, \qquad \varrho \ge 0,$$

so erhält man folgendes Resultat:

Ist zur Zeit $t = 0$ der Abstand $\varrho = \varrho_0$ vom Nullpunkte kleiner als ε_l, so bleibt $\varrho \le 2 \varrho_0$ mindestens für das Zeitintervall der Länge $\delta_l \varrho_0^{1-l}$; dabei sind ε_l, δ_l ($l = 3, 4, \ldots$) positive von l abhängige Zahlen. Bei gegebenem ϱ_0 wird man für die Werte l mit $\varepsilon_l > \varrho_0$ die kleinste obere Schranke der Größen $\delta_l \varrho_0^{1-l}$ zu ermitteln haben, um eine möglichst günstige Abschätzung zu bekommen.

Falls die Transformation des HAMILTONschen Systems (2) in die Normalform (4) durch eine konvergente Potenzreihe erfolgt, haben wir in

$$(15) \qquad \omega_k = \xi_k \eta_k = x_k y_k + \cdots \qquad (k = 1, \ldots, n)$$

insgesamt n unabhängige Integrale von (2), die in einer Umgebung des Ursprungs konvergieren. Wir wollen allgemeiner eine formale Potenzreihe $g(x, y)$, welche der für Integrale gültigen Gleichung

$$(16) \qquad \sum_{k=1}^{n} (g_{x_k} H_{y_k} - g_{y_k} H_{x_k}) = 0$$

formal genügt, ebenfalls ein Integral von (2) nennen. In diesem Sinne besitzt also das HAMILTONsche System (2) unter der oben gemachten Voraussetzung der linearen Unabhängigkeit von $\lambda_1, \ldots, \lambda_n$ stets die n Integrale ω_k $(k = 1, \ldots, n)$. Wir wollen jetzt zeigen, daß sich jedes Integral $g(x, y)$ als formale Potenzreihe in $\omega_1, \ldots, \omega_n$ schreiben läßt. Da nämlich die Differenz $\omega_k - x_k y_k$ als Potenzreihe in $x_1, \ldots, y_n$ mit kubischen Gliedern beginnt, so kann man durch ein rekursives Verfahren eine Potenzreihe $P(\omega)$ in den ω_k konstruieren, so daß die Potenzreihe $h(x, y) = g(x, y) - P(\omega)$ der Variabeln $x_1, \ldots, y_n$ kein Glied der Form $c(x_1 y_1)^{\alpha_1} \ldots (x_n y_n)^{\alpha_n}$ enthält. Da auch $h(x, y)$ ein Integral ist, so gilt die formale Gleichung

$$(17) \qquad \sum_{k=1}^{n} (h_{x_k} H_{y_k} - h_{y_k} H_{x_k}) = 0.$$

Wäre nun die Potenzreihe $h(x, y)$ nicht identisch 0, so sei darin $c\, x_1^{\alpha_1} y_1^{\beta_1} \ldots x_n^{\alpha_n} y_n^{\beta_n}$ mit $c \neq 0$ ein Glied kleinsten Grades. Aus (17) folgt durch Koeffizientenvergleich

$$c \sum_{k=1}^{n} (\alpha_k - \beta_k)\, \lambda_k = 0,$$

also $\alpha_k = \beta_k$ $(k = 1, \ldots, n)$. Das ist aber unmöglich, da $h(x, y)$ nach Konstruktion kein Glied dieser Form mehr enthält. Also ist $h(x, y) = 0$, $g(x, y) = P(\omega)$, womit die Behauptung bewiesen ist.

Wir wollen nun ein Beispiel einer konvergenten Potenzreihe für H so angeben, daß etwa das Integral $\omega_1 = x_1 y_1 + \cdots$ divergiert. Daraus folgt dann insbesondere, daß das mit dieser Funktion H gebildete HAMILTONsche System sich nicht durch eine konvergente kanonische Transformation in die Normalform überführen läßt. Wir setzen speziell $n = 2$, $\lambda_1 = i$, $\lambda_2 = i\varrho$ mit einer reellen irrationalen Zahl ϱ, so daß also die Bedingung der linearen Unabhängigkeit von λ_1, λ_2 erfüllt ist. Ferner setzen wir

$$(18) \qquad H = i (x_1 y_1 + \varrho\, x_2 y_2) + \sum_{p, q} a_{pq} (x_1^p y_2^q + x_2^q y_1^p)$$

und lassen für a_{pq} nur die Werte $0, \pm 1$ zu. Insbesondere sei $a_{pq} = 0$, wenn nicht p und q beide durch 4 teilbar sind. Wegen der Realitätsbedingung $y_k = i \bar{x}_k$ $(k = 1, 2)$ ist dann H reellwertig. Für ϱ wählen wir eine irrationale Zahl des Intervalls $0 < \varrho < 1$, welche sich durch rationale Zahlen besonders gut approximieren läßt; es möge nämlich die Ungleichung

$$(19) \qquad 0 < |p - \varrho q| < \frac{1}{q!}$$

unendlich viele Lösungen in natürlichen durch 4 teilbaren Zahlen p, q besitzen. Es ist leicht einzusehen, daß die in § 23 konstruierte Zahl α diese Eigenschaft hat. Für das Integral

$$\omega_1 = g(x, y) = x_1 y_1 + \sum_{l=3}^{\infty} g_l(x, y)$$

gilt dann (16), und durch Vergleich der Koeffizienten folgt für den Bestandteil g_l der Glieder l-ten Grades von $g(x, y)$ die Beziehung

$$x_1 g_{l x_1} - y_1 g_{l y_1} + \varrho (x_2 g_{l x_2} - y_2 g_{l y_2}) + i \sum_{p+q=l} p \, a_{pq} (x_1^p y_2^q - x_2^q y_1^p) = \cdots,$$

wo die rechte Seite ein homogenes Polynom l-ten Grades in x_1, y_1, x_2, y_2 ist, dessen Koeffizienten sich allein durch die Koeffizienten von $g_3, \ldots, g_{l-1}$ und durch die a_{pq} mit $p + q < l$ ausdrücken. Für den Summanden $c_{pq} x_1^p y_2^q$ von g_l folgt hieraus

$$(20) \qquad (p - \varrho q) c_{pq} + i p \, a_{pq} = \gamma_{pq},$$

wobei sich γ_{pq} durch die Koeffizienten von $g_3, \ldots, g_{l-1}$ und die a_{rs} mit $r + s < l$ ausdrückt. Wie bereits früher bemerkt wurde, sind die Koeffizienten der Glieder kleineren als l-ten Grades in der kanonischen Substitution (3) eindeutig durch die Koeffizienten der Glieder in H bis zum l-ten Grade einschließlich festgelegt. Also sind auch $g_3, \ldots, g_{l-1}$ durch die a_{rs} mit $r + s < l$ bestimmt, und das gleiche folgt dann für γ_{pq}. Sind nun p, q durch 4 teilbare positive Lösungen von (19), so wähle man $a_{pq} = \pm 1$ derart, daß $|p \, a_{pq} + i \gamma_{pq}| \geq p \geq 1$ wird; dies geht nach der Dreiecksungleichung. Nach (19), (20) ist dann

$$(21) \qquad |c_{pq}| \geq q!,$$

und zwar gilt dies für unendlich viele q. Für alle anderen Paare p, q sei $a_{pq} = 0$. Wegen (19), (21) kann die Reihe $g(x, y)$ in keiner vollen Umgebung des Nullpunktes konvergieren.

Für dieses Beispiel ist also die Transformation auf die Normalform nicht konvergent. Andererseits ist aber das quadratische Glied

$$i(x_1 y_1 + \varrho x_2 y_2) = -(x_1 \bar{x}_1 + \varrho x_2 \bar{x}_2)$$

der Funktion H negativ definit. Nach dem Satz von DIRICHLET ist daher die Gleichgewichtslösung $x_1 = x_2 = y_1 = y_2 = 0$ stabil. Dieses

Ergebnis ist insofern bemerkenswert, als beim funktionentheoretischen Zentrumproblem im Falle der Stabilität stets die Transformation auf die Normalform durch eine konvergente Potenzreihe erfolgte. Für das Stabilitätsproblem bei HAMILTONschen Systemen gilt demnach kein analoger Satz.

In ähnlicher Weise wie beim angegebenen Beispiel läßt sich noch zeigen [8], daß es kanonische Systeme von Differentialgleichungen mit konvergenter HAMILTONscher Funktion H gibt, für die überhaupt keine weiteren konvergenten Integrale $g(x, y)$ existieren, als H selber und die konvergenten Potenzreihen in H. Im Falle $n = 2$ kann man für die Konstruktion einer solchen Funktion H wieder von dem Ansatz (18), (19) ausgehen, wobei man aber $1/q!$ durch eine noch rascher gegen 0 strebende Funktion von q ersetzen muß. Genauer läßt sich sogar jede HAMILTONsche Funktion mit dem festen quadratischen Bestandteil $i(x_1 y_1 + \varrho\, x_2 y_2)$ durch beliebig kleine Änderung der Koeffizienten in den höheren Gliedern in eine solche verwandeln, welche die soeben genannte Eigenschaft der Nichtexistenz weiterer konvergenter Integrale besitzt. In diesem Zusammenhang ist ein Satz von POINCARÉ [9] zu nennen. Dort werden HAMILTONsche Funktionen $H(z, \mu)$ betrachtet, welche außer von $z_1, \ldots, z_{2n}$ auch noch von einem Parameter μ bei $\mu = 0$ analytisch abhängen. Der Satz lautet dann, daß unter einer gewissen Voraussetzung über $H(z, 0)$ und die Ableitung $H_\mu(z, 0)$, die im allgemeinen erfüllt ist, keine weiteren konvergenten Potenzreihen in den $2n + 1$ Variabeln $z_1, \ldots, z_{2n}$ und μ Integrale des zu $H(z, \mu)$ gehörigen HAMILTONschen Systems sein können, als die konvergenten Potenzreihen in H, μ selber. Jedoch enthält dieser Satz von POINCARÉ keine Aussage für feste Parameterwerte μ.

Wie bereits oben erwähnt wurde, läßt sich ein HAMILTONsches System im Falle linear unabhängiger Eigenwerte $\lambda_1, \ldots, \lambda_n$ nicht konvergent auf die Normalform bringen, falls nicht n unabhängige konvergente Integrale existieren, und hierfür haben wir ein Beispiel angegeben. Nun könnte man annehmen, daß die Menge der rein imaginären λ_k ($k = 1, \ldots, n$), für welche die Transformation in die Normalform divergent ist, vielleicht entsprechend wie beim funktionentheoretischen Zentrumproblem vom n-dimensionalen LEBESGUEschen Maße 0 ist. Aber dies ist nicht der Fall. Man kann nämlich durch eine tiefer gehende Untersuchung zeigen, daß man bei beliebigem l aus jeder HAMILTONschen Funktion H, die nicht eine Potenzreihe in $H_2(\zeta)$ allein ist, durch beliebig kleine Abänderungen der Koeffizienten in den Gliedern höheren als l-ten Grades eine solche herleiten kann, für welche das zugehörige kanonische System keine konvergente Transformation in die Normalform besitzt. Diese Aussage ist offenbar von den Eigenwerten $\lambda_1, \ldots, \lambda_n$ unabhängig.

Wir fassen die hauptsächlichen Ergebnisse über Stabilität bei
Hamiltonschen Systemen zusammen, wobei die n Eigenwerte $\lambda_1, \ldots, \lambda_n$
nur als voneinander und von 0 verschieden vorausgesetzt werden. Wenn
kein Eigenwert rein imaginär ist, so herrscht Instabilität nach dem
Satze von Ljapunov. Ist aber mindestens ein Eigenwert rein imaginär,
so sei λ_1 ein solcher, und zwar von größtem absoluten Betrage. Dann
ist keine der $n-1$ Zahlen $\dfrac{\lambda_k}{\lambda_1}$ $(k = 2, \ldots, n)$ ganz, und der Existenzsatz
von § 14 ergibt eine einparametrige Schar periodischer Lösungen in der
Umgebung der Gleichgewichtslösung. Daraus folgt, daß das Gleich-
gewicht nicht-instabil ist. Andererseits ist nach dem Satze von Ljapunov
für Stabilität notwendig, daß alle Eigenwerte rein imaginär sind. Daher
liegt der gemischte Fall vor, wenn es unter den Eigenwerten sowohl
rein imaginäre wie auch nicht rein imaginäre gibt. Es bleibt schließlich
der Fall, daß alle Eigenwerte rein imaginär sind. Wenn ein Integral
vorhanden ist, das bei der Gleichgewichtslösung ein Extremum im
strengen Sinne hat, so liegt nach dem Satze von Dirichlet Stabilität
vor; dies gilt insbesondere, wenn der quadratische Teil der Hamiltonschen Funktion definit ist. Wenn die Eigenwerte $\lambda_1, \ldots, \lambda_n$ auch noch
linear unabhängig sind, so liegt jedenfalls dann Stabilität vor, falls die
Transformation in die Normalform konvergent ist. In diesem Falle
existiert aber auch sicher ein Integral, das im Nullpunkt ein Minimum
hat, nämlich z. B.

$$- i(\omega_1 + \cdots + \omega_n) = \xi_1 \bar{\xi}_1 + \cdots + \xi_n \bar{\xi}_n \qquad (\eta_k = i\bar{\xi}_k).$$

Es ist jedoch kein finites Verfahren bekannt, um stets zu entscheiden,
ob die Transformation in die Normalform konvergent oder divergent ist.
Wenn die Transformation divergiert und außerdem die Hamiltonsche
Funktion indefinit ist, so läßt sich mit den vorhandenen Methoden nicht
feststellen, ob der stabile oder der gemischte Fall vorliegt. Allerdings
ist kein einziges Beispiel mit linear unabhängigen rein imaginären
Eigenwerten $\lambda_1, \ldots, \lambda_n$ bekannt, bei welchem wirklich der gemischte
Fall eintritt. Es ist also denkbar, daß dieser Fall gar nicht eintreten
kann. Doch sieht es so aus, als ob die Lösung des Stabilitätsproblems
für Hamiltonsche Systeme noch in weiter Ferne läge.

Wir wenden die spärlichen Ergebnisse auf das ebene Dreikörperproblem an. Als Ausgangspunkt wählen wir die Lösungen von Lagrange,
welche nach § 16 im rotierenden Koordinatensystem Gleichgewichtslösungen sind. Als Hamiltonsches System nehmen wir die sechs
Differentialgleichungen (16; 27), die aus den Bewegungsgleichungen
durch Elimination der Schwerpunktsintegrale und des Flächenintegrals
hervorgehen. Ist dann im gleichseitigen Fall

$$(22) \qquad 27\,(m_1 m_2 + m_2 m_3 + m_3 m_1) < (m_1 + m_2 + m_3)^2,$$

so sind die Eigenwerte sämtlich rein imaginär, aber die HAMILTONsche Funktion indefinit. In diesem Fall ist kein Weg zur Entscheidung über Stabilität bekannt, doch es liegt jedenfalls nicht Instabilität vor. Ist dagegen

$$27\,(m_1 m_2 + m_2 m_3 + m_3 m_1) > (m_1 + m_2 + m_3)^2,$$

so sind nicht alle Eigenwerte rein-imaginär, und es liegt also nicht Stabilität vor. Bei den geradlinigen Lösungen ist stets ein reeller Eigenwert vorhanden, so daß also ebenfalls keine Stabilität eintritt. Im Sonnensystem gibt es nun tatsächlich kleine Planeten, die mit Sonne und Jupiter ungefähr ein gleichseitiges Dreieck bilden und die Bedingung (22) erfüllen, aber keine solchen, die annähernd die geradlinige Lösung realisieren.

§ 29. Inhaltstreue Abbildungen.

Wir wollen nunmehr die Definition der Stabilität einer Gleichgewichtslösung auf andere Lösungen eines Systems von Differentialgleichungen $\dot{x}_k = f_k(x)$ $(k = 1, \ldots, m)$ übertragen. Die m Funktionen $f_k(x)$ mögen auf einem Gebiet $\Re$ des m-dimensionalen reellen x-Raumes die LIPSCHITZsche Bedingung erfüllen, und es sei $x = x(t)$ eine Lösung des Systems, die für alle reellen Zeiten in $\Re$ verläuft. Als Umgebung dieser Lösung verstehen wir die offenen Teilmengen $\mathfrak{U}$ von $\Re$, welche die betrachtete Bahnkurve $x = x(t)$ ganz im Innern enthalten. Nun kann es etwa eintreten, daß die Bahnkurve jedem Punkt von $\Re$ beliebig nahe kommt, so daß $\Re$ selber die einzige Umgebung wäre. Um diese und ähnliche Schwierigkeiten zu vermeiden, wollen wir die Stabilität nur für periodische Lösungen $x(t)$ definieren. Wir nennen in naheliegender Weise eine solche periodische Lösung stabil, wenn es zu jeder Umgebung $\mathfrak{U}$ der Bahnkurve eine andere Umgebung $\mathfrak{V}$ so gibt, daß die Bahnkurve durch jeden beliebigen Punkt von $\mathfrak{V}$ vollständig in $\mathfrak{U}$ verläuft; offenbar ist dann $\mathfrak{V} \subset \mathfrak{U}$. Entsprechend lauten die Verallgemeinerungen für die in § 23 gegebene Definition der Stabilität und des gemischten Falles. Ist insbesondere die periodische Lösung eine Gleichgewichtslösung, so stimmen die neuen Definitionen mit den früheren überein.

Für ein HAMILTONsches System

$$(1) \qquad \dot{x}_k = E_{y_k}, \quad \dot{y}_k = -E_{x_k} \qquad (k = 1, \ldots, n)$$

wollen wir noch eine abgeschwächte Definition der Stabilität einer periodischen Lösung $x = x(t)$, $y = y(t)$ geben. Für diese Ausgangslösung sei $E = \gamma$, und es seien $\Re$, $\mathfrak{U}$ wie oben erklärt. Unter Umgebungen verstehen wir jetzt die $(2n-1)$-dimensionalen Durchschnitte $\mathfrak{U}_\gamma$ von $\mathfrak{U}$

mit der Fläche $E = \gamma$. Wir sprechen dann von isoenergetischer Stabilität, wenn es zu jeder Umgebung $\mathfrak{U}_\gamma$ der gegebenen geschlossenen Bahnkurve eine andere Umgebung $\mathfrak{V}_\gamma$ so gibt, daß die Bahnkurve durch jeden beliebigen Punkt von $\mathfrak{V}_\gamma$ vollständig in $\mathfrak{U}_\gamma$ verläuft. Es ist klar, daß aus der Stabilität die isoenergetische Stabilität folgt. Entsprechend sind die isoenergetische Instabilität und der gemischte Fall zu erklären.

Weiterhin wollen wir das HAMILTONsche System (1) nur für $n = 2$ betrachten und voraussetzen, daß E auf $\mathfrak{R}$ analytisch ist. Wie in § 20 kann man zu einer periodischen Lösung eines solchen Systems eine zweidimensionale inhaltstreue analytische Abbildung S erklären, die den Nullpunkt als Fixpunkt besitzt. Die Frage, ob die periodische Ausgangslösung isoenergetisch stabil, instabil oder gemischt ist, wird dadurch offenbar auf die Frage zurückgeführt, ob die Abbildung S in bezug auf den Nullpunkt stabil, instabil oder gemischt ist. Wir schreiben die inhaltstreue analytische Transformation S in der Form

$$(2) \quad x_1 = g(x, y) = a x + b y + \cdots, \qquad y_1 = h(x, y) = c x + d y + \cdots,$$

wobei die Potenzreihen $g(x, y)$, $h(x, y)$ in einer Umgebung des Nullpunktes konvergieren und reelle Koeffizienten haben. Für die Eigenwerte λ, μ der Matrix der linearen Bestandteile gilt $\lambda \mu = 1$, da $a d - b c = 1$ ist.

Im hyperbolischen Fall sind λ, μ reell und verschieden. Für diesen Fall ist die Instabilität von S bereits in § 21 bewiesen worden. Eine Verallgemeinerung dieses Resultates auf mehr als zwei Variable wurde von LEVI-CIVITA [1] gegeben und dadurch ein Analogon der ersten Aussage des Satzes von LJAPUNOV gewonnen.

Im parabolischen Fall ist $\lambda = \mu = \pm 1$. Den Fall $\lambda = \mu = -1$ kann man auf den Fall $\lambda = \mu = 1$ zurückführen, indem man S^2 statt S betrachtet. Für diesen Fall sei ebenfalls auf die Untersuchung von LEVI-CIVITA verwiesen. Dort wird eine Bedingungsgleichung für die Koeffizienten der quadratischen Glieder der Transformation S aufgestellt, die sich als notwendig für das Eintreten der Stabilität erweist.

Im elliptischen Fall ist $|\lambda| = 1$, $\lambda^2 \neq 1$. Wir wollen zunächst den besonderen Fall betrachten, daß λ eine Einheitswurzel ist. Es sei $\lambda^q = 1$ und $\lambda^k \neq 1$ $(k = 1, \ldots, q - 1)$, also λ eine primitive q-te Einheitswurzel und $q > 2$. Indem man S^q statt S betrachtet, kommt man auf den parabolischen Fall mit $\lambda = \mu = 1$ zurück. Eine leichte Rechnung zeigt aber, daß für die Transformation S^q alle Glieder der Grade 2 bis $q - 2$ herausfallen, und infolgedessen ergibt für $q > 3$ das soeben erwähnte Resultat von LEVI-CIVITA nur eine triviale Folgerung. Anders ist der Sachverhalt für $q = 3$, und für diesen Fall hat auch LEVI-CIVITA eine Anwendung auf das restringierte Dreikörperproblem gemacht. Die dabei zu betrachtende inhaltstreue Abbildung wurde bereits am Ende von

§ 22 eingeführt. Bezeichnen wir die Periode der Ausgangslösung mit $\tau = 2\pi |\omega|^{-1}$, so war $\lambda = e^{i\tau}$, und speziell für $\omega = 3$ wird auch $q = 3$. LEVI-CIVITA berechnet nun bei $\omega = 3$ die quadratischen Glieder der Abbildung S^3 und stellt fest, daß diese die Bedingungsgleichung nicht erfüllen, so daß also wirklich keine Stabilität vorliegt.

Man kann nun im Falle $q = 3$ sogar die Instabilität von S nachweisen, falls nicht eine gewisse einfache Bedingungsgleichung für die Koeffizienten der quadratischen Glieder erfüllt ist. Wir schreiben die Abbildung S in komplexer Form

$$(3) \quad z_1 = \lambda z + a z^2 + b z \bar{z} + c \bar{z}^2 + \cdots, \quad z = x + i y, \quad z_1 = x_1 + i y_1,$$

wo die Potenzreihe in z, $\bar{z}$ für genügend kleine Werte von $r^2 = x^2 + y^2 = z \bar{z}$ konvergiert, und behaupten, daß für $c \neq 0$ Instabilität vorliegt. Dabei braucht noch nicht einmal vorausgesetzt zu werden, daß S inhaltstreu ist. Wegen $\lambda^2 + \lambda + 1 = 0$ folgt durch Iteration

$$z_2 = \lambda^2 z + (\lambda^2 + \lambda) a z^2 + (\lambda + 1) b z \bar{z} + 2 \lambda c \bar{z}^2 + \cdots,$$

$$z_3 = z + 3 \lambda^2 c \bar{z}^2 + \cdots, \quad z_3^3 = z^3 + 9 \lambda^2 c (z \bar{z})^2 + \cdots,$$

und indem man z, z_1 durch ϱz, ϱz_1 mit $\varrho \bar{\varrho}^{-2} = 9 \lambda^2 c$ ersetzt, erhält man

$$(4) \quad\quad z_3^3 = z^3 + (z \bar{z})^2 + \cdots = z^3 + (z \bar{z})^2 (1 + \eta r)$$

mit $|\eta| r < \tfrac{1}{2}$ für genügend kleines $r < r_0$. Wir setzen noch

$$S^n z = z_n, \quad z_{3n}^3 = Z_n = X_n + i Y_n, \quad |z_{3n}|^3 = |Z_n| = R_n \quad (n = 0, \pm 1, \ldots)$$

und nehmen an, für ein $z = z_0$ sei bei allen n stets $|z_n| < r_0$. Nach (4) folgt dann

$$(5) \quad\quad\quad X_{n+1} \geq X_n + \frac{1}{2} R_n^{\frac{4}{3}} \geq X_n,$$

also die Monotonie der Folge X_n. Da diese Folge wegen $|X_n| \leq |Z_n| < r_0^3$ beschränkt ist, so strebt insbesondere die Differenz $X_{n+1} - X_n$ für $n \to \infty$ und auch für $n \to -\infty$ gegen 0, also nach (5) auch R_n und damit X_n gegen 0. Folglich wird $X_n = 0$ für alle n und mithin auch $R_n = 0$ für alle n. Daher ist notwendigerweise $z = 0$, womit die Instabilität bewiesen ist. Es ist übrigens leicht einzusehen, daß auch bei inhaltstreuen S im allgemeinen $c \neq 0$ ist.

In ähnlicher Weise wollen wir für beliebiges $q > 0$ ein Beispiel einer instabilen inhaltstreuen Abbildung behandeln [2], bei der λ eine primitive q-te Einheitswurzel ist. Wie wir in § 21 erkannten, läßt sich eine zweidimensionale inhaltstreue Abbildung mit einer erzeugenden Funktion $w = w(x, \eta)$ in der Form

$$(6) \quad\quad\quad y = w_x, \quad \xi = w_\eta$$

darstellen, falls $w_{x\eta} \neq 0$ ist. Wir nehmen zunächst $q \neq 4$ an, also $\lambda^2 \neq -1$, und setzen

$$\mu = \bar{\lambda}, \qquad 2\sigma = \lambda + \mu \neq 0, \qquad \sigma u = x + i\lambda\eta, \qquad \sigma v = x - i\mu\eta,$$

$$(7) \qquad\qquad 2iw = \frac{\sigma}{2}(\mu u^2 - \lambda v^2) + f(u, v).$$

Dabei sei $f(u, v)$ ein Polynom in u, v, das mit kubischen Gliedern beginnt und der Bedingung $f(v, u) = -\bar{f}(u, v)$ genügt. Dann ist w ein Polynom in x, η mit reellen Koeffizienten und $w_{x\eta} = 1 + \cdots$, also $w_{x\eta} \neq 0$ für $x = 0$, $\eta = 0$. Mit dieser erzeugenden Funktion w erhält man nach (6) die Formeln

$$2iy = \mu u - \lambda v + \sigma^{-1}(f_u + f_v), \qquad 2\xi = u + v + \sigma^{-1}(\lambda f_u - \mu f_v),$$

und ferner wird $2i\eta = u - v$, $2x = \mu u + \lambda v$. Indem wir $z = x + iy$, $\zeta = \xi + i\eta$ setzen, schreiben wir die Transformation in komplexer Form und bekommen

$$(8) \qquad \begin{cases} z = \mu u + \dfrac{1}{2\sigma}(f_u + f_v), & \bar{z} = \lambda v - \dfrac{1}{2\sigma}(f_u + f_v), \\[2ex] \zeta = u + \dfrac{1}{2\sigma}(\lambda f_u - \mu f_v), & \bar{\zeta} = v + \dfrac{1}{2\sigma}(\lambda f_u - \mu f_v), \end{cases}$$

$$(9) \qquad\qquad \zeta = \lambda z - f_v.$$

Daher sind λ und μ die Eigenwerte für die Abbildung. Wir spezialisieren

$$f(u, v) = q^{-1} u v (u^q - v^q)$$

und erhalten dadurch eine Funktion mit den geforderten Eigenschaften. Bedeuten weiterhin A_l, B_l konvergente Potenzreihen in $z, \bar{z}$, die mit Gliedern vom Grade l anfangen, so erhält man aus (8) durch Umkehrung

$$u = \lambda z + A_{q+1}, \qquad v = \mu \bar{z} + B_{q+1}.$$

Da $\lambda^q = 1$ ist, so wird

$$f_v = q^{-1} u (u^q - (q+1) v^q) = q^{-1} \lambda z (z^q - (q+1) \bar{z}^q) + A_{2q+1},$$

und (9) ergibt dann die explizite Transformation

$$(10) \qquad \zeta = \lambda z \{ 1 + q^{-1}((q+1)\bar{z}^q - z^q) \} - A_{2q+1}.$$

Für diese Abbildung S soll jetzt die Instabilität bezüglich $z = 0$ nachgewiesen werden.

Aus (10) folgt

$$(11) \qquad \zeta^q = z^q (1 + (q+1)\bar{z}^q - z^q) + A_{3q}.$$

Wir benutzen die Abkürzungen

$$z_n = S^n z, \qquad z_n^q = Z_n = X_n + iY_n, \qquad R_n = |Z_n| = |z_n|^q \qquad (n = 0, \pm 1, \ldots)$$

und erhalten aus (11) bei hinreichend klein gewähltem $\delta > 0$ die Abschätzung

$$X_{n+1} \geq X_n + (q + 1) R_n^2 - R_n^2 - |A_{3q}(z_n, \bar{z}_n)| \geq X_n + \frac{1}{2} R_n^2,$$

falls $R_n < \delta$ ist. Hieraus schließt man nun wie bei (5) auf die Instabilität der Abbildung (10).

Bei dem Ansatz (7) war wesentlich, daß $q \neq 4$ ist, da sonst $\sigma = 0$ wäre. Bildet man nun aber die obige Transformation S mit $q = 8$, so sind die Eigenwerte für S^2 primitive vierte Einheitswurzeln, und beide Abbildungen haben offenbar das gleiche Stabilitätsverhalten. Auf diese Weise ist gezeigt, daß es zu jeder Einheitswurzel λ eine inhaltstreue Abbildung mit den Eigenwerten $\lambda, \bar{\lambda}$ gibt, für welche Instabilität eintritt. Die angegebene Abbildung hat noch die weitere Eigenschaft, algebraisch zu sein.

Es bleibt der Fall zu diskutieren, daß $|\lambda| = 1$ und λ keine Einheitswurzel ist. Wie in § 21 gezeigt wurde, läßt sich dann die Abbildung (2) durch eine inhaltstreue Substitution C mit formalen Potenzreihen auf die Normalform

$$(12) \qquad U = C^{-1} S C, \qquad \xi_1 = u \xi, \qquad \eta_1 = v \eta$$

bringen. Dabei sind $u = \lambda + \cdots$, $v = \mu + \cdots$ formale Potenzreihen in $\omega = \xi \eta$; ferner ist $uv = 1$ und die Realitätsbedingung $v = \bar{u}$ erfüllt. Im Falle der Konvergenz von C entsprechen reellen Werten der ursprünglichen Variabeln x, y konjugiert komplexe Werte $\xi, \eta = \bar{\xi}$, und dann zeigt (12), daß $|\xi_1| = |\xi|$ ist. Es bleiben also bei der Abbildung alle konzentrischen Kreise in der ξ-Ebene mit dem Mittelpunkt $\xi = 0$ erhalten. Hieraus ist ersichtlich, daß im Falle der Konvergenz der Transformation in die Normalform U die Abbildung S stets stabil bezüglich $x = 0$, $y = 0$ ist. Für das Konvergenzverhalten der Substitution C gelten nun aber analoge Aussagen wie für die in § 28 besprochene Frage nach der Existenz einer Normalform HAMILTONscher Systeme. Man kann nämlich Beispiele elliptischer inhaltstreuer Abbildungen angeben, für welche C divergiert, und man kann sogar als notwendige Bedingung für die Konvergenz von C unendlich viele unabhängige analytische Gleichungen für die Koeffizienten von $g(x, y)$ und $h(x, y)$ in (2) aufstellen. Dies zeigt, daß der Fall der Divergenz die Regel und der Fall der Konvergenz die Ausnahme bildet. Bei dem funktionentheoretischen Zentrumproblem hatten wir gezeigt, daß aus der Stabilität auch umgekehrt die Konvergenz der SCHRÖDERschen Reihe folgt, also die Konvergenz der Transformation der konformen Abbildung in die Normalform. Die Beweismethode aus § 23 läßt sich aber nicht auf den vorliegenden Fall übertragen, da für die inhaltstreuen Abbildungen kein Analogon des RIEMANNschen Abbildungssatzes in der Theorie der konformen Abbildung gilt. Die Differentialgleichung $\varphi_x \psi_y - \varphi_y \psi_x = 1$ hat eben keine so weitreichende Theorie wie das System $\varphi_x = \psi_y$, $\varphi_y = -\psi_x$. Es sei noch bemerkt, daß kein Beispiel einer elliptischen inhaltstreuen Abbildung S mit $\lambda^n \neq 1$ $(n = 3, 4, \ldots)$ bekannt ist, in welchem nachweislich nicht Stabilität vorliegt.

Es werde nun vorausgesetzt, daß die in der Normalform (12) auftretende formale Potenzreihe u nicht konstant ist, daß also nicht identisch $u = \lambda$ ist. Dann besagt der in § 22 gewonnene Fixpunktsatz von BIRKHOFF, daß man in jeder Umgebung $\mathfrak{U}$ des Nullpunktes und für alle hinreichend großen natürlichen $n > n_0(\mathfrak{U})$ vom Nullpunkt verschiedene Fixpunkte der Abbildung S^n finden kann, deren Bilder bei S^k $(k = 1, 2, \ldots, n)$ sämtlich in $\mathfrak{U}$ liegen. Daraus folgt aber speziell, daß S nicht-instabil ist. Demnach liegt also im allgemeinen keine Instabilität vor, wenn nämlich die Potenzreihe u nicht identisch konstant ist. Es bleibt die Frage offen, ob dann der stabile oder der gemischte Fall vorliegt. Man kennt kein Beispiel für den gemischten Fall, wie schon bemerkt wurde, und man weiß auch nicht, ob im Fall $u = \lambda$ wirklich Instabilität eintreten kann. Würde dies eintreten, so hätte man damit ein Beispiel mit konvergenter Reihe u und divergenter Substitution C; es ist auch nicht bekannt, ob es so etwas gibt.

Drückt man das Produkt $\omega = \xi \eta$ der in der Normalform (12) auftretenden Variabeln durch die alten Variabeln x, y aus, so erhält man eine formale Potenzreihe $\omega = \varphi(x, y)$, welche wegen der Identität $\xi_1 \eta_1 = \xi \eta$ die Eigenschaft besitzt, bei der gegebenen Abbildung S invariant zu bleiben. Es ist also $\varphi(x, y)$ das Analogon eines Integrals bei Differentialgleichungen. Entsprechend dem Satz von DIRICHLET kann man leicht zeigen, daß S stets dann in bezug auf den Nullpunkt stabil ist, wenn es eine bei S invariante konvergente Potenzreihe in x und y gibt, die im Nullpunkt ein Extremum im strengen Sinne besitzt. Allerdings gibt es wieder Beispiele von elliptischen inhaltstreuen Abbildungen mit $\lambda^n \neq 1$ $(n = 3, 4, \ldots)$, für welche überhaupt keine solchen invarianten konvergenten Reihen existieren.

Für den Fall $|\lambda| = 1$, $\lambda^n \neq 1$ $(n = 1, 2, \ldots)$ fehlen also noch Methoden zur befriedigenden Behandlung des Stabilitätsproblems inhaltstreuer ebener Abbildungen. Ein Fortschritt in dieser Richtung dürfte auch für die Stabilitätsfrage bei HAMILTONschen Systemen beliebig vieler Freiheitsgrade von Bedeutung sein. Es seien noch einige Versuche erwähnt, die jedoch nicht von Erfolg gewesen sind.

Nach einem Ansatz von FERMI [3] könnte man folgendermaßen vorgehen. Im Falle der Stabilität würde in jeder Umgebung $\mathfrak{U}$ des Nullpunktes eine bei S invariante einfach zusammenhängende Umgebung $\mathfrak{B}$ liegen. Nun werde angenommen, daß $\mathfrak{B}$ einen Rand besitzt, der sich durch eine Gleichung $F(x, y) = 0$ darstellen läßt. Bilden wir diese

Gleichung für eine Schar $\mathfrak{U} = \mathfrak{U}_\gamma$ von Umgebungen, die noch von einem Parameter γ abhängen, so erhält man eine Schar von solchen Gleichungen $F(x, y, \gamma) = 0$. Kann man diese Gleichungen nach γ auflösen und ist die Lösung $\varphi(x, y) = \gamma$ außerdem analytisch in x und y, so hätte man damit die Existenz einer konvergenten invarianten Potenzreihe nachgewiesen, da bei der Abbildung S jeder Rand $\varphi(x, y) = \gamma$ in sich übergeht. Schließlich wäre mit analytischen Methoden festzustellen, daß im allgemeinen eine inhaltstreue Abbildung S keine konvergente Invariante besitzt. Auf diese Weise erhielte man die Aussage, daß im allgemeinen nicht Stabilität vorliegt. Jedoch erscheint es ziemlich hoffnungslos, diese Überlegung streng durchzuführen. Es ist noch nicht einmal vollständig bewiesen, daß der Rand von $\mathfrak{B}$ eine Kurve ist. BIRKHOFF hat mit den Hilfsmitteln des Beweises seines Fixpunktsatzes zu zeigen versucht, daß $\mathfrak{B}$ bei hinreichend kleiner Umgebung $\mathfrak{U}$ sternförmig ist, wenn die in der Normalform (12) auftretende formale Potenzreihe u sich nicht auf ihr konstantes Glied reduziert, und daß dann der Rand $\mathfrak{C}$ von $\mathfrak{B}$ in Polarkoordinaten r, ϑ durch eine konvergente FOURIERsche Entwicklung

$$r = \sum_{n=-\infty}^{\infty} c_n e^{i n \vartheta}$$

dargestellt werden kann. Benutzt man die Invarianz von $\mathfrak{C}$ bei der Abbildung S, so erhält man für die FOURIERschen Koeffizienten c_n ein System von unendlich vielen analytischen Gleichungen mit unendlich vielen Unbekannten, und zwar muß dieses System sogar unendlich viele Lösungen haben, da ja $\mathfrak{U}$ noch beliebig klein gewählt werden kann. Eine befriedigende Diskussion dieses Gleichungssystems ist aber nicht gelungen.

Wir skizzieren noch einen anderen vergeblichen Versuch. Es seien die sämtlichen Potenzprodukte $x^k y^l$ $(k + l > 0)$ in irgendeiner festen Reihenfolge nach wachsenden Graden geordnet und zu einem Spaltenvektor $\mathfrak{z}$ mit unendlich vielen Komponenten zusammengefaßt. Entsprechend sei $\mathfrak{z}_1$ die Spalte aus den $x_1^k y_1^l$, die aus $x^k y^l$ bei der Abbildung S hervorgehen. Es ist dann $\mathfrak{z}_1 = \mathfrak{M} \mathfrak{z}$ mit einer unendlichen Matrix $\mathfrak{M}$ von konstanten Elementen. Im Falle der Stabilität gibt es nun eine unendliche Folge ineinander geschachtelter invarianter Integrationsgebiete $\mathfrak{B}_\gamma$ $(\gamma = 1, 2, \ldots)$, die auf den Nullpunkt zusammenschrumpfen. Setzt man dann

$$\iint_{\mathfrak{B}_\gamma} \mathfrak{z}\, d x\, d y = \mathfrak{c}_\gamma,$$

so folgt

$$\mathfrak{c}_\gamma = \mathfrak{M} \mathfrak{c}_\gamma \qquad (\gamma = 1, 2, \ldots),$$

da S inhaltstreu und $\mathfrak{B}_\gamma$ invariant ist. Damit wird man auf das Problem geführt, die Eigenvektoren von $\mathfrak{M}$ näher zu untersuchen, und hierbei treten ungelöste Fragen auf.

Schließlich seien noch zwei einfache Beispiele elliptischer inhalts-
treuer Abbildungen angegeben, deren nähere Untersuchung vielleicht
doch neue Gesichtspunkte für das Stabilitätsproblem ergeben könnte.
Wir setzen $S = TR$ aus zwei inhaltstreuen Abbildungen T und R zu-
sammen. Es sei R eine Drehung, die wir komplex $\zeta = \lambda z$ mit $|\lambda| = 1$
schreiben; ferner habe T in reellen Koordinaten die Form $\xi = x + f(y)$,
$\eta = y$, wobei $f(y)$ eine mit dem quadratischen Glied beginnende konvergente Potenzreihe in y mit reellen Koeffizienten bedeutet. Offenbar
hat S die Eigenwerte λ und $\mu = \bar{\lambda}$ und ist inhaltstreu, da T und R es
sind. Wählt man insbesondere $f(y) = -4y^2$, so läßt sich T komplex
in der Form $\zeta = z + (z - \bar{z})^2$ schreiben. Für S erhält man somit

$$(13) \qquad \zeta = \lambda z + (\lambda z - \mu \bar{z})^2,$$

und S^{-1} lautet

$$\lambda z = \zeta - (\zeta - \bar{\zeta})^2,$$

so daß es sich also um eine umkehrbar ganz rationale, inhaltstreue
Abbildung handelt und alle Potenzen S^n ($n = \pm 1, \pm 2, \ldots$) Polynome
der beiden Variabeln x, y sind. Für $\lambda = 1$ ist $S = T$, und es liegt dann
trivialerweise der gemischte Fall vor. Für $\lambda = -1$ ist S^2 die Identität,
so daß Stabilität eintritt. Für $\lambda^3 = 1$, $\lambda \neq 1$ hat die Abbildung (13) die
Form (3) mit $c = \lambda \neq 0$; folglich liegt Instabilität vor. Nun sei $\lambda^2 \neq 1$,
$\lambda^3 \neq 1$. Indem man die Normalform (21; 31) bis zu den kubischen
Gliedern berechnet, findet man

$$\gamma_1 = 2i(\lambda + 1)(2\lambda^2 + \lambda + 2)(\lambda^3 - 1)^{-1} \neq 0,$$

wenn noch $2\lambda^2 + \lambda + 2 \neq 0$ vorausgesetzt wird; dann tritt also jedenfalls
nicht Instabilität ein. Es ist aber selbst für dieses ganz einfache Beispiel
noch nicht entschieden, ob der stabile oder der gemischte Fall vorliegt.
Ein anderes einfaches Beispiel ist

$$\zeta = \lambda z + \frac{\lambda + \bar{\lambda}}{4} \left(\frac{\bar{z} + x^2}{1 + x} \right)^2;$$

hier ist die Abbildung rational und inhaltstreu, aber nicht birational.

§ 30. Der Wiederkehrsatz.

Wir gehen von einem System von Differentialgleichungen

$$(1) \qquad \dot{x}_k = f_k(x) \qquad (k = 1, \ldots, m)$$

aus, wobei die Funktionen f_k nicht regulär zu sein brauchen, aber in
dem zu betrachtenden reellen Definitionsgebiet $\mathfrak{R}$ wenigstens stetig
differenzierbar sind. Wir wollen noch voraussetzen, daß dort überall

$$(2) \qquad \sum_{k=1}^m f_{k x_k} = 0$$

gilt; dies ist insbesondere für HAMILTONsche Systeme erfüllt. Bezeichnen wir wieder mit $x(t, \xi)$ die Lösung von (1), für die $x(0, \xi) = \xi$ wird, so ist nach § 19 die Abbildung S_t von ξ in $x(t, \xi)$ inhaltstreu. Es sollen weiterhin nur solche Anfangswerte ξ betrachtet werden, für welche die Bahnkurve $x = x(t, \xi)$ zu allen reellen Zeiten t im Gebiet $\Re$ verläuft. Ist dann $\mathfrak{M}$ irgendeine Menge solcher Bahnkurven $x(t, \xi)$, wobei t von $-\infty$ bis $+\infty$ läuft, so ist offenbar $S_t \mathfrak{M} = \mathfrak{M}$, also $\mathfrak{M}$ invariant.

Im folgenden werden einige Sätze aus der Theorie des LEBESGUEschen Maßes gebraucht. Für eine beliebige Menge $\mathfrak{Q}$ im m-dimensionalen euklidischen Raum bezeichne $V_a(\mathfrak{Q})$ den äußeren LEBESGUEschen Inhalt. Ist $\mathfrak{Q}$ im Sinne von LEBESGUE meßbar, so sei $V(\mathfrak{Q})$ der Inhalt von $\mathfrak{Q}$. Es werde weiterhin vorausgesetzt, daß die betrachtete Menge $\mathfrak{M}$ von Bahnkurven einen endlichen äußeren Inhalt $V_a(\mathfrak{M})$ hat. Mit $\mathfrak{A}$ wird eine meßbare Teilmenge von $\mathfrak{M}$ bezeichnet und $\mathfrak{A}_n = S_{n\tau}\mathfrak{A}$ $(n = 0, \pm 1, \ldots)$ gesetzt; dabei bedeute τ irgendeine feste positive Zahl, und zur Abkürzung sei noch $S_\tau = S$. Es ist dann auch $\mathfrak{A}_n$ meßbar und $\mathfrak{A}_n \subset \mathfrak{M}$. Für die Mengen

$$\mathfrak{B}_n = \bigcup_{k \leq n} \mathfrak{A}_n \qquad (n = 0, \pm 1, \ldots),$$

wobei k alle ganzen Zahlen $\leq n$ durchläuft, gilt dann offenbar

$$S\mathfrak{B}_n = \mathfrak{B}_{n+1} = \mathfrak{B}_n \cup \mathfrak{A}_{n+1} \supset \mathfrak{B}_n.$$

Als Vereinigungsmenge abzählbar vieler meßbarer Mengen ist auch $\mathfrak{B}_n$ meßbar und hat als Teilmenge von $\mathfrak{M}$ einen endlichen Inhalt. Da nun S eine inhaltstreue Abbildung ist, so ist $V(\mathfrak{B}_{n+1}) = V(S\mathfrak{B}_n) = V(\mathfrak{B}_n)$, und daher ist die Differenz $\mathfrak{B}_{n+1} - \mathfrak{B}_n$ eine Nullmenge. Wegen $\mathfrak{B}_n \subset \mathfrak{B}_{n+1}$ bezeichnen wir den Durchschnitt aller $\mathfrak{B}_n$ $(n = 0, \pm 1, \ldots)$ mit $\mathfrak{B}_{-\infty}$ und haben

$$\mathfrak{B}_0 - \mathfrak{B}_{-\infty} = \bigcup_{k < 0} (\mathfrak{B}_{k+1} - \mathfrak{B}_k);$$

folglich ist auch $\mathfrak{B}_0 - \mathfrak{B}_{-\infty}$ eine Nullmenge. Setzen wir nun noch $\mathfrak{D} = \mathfrak{A} \cap \mathfrak{B}_{-\infty}$, so erhalten wir wegen $\mathfrak{A} = \mathfrak{A}_0 \subset \mathfrak{B}_0$ die Beziehung

$$(3) \qquad \mathfrak{A} = \mathfrak{A} \cap \mathfrak{B}_0 = \mathfrak{D} \cup \big(\mathfrak{A} \cap (\mathfrak{B}_0 - \mathfrak{B}_{-\infty})\big).$$

Da aber der Durchschnitt $\mathfrak{A} \cap (\mathfrak{B}_0 - \mathfrak{B}_{-\infty})$ erst recht eine Nullmenge ist, so ergibt sich nach (3) auch die Differenz $\mathfrak{A} - \mathfrak{D}$ als Nullmenge, also

$$(4) \qquad V(\mathfrak{A} - \mathfrak{D}) = 0 \qquad (\mathfrak{D} = \mathfrak{A} \cap \mathfrak{B}_{-\infty}).$$

Um dieses Ergebnis zu interpretieren, betrachten wir die sämtlichen Bilder $\mathfrak{p}_n = S^n\mathfrak{p}$ eines Punktes $\mathfrak{p}$ in $\mathfrak{M}$. Damit $\mathfrak{p}$ in $\mathfrak{B}_n$ liegt, ist die Existenz einer ganzen Zahl $k \leq n$ notwendig und hinreichend, für welche $\mathfrak{p} \in \mathfrak{A}_k$ gilt, also $\mathfrak{p}_{-k} \in \mathfrak{A}$. Insbesondere liegt also $\mathfrak{p}$ dann und nur dann in $\mathfrak{B}_{-\infty}$, wenn es eine Folge $k \to -\infty$ mit jener Eigenschaft gibt, und dies bedeutet, daß eine Folge ganzer Zahlen $l = l_1, l_2, \ldots$ mit $l \to \infty$ und $\mathfrak{p}_l \in \mathfrak{A}$ existiert. Aus (4) ergibt sich nun:

In jeder meßbaren Teilmenge $\mathfrak{A}$ von $\mathfrak{M}$ liegt eine maßgleiche Menge $\mathfrak{D}$, deren sämtliche Punkte $\mathfrak{p}$ unendlich viele Bildpunkte $\mathfrak{p}_l$ ($l = l_1, l_2, \ldots$; $l \to \infty$) in $\mathfrak{A}$ besitzen.

Das ist der Wiederkehrsatz von POINCARÉ [1], [2]. Für den Fall, daß $\mathfrak{M}$ selber meßbar ist, können wir den Satz noch anders formulieren. Im m-dimensionalen x-Raum läßt sich eine abzählbare Basis $\mathfrak{C}_1, \mathfrak{C}_2, \ldots$ der offenen Mengen angeben, etwa alle Kugeln mit rationalen Koordinaten der Mittelpunkte und rationalen Radien. Die Durchschnitte $\mathfrak{M} \cap \mathfrak{C}_r = \mathfrak{A}_r$ ($r = 1, 2, \ldots$) sind dann wieder meßbar. Man verwende nun den Wiederkehrsatz für $\mathfrak{A} = \mathfrak{A}_r$ und beachte, daß die Vereinigungsmenge abzählbar vieler Nullmengen wieder eine Nullmenge ist. Es folgt dann für alle Punkte von $\mathfrak{M}$ mit Ausnahme einer Nullmenge, daß sie Häufungsstellen ihrer Bildpunkte $\mathfrak{p}_n$ ($n = 1, 2, \ldots$) sind.

Bei den Anwendungen des Wiederkehrsatzes ist die Voraussetzung zu beachten, daß $\mathfrak{M}$ eine invariante Menge endlichen äußeren Inhalts im Definitionsgebiet $\mathfrak{R}$ sein muß. Für das Beispiel $f_1 = 1$, $f_2 = 0$, $m = 2$ ist $\mathfrak{R}$ die ganze Ebene, und die Bahnkurven sind alle Parallelen zur Abszissenachse; dann folgt aber aus der Endlichkeit von $V_a(\mathfrak{M})$, daß $\mathfrak{M}$ selber eine Nullmenge ist, so daß die Aussage des Wiederkehrsatzes dann leer ist. Um für ein gegebenes System (1) mittels des Wiederkehrsatzes wirkliche Resultate zu bekommen, muß man bereits soviel über den Verlauf der Bahnkurven im Großen wissen, daß man die Existenz meßbarer invarianter Mengen mit positivem endlichen Inhalt nachweisen kann. Man braucht nämlich eine invariante Menge $\mathfrak{M}$ mit endlichem $V_a(\mathfrak{M})$ und darin eine meßbare Teilmenge $\mathfrak{A}$ mit $V(\mathfrak{A}) > 0$; daraus folgt aber leicht, daß die von den Bahnkurven durch die Punkte von $\mathfrak{A}$ gebildete invariante Menge meßbar ist und positiven endlichen Inhalt hat. Beispiele werden geliefert durch stationäre inkompressible Strömungen in einem geschlossenen Gefäß oder auch durch den Fall, daß eine stabile Gleichgewichtslösung von (1) vorhanden ist, in welchem für $\mathfrak{M}$ eine invariante Umgebung dieser Lösung gewählt werden kann.

Eine tiefer liegende Anwendung tritt beim restringierten Dreikörperproblem auf. Die Massen der drei Punkte P_1, P_2, P_3 seien wie früher $m_1 = \mu$, $m_2 = 1 - \mu$, $m_3 = 0$ mit $0 < \mu < 1$. Die Punkte P_1, P_2 rotieren mit der Winkelgeschwindigkeit 1 um ihren Schwerpunkt, und die Koordinaten von P_1, P_2, P_3 im rotierenden Koordinatensystem seien $(1 - \mu, 0)$, $(-\mu, 0)$, (x_1, x_2), so daß die Abstände $P_3 P_1$, $P_3 P_2$ und der Abstand zwischen P_3 und dem Nullpunkt P_0 durch

$$r_1 = \{(x_1 + \mu - 1)^2 + x_2^2\}^{\frac{1}{2}}, \quad r_2 = \{(x_1 + \mu)^2 + x_2^2\}^{\frac{1}{2}}, \quad r = (x_1^2 + x_2^2)^{\frac{1}{2}}$$

gegeben werden. Wie wir schon in § 22 benutzten, schreiben sich mit

$$(5) \qquad E = \frac{1}{2}(y_1^2 + y_2^2) + x_2 y_1 - x_1 y_2 - \frac{\mu}{r_1} - \frac{1-\mu}{r_2}$$

die Bewegungsgleichungen von P_3 in kanonischer Form

$$(6) \qquad \dot{x}_k = E_{y_k}, \qquad \dot{y}_k = -E_{x_k} \qquad (k = 1, 2).$$

Hieraus folgt $\dot{x}_1 = y_1 + x_2$, $\dot{x}_2 = y_2 - x_1$, so daß man durch Elimination von y_1, y_2 die HAMILTONsche Funktion in die Gestalt

$$(7) \qquad E = \frac{1}{2}(\dot{x}_1^2 + \dot{x}_2^2) - G$$

mit

$$(8) \qquad G = \frac{1}{2} r^2 + \frac{\mu}{r_1} + \frac{1-\mu}{r_2}$$

setzen kann. Auf jeder Bahnkurve ist E konstant; dies ist das JACOBI-sche Integral.

Zu dem System (6) erklären wir wie oben die inhaltstreue Abbildung S_t im Raume der vier Variabeln x_1, x_2, y_1, y_2. Der Definitionsbereich $\Re$ besteht aus allen Punkten, die nicht auf den zweidimensionalen Ebenen $x_1 = 1 - \mu$, $x_2 = 0$ und $x_1 = -\mu$, $x_2 = 0$ liegen. Mit $\mathfrak{L}$ bezeichnen wir die Menge aller Punkte (x_1, x_2, y_1, y_2), für welche mit der durch (5) er-klärten Funktion E die Ungleichung

$$(9) \qquad c_1 < -E < c_2$$

besteht; dabei seien c_1, c_2 zwei positive Konstanten mit $c < c_1 < c_2$ und genügend großem positiven c. Nach dieser Definition ist $\mathfrak{L}$ eine offene Teilmenge von $\Re$, und zwar ist $\mathfrak{L}$ invariant, da E Integral ist. Auf den Bahnkurven in $\mathfrak{L}$ gilt dann nach (7), (9) überall

$$G = \frac{1}{2}(\dot{x}_1^2 + \dot{x}_2^2) - E > c_1 > c.$$

Man betrachte nun bei festem c die Kurve $G = c$ in der (x_1, x_2)-Ebene, wobei G durch (8) definiert ist; dies ist die sogenannte HILLsche Grenzkurve. Für großes c besteht sie aus drei einfach geschlossenen Teilkurven $\Re_0, \Re_1, \Re_2$, welche Gleichungen der Form

$$r = (2c)^{\frac{1}{2}} + O(c^{-\frac{3}{2}}), \quad r_1 = \mu c^{-1} + O(c^{-2}), \quad r_2 = (1-\mu) c^{-1} + O(c^{-2}) \quad (c \to \infty)$$

haben und daher durch die Kreise mit den Radien $(2c)^{\frac{1}{2}}$, μc^{-1}, $(1-\mu) c^{-1}$ und den Mittelpunkten P_0, P_1, P_2 angenähert werden. Das zweidimen-sionale Gebiet $G > c$ zerfällt dann entsprechend in drei punktfremde Teile, nämlich das Äußere von $\Re_0$ und das Innere von $\Re_1$ und $\Re_2$, die mit $\mathfrak{F}_0, \mathfrak{F}_1, \mathfrak{F}_2$ bezeichnet seien. Analog wird das vierdimensionale Gebiet $\mathfrak{L}$ in drei punktfremde Teilgebiete $\mathfrak{L}_0, \mathfrak{L}_1, \mathfrak{L}_2$ zerlegt, von denen jedes für sich invariant bleibt, da die Abbildung S_t bezüglich t stetig ist. Zur Anwendung des Wiederkehrsatzes werde insbesondere $\mathfrak{M} = \mathfrak{L}_1$ gewählt.

Die vorstehende Überlegung bedarf noch einer Ergänzung, da auch Kollisionsbahnen auftreten können. Nun läßt sich aber der Zusammenstoß von P_1 und P_3 in ähnlicher Weise regularisieren, wie es in § 8 beim Dreikörperproblem durchgeführt wurde. Hieraus ergibt sich dann, daß die Kollisionsbahnen auf $\mathfrak{L}_1$ nur eine Nullmenge bilden, die wir für unsere Zwecke außer Betracht lassen können.

Die Koordinaten x_1, x_2 der Punkte aus $\mathfrak{L}_1$ gehören der beschränkten Menge $\mathfrak{F}_1$ an. In jedem festen Punkte $(x_1, x_2) \neq (1 - \mu, 0)$ aus $\mathfrak{F}_1$ ist G endlich, und die zulässigen Koordinaten y_1, y_2 sind durch die Bedingung

$$2(G - c_2) < (y_1 + x_2)^2 + (y_2 - x_1)^2 < 2(G - c_1)$$

festgelegt. Hierdurch wird in der (y_1, y_2)-Ebene ein Kreisring definiert, dessen euklidischer Inhalt höchstens den von x_1, x_2 unabhängigen Wert $2\pi(c_2 - c_1)$ besitzt. Da auch der zweidimensionale Inhalt von $\mathfrak{F}_1$ endlich ist, so ergibt sich die Endlichkeit von $V(\mathfrak{L}_1)$. Nach dem Wiederkehrsatz folgt nun, daß für fast alle Anfangswerte aus $\mathfrak{L}_1$ der Punkt P_3 auch noch nach beliebig großen Zeiten immer wieder einmal der anfänglichen Lage und Richtung beliebig nahe kommt. Dasselbe gilt für $\mathfrak{L}_2$. Es ist auch leicht zu sehen, daß beim HILLschen Problem eine entsprechende Aussage gilt.

Die zum Beweise des Wiederkehrsatzes benötigten Ideen sind von BIRKHOFF [3] und anderen für die Ergodentheorie ausgebaut worden. Die Möglichkeit einer Anwendung dieser Theorie auf ein vorgegebenes System von Differentialgleichungen ist aber durch Schwierigkeiten beschränkt, die noch erheblicher sein dürften als bei dem Stabilitätsproblem. In diesem Zusammenhang sei auf ein schönes Ergebnis von DENJOY hingewiesen [4], [5], [6].

Zum Schluß sei noch eine auf SCHWARZSCHILD [7], [8], [9] zurückgehende Bemerkung zum n-Körperproblem gemacht, die dem Ideenkreis des Wiederkehrsatzes entstammt. Wir legen wieder das System (1) zugrunde, für das (2) erfüllt sei. Es sei $\mathfrak{A}$ eine offene Punktmenge im Definitionsbereich $\mathfrak{R}$, deren Inhalt $V(\mathfrak{A})$ endlich ist. Für jedes $\tau > 0$ bezeichnen wir mit $\mathfrak{A}^\tau$ die Menge aller Punkte $\mathfrak{p}$ aus $\mathfrak{A}$, für welche die zugehörige Bahnkurve im ganzen Zeitintervall $0 \leq t \leq \tau$ in $\mathfrak{A}$ bleibt, so daß also $\mathfrak{p}^t = S_t \mathfrak{p} \in \mathfrak{A}$ $(0 \leq t \leq \tau)$ gilt. Für $0 < \tau_1 < \tau_2$ ist dann offenbar $\mathfrak{A}^{\tau_2} < \mathfrak{A}^{\tau_1}$. Den Durchschnitt der $\mathfrak{A}^\tau$ $(\tau > 0)$ bezeichnen wir mit $\mathfrak{B}$. Da $\mathfrak{A}^\tau$ eine offene Teilmenge von $\mathfrak{A}$ ist, so ist die Menge

$$\bigcap_{\tau > 0} \mathfrak{A}^\tau = \lim_{\tau \to \infty} \mathfrak{A}^\tau = \mathfrak{B}$$

meßbar und $V(\mathfrak{B})$ endlich. Die Punkte $\mathfrak{p}$ aus $\mathfrak{B}$ sind durch die Eigenschaft charakterisiert, daß die Bahnkurve $\mathfrak{p}^t$ für alle positiven t in $\mathfrak{A}$ bleibt. Wir wollen sagen, die Menge $\mathfrak{B}$ ist $\mathfrak{A}$ zukünftig treu.

Für jedes $\tau > 0$ ist dann auch die Menge $\mathfrak{B}^\tau = S_\tau \mathfrak{B}$ erklärt, und für ihre Punkte $\mathfrak{p}$ gilt $\mathfrak{p}^t \in \mathfrak{A}$ $(t \geq - \tau)$. Daher ist $\mathfrak{B}^\tau$ eine meßbare Teilmenge von $\mathfrak{B}$, und es gilt wieder $\mathfrak{B}^{\tau_2} \subset \mathfrak{B}^{\tau_1}$ für $0 < \tau_1 < \tau_2$. Folglich ist auch

$$\bigcap_{\tau > 0} \mathfrak{B}^\tau = \lim_{\tau \to \infty} \mathfrak{B}^\tau = \mathfrak{D}$$

eine meßbare Teilmenge von $\mathfrak{B}$. Aus der Inhaltstreue der Abbildung folgt nun mit der bereits für (4) benutzten Schlußweise

(10) $V(\mathfrak{B} - \mathfrak{D}) = 0.$

Die Punkte $\mathfrak{p}$ aus $\mathfrak{D}$ sind durch die Eigenschaft charakterisiert, daß die gesamte Bahnkurve $\mathfrak{p}^t$ für alle reellen t in $\mathfrak{A}$ bleibt; mit anderen Worten, $\mathfrak{D}$ ist $\mathfrak{A}$ dauernd treu. Die Formel (10) besagt also, daß die Menge der $\mathfrak{A}$ zukünftig treuen Punkte nur um eine Nullmenge größer ist als die Menge der $\mathfrak{A}$ dauernd treuen Punkte. Damit diese Aussage nicht leer ist, muß allerdings im Einzelfall nachgewiesen werden, daß $V(\mathfrak{B}) > 0$ ist, und das kann dann noch eine wesentliche Schwierigkeit bieten.

Wir wenden das Ergebnis auf das n-Körperproblem an, wobei wir die Bezeichnung aus § 5 beibehalten. Mit q_k $(k = 1, \ldots, 3n)$ bezeichnen wir die rechtwinkligen Koordinaten der n Massenpunkte $P_1, \ldots, P_n$ in durchlaufender Numerierung, mit p_k die zugehörigen Impulskoordinaten. Nach dem Schwerpunktsatz können wir annehmen, daß der Schwerpunkt im Nullpunkt ruht. In § 7 sind für das Dreikörperproblem relative Koordinaten eingeführt worden, und analog möge jetzt $x_k = q_k - q_{3n-3+\varkappa}$, $y_k = p_k$ $(k = 1, \ldots, 3n - 3)$ gesetzt werden, wobei $\varkappa = 1, 2, 3$ den Rest von k modulo 3 bedeutet. Mit der Potentialfunktion U aus (5; 2) und der lebendigen Kraft T aus (5; 10) werde die HAMILTONsche Funktion $H = T - U$ eingeführt. Dann bilden in den $6n - 6$ neuen Koordinaten x_k, y_k die Bewegungsgleichungen das zugehörige kanonische System, so daß also (2) erfüllt ist. Bedeutet wieder r_{kl} $(k, l = 1, \ldots, n)$ den Abstand der Massenpunkte P_k, P_l $(k \neq l)$, so ist H regulär in den Variabeln, wenn alle $r_{kl} > 0$ sind. Mit einer beliebig groß gewählten Zahl $s > 1$ bilden wir die Menge $\mathfrak{A}(s)$ aller Punkte x, y im Raum von $6n - 6$ Dimensionen, deren Koordinaten den Ungleichungen

(11) $s^{-1} < r_{kl} < s$ $(1 \leq k < l \leq n)$, $-s < H < s$

genügen. Diese Menge ist offen. Ferner ist U auf $\mathfrak{A}(s)$ beschränkt und wegen $T = H + U$ auch T. Folglich hat $\mathfrak{A}(s)$ einen endlichen Inhalt, und der obige Satz ist anwendbar. Die Menge $\mathfrak{B}(s)$ aller Punkte, die

$\mathfrak{A}(s)$ zukünftig treu sind, ist also nur um eine Nullmenge größer als die Menge $\mathfrak{D}(s)$ der Punkte, die $\mathfrak{A}(s)$ dauernd treu sind. Für $s_1 < s_2$ ist ferner $\mathfrak{A}(s_1) < \mathfrak{A}(s_2)$, $\mathfrak{B}(s_1) < \mathfrak{B}(s_2)$, $\mathfrak{D}(s_1) < \mathfrak{D}(s_2)$, so daß wir $\lim\limits_{s \to \infty} \mathfrak{A}(s) = \mathfrak{A}$, $\lim\limits_{s \to \infty} \mathfrak{B}(s) = \mathfrak{B}$, $\lim\limits_{s \to \infty} \mathfrak{D}(s) = \mathfrak{D}$ bilden können und die entsprechende Aussage über $\mathfrak{A}, \mathfrak{B}, \mathfrak{D}$ gewinnen. Es ist dann $\mathfrak{B}$ die Menge derjenigen Punkte $\mathfrak{p}$, für welche es ein von t freies $s > 1$ so gibt, daß die Bahnkurve $\mathfrak{p}^t$ für alle $t \geq 0$ in dem Gebiete (11) verläuft, wobei s noch von $\mathfrak{p}$ abhängen darf, und bei $\mathfrak{D}$ gilt (11) sogar für alle reellen t. Da H ein Integral ist, so besagt dies, daß bei $\mathfrak{B}$ die sämtlichen Abstände r_{kl} für alle zukünftigen Zeiten und bei $\mathfrak{D}$ für alle zukünftigen und vergangenen Zeiten zwischen positiven Schranken bleiben, wobei aber die Schranken noch von dem Anfangspunkt $\mathfrak{p}$ abhängen dürfen. Die Bahnkurven durch die Punkte von $\mathfrak{B}$ sollen zukünftig schwach stabil genannt werden und die für $\mathfrak{D}$ dauernd schwach stabil. Es folgt dann also, daß fast alle zukünftig schwach stabilen Lösungen des n-Körperproblems sogar dauernd schwach stabil sind.

Gehen wir nun von der unbewiesenen Annahme aus, das Planetensystem sei dauernd schwach stabil, so können wir folgenden Schluß machen. Fängt das Planetensystem einen aus dem Unendlichen kommenden Massenpunkt ein, etwa ein Staubteilchen, so ist das durch Hinzufügung dieses Teilchens gebildete System nicht mehr dauernd schwach stabil. Daraus folgt dann, daß das neue System auch nicht zukünftig schwach stabil ist, abgesehen von einer Ausnahmemenge von Anfangswerten, die eine Nullmenge bilden. Folglich muß dann das Staubteilchen — oder ein Planet oder die Sonne — wieder aus dem System herausgeschleudert werden oder eine Kollision eintreten. Für die Beurteilung der Tragweite dieses Resultates ist jedoch zu bedenken, daß wir nicht wissen, ob die dauernd schwach stabilen Lösungen des n-Körperproblems für $n > 2$ wirklich eine Menge mit positivem Inhalt bilden.

Literatur.

Zu § 5:

[1] Lejeune Dirichlet, G.: Werke Bd. 2, S. 344. Berlin 1897.
[2] Mittag-Leffler, G.: Zur Bibliographie von Weierstrass. Acta math. 35, 29—65 (1912).
[3] Poincaré, H.: Sur le problème des trois corps et les équations de la dynamique. Acta math. 13, 1—271 (1890).
[4] Sundman, K. F.: Mémoire sur le problème des trois corps. Acta math. 36, 105—179 (1913).
[5] Bruns, H.: Über die Integrale des Vielkörper-Problems. Acta math. 11, 25—96 (1887—1888).

Zu § 6:

[1] Sundman, K. F.: Recherches sur le problème des trois corps. Acta Soc. Sci. Fenn. 34, Nr. 6 (1907).
[2] Chazy, J.: Sur certaines trajectoires du problème des n corps. Bull. astr. 35, 321—389 (1918).
[3] Siegel, C. L.: Der Dreierstoss. Ann. of Math. 42, 127—168 (1941).
[4] Levi-Civita, T.: Sur la régularisation du problème des trois corps. Acta math. 42, 99—144 (1920).

Zu § 12:

[1] Lagrange, J. L.: Oeuvres, Bd. 6, S. 272—292. Paris 1873.
[2] Euler, L.: De motu rectilineo trium corporum se mutuo attrahentium. Novi Comm. Acad. Sci. Imp. Petrop. 11, 144—151 (1767).

Zu § 17:

[1] Hill, G. W.: Researches in the lunar theory. Amer. J. Math. 1, 5—26, 129—147, 245—260 (1878).
[2] Wintner, A.: Zur Hillschen Theorie der Variation des Mondes. Math. Z. 24, 259—265 (1926).

Zu § 18:

[1] Siegel, C. L.: Über eine periodische Lösung im ebenen Dreikörperproblem. Math. Nachr. 4, 28—35 (1950—1951).
[2] Brown, E. W.: On the part of the parallactic inequalities in the moon's motion which is a function of the mean motions of the sun and moon. Amer. J. Math. 14, 141—160 (1892).
[3] Moulton, F. R.: A class of periodic solutions of the problem of three bodies with application to the lunar theory. Trans. Amer. Math. Soc. 7, 537—577 (1906).

Zu § 19:

[1] Poincaré, H.: Les méthodes nouvelles de la mécanique céleste, Bd. 1, Kap. 3. Paris 1892.
[2] Wintner, A.: Grundlagen einer Genealogie der periodischen Bahnen im restringierten Dreikörperproblem. I. Math. Z. 34, 321—349 (1932).

Zu § 20:

[1] Poincaré, H.: Sur un théorème de géométrie. Rend. Circ. mat. Palermo **33**, 375—407 (1912).

[2] Birkhoff, G. D.: Proof of Poincaré's geometric theorem. Trans. Amer. Math. Soc. **14**, 14—22 (1913).

[3] Poincaré, H.: Les méthodes nouvelles de la mécanique céleste, Bd. 3, Kap. 22. Paris 1899.

Zu § 21:

[1] Birkhoff, G. D.: Surface transformations and their dynamical applications. Acta math. **43**, 1—119 (1922).

Zu § 22:

[1] Birkhoff, G. D.: Nouvelles recherches sur les systèmes dynamiques. Mem. Pont. Acad. Sci. Novi Lyncaei (3) **1**, 85—216 (1935).

[2] Moser, J.: Periodische Lösungen des restringierten Dreikörperproblems, die sich erst nach vielen Umläufen schließen. Math. Ann. **126**, 325—335 (1953).

Zu § 23:

[1] Schröder, E.: Über iterierte Functionen. Math. Ann. **3**, 296—322 (1871).

[2] Cremer, H.: Über die Häufigkeit der Nichtzentren. Math. Ann. **115**, 573—580 (1938).

[3] Siegel, C. L.: Iteration of analytic functions. Ann. of Math. **43**, 607—612 (1942).

Zu § 25:

[1] Poincaré, H.: Oeuvres Bd. 1, S. 95—114. Paris 1951.

[2] Dulac, H.: Détermination et intégration d'une certaine classe d'équations différentielles ayant pour point singulier un centre. Bull. Sci. math. (2) **32**, 230—252 (1908).

[3] Frommer, M.: Über das Auftreten von Wirbeln und Strudeln (geschlossener und spiraliger Integralkurven) in der Umgebung rationaler Unbestimmtheitsstellen. Math. Ann. **109**, 395—424 (1934).

[4] Sacharnikov, N. A.: Über die Frommerschen Bedingungen für die Existenz eines Wirbelpunktes. Prikl. Math. Mech. Moskva **12**, 669—670 (1948). [Russisch].

Zu § 26:

[1] Liapounoff, M. A.: Problème général de la stabilité du mouvement. Ann. Fac. Sci. Toulouse (2) **9**, 203—474 (1907).

[2] Siegel, C. L.: Über die Normalform analytischer Differentialgleichungen in der Nähe einer Gleichgewichtslösung. Nachr. Akad. Wiss. Göttingen, math.-phys. Kl. IIa **1952**, 21—30.

Zu § 27:

[1] Lejeune Dirichlet, G.: Werke Bd. 2, S. 5—8. Berlin 1897.

Zu § 28:

[1] Birkhoff, G. D.: Dynamical systems, Kap. 3. New York 1927.

[2] Lindstedt, A.: Beitrag zur Integration der Differentialgleichungen der Störungstheorie. Abh. K. Akad. Wiss. St. Petersburg **31**, Nr. 4 (1882).

[3] Poincaré, H.: Les méthodes nouvelles de la mécanique céleste, Bd. 2, Kap. 9. Paris 1893.

[4] WHITTAKER, E. T.: On the solution of dynamical problems in terms of trigonometric series. Proc. Lond. Math. Soc. **34**, 206—221 (1902).

[5] CHERRY, T. M.: On the solution of Hamiltonian systems of differential equations in the neighbourhood of a singular point. Proc. Lond. Math. Soc. (2) **27**, 151—170 (1928).

[6] SIEGEL, C. L.: Über die Existenz einer Normalform analytischer Hamiltonscher Differentialgleichungen in der Nähe einer Gleichgewichtslösung. Math. Ann. **128**, 144—170 (1954).

[7] BIRKHOFF, G. D.: Stability and the equations of dynamics. Amer. J. Math. **49**, 1—38 (1927).

[8] SIEGEL, C. L.: On the integrals of canonical systems. Ann. of Math. **42**, 806—822 (1941).

[9] POINCARÉ, H.: Les méthodes nouvelles de la mécanique céleste, Bd. 1, Kap. 5. Paris 1892.

Zu § 29:

[1] LEVI-CIVITA, T.: Sopra alcuni criteri di instabilità. Ann. Mat. pura appl. (3) **5**, 221—307 (1901).

[2] SIEGEL, C. L.: Some remarks concerning the stability of analytic mappings. Univ. nac. Tucumán Rev. A **2**, 151—157 (1941).

[3] FERMI, E.: Beweis, daß ein mechanisches Normalsystem im allgemeinen quasiergodisch ist. Phys. Z. **24**, 261—264 (1923).

Zu § 30:

[1] POINCARÉ, H.: Les méthodes nouvelles de la mécanique céleste, Bd. 3, Kap. 26. Paris 1899.

[2] CARATHÉODORY, C.: Über den Wiederkehrsatz von Poincaré. Sitzgsber. preuß. Akad. Wiss. **1919**, 580—584.

[3] BIRKHOFF, G. D.: Proof of the ergodic theorem. Proc. Nat. Acad. Sci. USA. **17**, 656—660 (1931).

[4] DENJOY, A.: Sur les courbes définies par les équations différentielles à la surface du tore. J. Math. pures appl. (9) **11**, 333—375 (1933).

[5] KAMPEN, E. R. VAN: The topological transformations of a simple closed curve into itself. Amer. J. Math. **57**, 142—152 (1935).

[6] SIEGEL, C. L.: Note on differential equations on the torus. Ann. of Math. **46**, 423—428 (1945).

[7] SCHWARZSCHILD, K.: Über die Stabilität der Bewegung eines durch Jupiter gefangenen Kometen. Astr. Nachr. **141**, 1—8 (1896).

[8] HOPF, E.: Ergodentheorie. Erg. Math. **5**, 48 (1937).

[9] LITTLEWOOD, J. E.: On the problem of n bodies. Meddel. Lunds Univ. mat. Sem., Suppl. M. Riesz, 143—151 (1952).